高等学校"十二五"规划教材

KONGJIAN MUBIAO TEXING FENXI YU SHIBIE

空间目标特性分析与识别

蔡幸福　张雄美　高晶　编著

西北工業大學出版社

【内容简介】 本书从理论基础的角度介绍了空间目标特性分析与识别的基本原理和方法。全书共分六章,内容包括绪论、空间目标的可见光特性分析、空间目标的红外特性分析、空间目标的雷达特性分析、特征提取与选择、目标识别算法等。

本书可作为空间工程及相关专业的本科生教材,也可作为有关专业研究所的教学参考书,并可供从事航天器设计、空间目标探测等科技人员参考。

图书在版编目(CIP)数据

空间目标特性分析与识别/蔡幸福,张雄美,高晶编著.—西安:西北工业大学出版社,2015.7

ISBN 978-7-5612-4463-0

Ⅰ.①空… Ⅱ.①蔡…②张…③高… Ⅲ.①空间探测器—目标探测—研究 Ⅳ.①V476

中国版本图书馆CIP数据核字(2015)第167649号

出版发行:西北工业大学出版社
通信地址:西安市友谊西路127号　　邮编:710072
电　　话:(029)88493844　88491757
网　　址:http://www.nwpup.com
印 刷 者:陕西向阳印务有限公司
开　　本:787 mm×1 092 mm　1/16
印　　张:9.125
字　　数:215千字
版　　次:2015年10月第1版　　2015年10月第1次印刷
定　　价:35.00元

前　言

空间目标(space target)泛指空间环境中各种运载平台、飞行平台和武器装备、设备设施等。发现目标、识别目标、跟踪目标和管理控制目标是空间对抗作战的核心任务,空间目标特性分析又是发现、识别、跟踪与控制空间目标的基础。

本教材以空间作战目标保障需求为牵引,对空间目标特性分析与识别的相关理论和技术进行了系统介绍。涉及空间技术、光学、电磁场与电磁波、信号处理、图像处理及模式识别等多个学科的理论知识。本教材是第二炮兵工程大学空间工程专业的必修课教材,在空间工程专业的知识体系中,它具有承上启下的重要作用,是"空间目标探测原理""轨道力学基础"的后续知识,也是"空间信息对抗""空间信息融合"和"信息综合实践"的先导知识。

本教材分为两部分:空间目标特性分析与模式识别。第1～4章阐述了空间目标的可见光、红外及雷达电磁散射特性,侧重于对基础理论的讲述;第5～6章综述了模式识别的基础知识,包括典型的特征提取技术和识别算法,本部分内容不再针对空间目标的可见光图像、红外图像或雷达图像,而是从模式识别基础的角度,介绍几种普适性的模式识别方法,以便读者在掌握该知识的基础上,针对具体问题,选择和设计合理的识别分类器。

在本教材的编著过程中,参阅了国内外相关的科研学术成果和文献资料,也得到了第二炮兵工程大学领导和同志们的热情帮助,在此一并表示感谢。

由于本教材涉及的学科知识较多,要在有限的篇幅内介绍空间目标特性分析与识别方面的所有问题,这既是不可能的,也不是我们所希望的。限于知识结构和能力水平,错漏之处在所难免,诚望读者指正。

编　者

2015年6月

目　录

第 1 章　绪论 …… 1

1.1　引言 …… 1
1.2　辐射度学的基本概念 …… 4
1.3　辐射度学的基本量 …… 5
1.4　模式识别概述 …… 8
参考文献 …… 12

第 2 章　空间目标可见光特性分析 …… 13

2.1　空间目标可见光辐射环境 …… 13
2.2　空间目标可见光散射特性 …… 21
习题 …… 32
参考文献 …… 33

第 3 章　空间目标的红外特性分析 …… 34

3.1　黑体辐射 …… 34
3.2　空间目标的红外辐射能量 …… 40
3.3　空间目标表面温度场分布计算模型 …… 42
3.4　空间目标红外辐射特征 …… 47
习题 …… 56
参考文献 …… 56

第 4 章　空间目标的雷达特性分析 …… 58

4.1　雷达目标散射电磁场的物理基础 …… 58
4.2　空间目标对窄带信号的雷达特性 …… 78
4.3　天线电磁散射分析方法 …… 85
习题 …… 85
参考文献 …… 86

第 5 章　特征提取和选择 …… 87

5.1　基本概念 …… 87
5.2　类的可分性判据 …… 89

5.3 基于可分性判据的特征提取…… 94
5.4 基于主成分分析的特征提取…… 97
5.5 特征选择方法…… 99
习题…… 104
参考文献…… 104

第6章 目标识别算法…… 106

6.1 聚类算法…… 106
6.2 最近邻方法…… 110
6.3 人工神经网络…… 121
习题…… 137
参考文献…… 138

第1章 绪 论

1.1 引 言

1.1.1 空间及空间目标

空间泛指地球大气层外的整个宇宙空间。物理学家将大气分为5层:对流层(海平面至10 km)、平流层(10～40 km)、中间层(40～80 km)、热成层(电离层,80～370 km)和外大气层(电离层,370 km以上),地球上空的大气约有75%在对流层内,97%在平流层以下。平流层的外缘是航空器依靠空气支持而飞行的最高限度,某些高空火箭可进入中间层,人造卫星的最低轨道在热成层内,其大气密度是地球表面大气密度的1%。

空间目标(space target)泛指空间环境中各种运载平台、飞行平台和武器装备、设备设施等。本书中的空间目标特指各种卫星,包括成像侦察卫星、电子侦察卫星、海洋监视卫星和导弹预警卫星(见图1-1)。

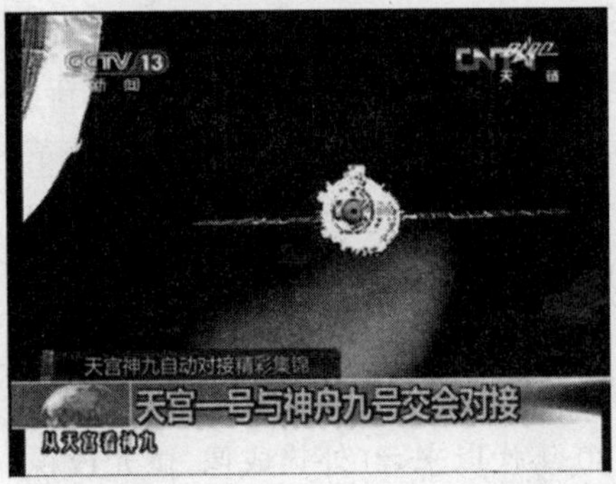

(a)

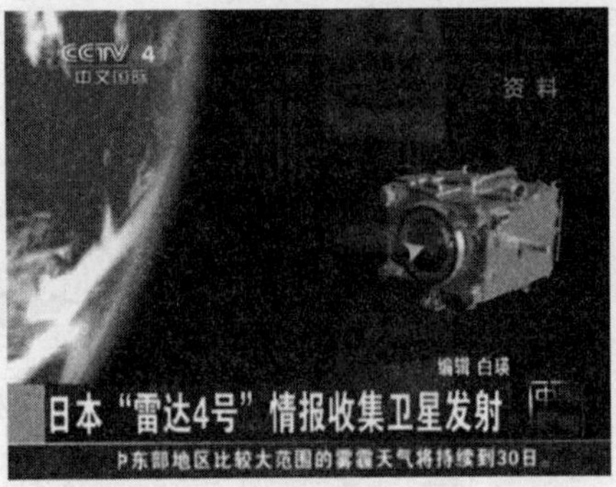

(b)

图1-1 典型的空间目标

(a)神舟九号; (b)日本雷达4号间谍卫星

1.1.2 空间目标特性分析与识别

自从人类发生战争以来,关于目标与环境特性的研究从未间断。随着科技的发展,目标与环境特性的应用研究在各个领域都发挥了不可替代的作用。

在军事领域,目标与环境特性的研究发挥着重要的作用。随着科技的发展,各种作战平台(卫星、导弹、飞机、坦克、舰艇)中广泛装备了各种战场环境的观测设备(前视红外、微光设备和电视),各种火控系统中普遍采用了精确制导技术(激光、红外、电视),并利用空间和空中的侦察、监视系统实时掌握战场前后方情况。因此,目标与背景环境特性研究(光学特性数据获取、建库和建模、特性数据开发研究与应用等)已成为对各种侦察、监视、跟踪、制导、引信等系统进行论证、设计、仿真、试验和作战使用的关键。同时,目标与环境特性也涉及多种军用相关技术,如精确制导、仿真和成像技术、反导反卫等技术。目标与环境特性对空间目标的探测、编目、监视、跟踪与识别提供了理论基础与技术支撑。

在民用方面,目标与环境特性的研究也发挥着极其重要的作用。在地球资源遥感方面,例如,用于地貌学,分析河网、河湾及区域倾斜;用于地质测绘面,特别是辨认重要的断裂形式和鉴别地区性构造特征;用于区分作物、农业估产、绘制植被图、估计土地利用情况、做区域地理学的分析和绘制雪原图等。在计算机图形学方面,例如目标散射模型的建立、几何和图像的混合图形实时绘制、动态图像的计算机生成、纹理合成技术、图像的可视化等。在其他遥感方面,例如,气象预报、地震预报、洪水预报、病虫害预报、监视环境污染和渔业生产上也都获得了重要的应用。

军用与民用的需求推动世界各国空间技术迅猛发展,也加速了人类探索宇宙的进程。随着人类对太空不懈地开发与利用,发射进入太空的空间目标数量不断增加。目标载荷的复杂化、目标形状的多样化、目标体积的小型化对人类探索太空提出了新的挑战,同时,也为空间目标特性的分析与识别研究提出了新的课题。

与地面目标相比,空间目标有着显著的特征,主要体现在:一是空间目标具有相对规则的外观结构,地面目标复杂多变,外观形状各不相同,而空间目标一般具有用于提供能源的平板型电池帆板、用于通信的线型或抛物面型天线、用于搭载有效载荷的立方星体等,有利于对其特性进行分析与识别;二是地面目标环境错综复杂,外部干扰较多,而空间目标所处的太空环境相对简单,背景影响相对较小。

随着光电子技术、微电子技术、计算机技术、生物技术、空间技术以及新材料、新能源等一大批高新技术的迅猛发展,引发了以高新技术为主要推动力的新军事领域的深刻变革,其实质是信息化革命在军事领域的反映。

在现代战争中,增强己方快速获取信息的能力,夺取信息优势是取得战役乃至战争胜利的关键之一。现代信息获取技术内涵十分丰富,但在军事应用中,首先要解决的一个重要问题是如何发现目标、识别目标、确认目标,这就需要准确掌握目标的相关特征信息。目标的自身特性决定了探测设备、探测方式的选取。自 20 世纪 80 年代以来,红外热成像、微光夜视、电视摄像、激光测距、毫米波、微波和激光雷达、紫外探测等主被动探测设备相继用于空间技术领域,覆盖了从紫外到无线电波宽广的电磁波谱。空间目标特性研究为精确制导、光电对抗、信息识别、实时图像生成和处理技术提供各种典型的目标及背景参数,并可通过大量的数据分析建立数学模型及组成实用的专用数据库,是现代武器装备研制的关键技术之一。

对于未来战争,制天权和制信息权是争夺战争主动权、进行军力整合和发挥信息威慑作用的关键。由于太空具有无比丰富的资源和特殊的环境,所以世界各国不惜巨资去征服或争夺太空领域制高点。随着信息化战争时代的到来,太空正逐渐成为新的战争领域。衡量一个国家的空间作战能力目前主要有 3 大指标:空间监视和预警能力、空间部署能力和空间攻防能力。美国在《2020 航天远景规划》中提出,监视空间作为到 2020 年控制空间要达到的 5 个目标之一,其主要任务如下:对重要空间目标进行精确的探测和跟踪;实时探测可能对美国航天系统构成威胁的航天器的任务、尺寸、形状、轨道参数等重要目标特性;对目标特性数据进行归类和分发。美国空军又出台了未来太空战发展计划——《转型飞行计划》，它指出了空军未来需要研发的武器与技术。这份长达 176 页的计划从长远的角度阐述了美国空军将如何扩展军事航天能力。在这份报告中，利用外部空间成了空军航天项目的重点，在美国空军未来系统概念中提出把建立 SBSS 作为近期目标之一，2010 年前完成；把开发"轨道深空成像器"(Orbital Deep Space Imager)作为中期计划之一，在 2010—2015 年完成。美国空军航天司令兰斯·劳德将军表示，在用以监视空间物体的低地球轨道卫星采购拖期的情况下，美国空军正在计划研制的"轨道深空成像器"，是一种运行在地球同步轨道且具备同样功能的航天器。该航天器将跟踪和监测高轨道中的物体，比将在较低轨道中运行的 SBSS 更适合这一目的，由此可见获取空间目标信息的重要性。

各国对太空开发利用的热潮一浪高过一浪，卫星作为空间支援和空间力量增强的信息获取、处理、传输平台，在预警、通信、侦察、成像、导航定位、海洋监视、跟踪与数据中继、气象等方面具有无可替代的优势。另一方面，为了避免自身的重要目标被侦察到，对空间目标的监视技术也越来越重视，例如探测和跟踪卫星、分析和处理获取的信息、确定卫星的轨道和特征参数，如质量、形状、功能及其他光学特征等。同时，卫星监视系统在和平时期和战时必须能够实时地对空间目标进行监视、跟踪和识别，掌握和实时提供空间目标态势，以便在必要时对危险的目标做出反应。因此，积极开展空间目标特性方面的研究以实现对空间目标的探测及分类识别具有重要的理论意义。

1.1.3　本书的内容安排

本书将以空间目标特性分析为重点，第 1～4 章阐述空间目标的可见光、红外及雷达电磁散射特性，侧重于对基础理论的讲述；第 5～6 章综述模式识别的基础知识，包括典型的特征提取技术和识别算法，本部分内容不再针对空间目标的可见光图像、红外图像或雷达图像，而是从模式识别基础的角度，介绍几种普适性的模式识别方法，以便读者在掌握该知识的基础上，针对具体问题，选择和设计合理的识别分类器。

具体安排如下：

第 1 章：绪论。引言部分介绍空间、空间目标的基本概念、空间目标特性分析的地位和作用。可见光和红外特性均属于空间目标的光学特性，其中涉及的基本概念和基础理论相同或相似，因此在绪论中集中介绍辐射度学的基本概念、基本量。最后，概述模式识别的基本知识。

第 2 章：空间目标的可见光特性分析。在分析空间目标可见光辐射环境的基础上，建立空间目标的漫反射模型。

第 3 章：空间目标的红外特性分析。介绍黑体辐射的基础理论、空间目标的红外辐射能量，计算空间目标的表面温度场分布，并分析其红外辐射特征。

第 4 章：空间目标的雷达特性分析。介绍空间目标散射电磁场的物理基础，分析空间目标对简单窄带信号的散射特性，并分析空间目标雷达特性的统计起伏。

第 5 章：特征提取与选择。

第 6 章：目标识别算法。

1.2 辐射度学的基本概念

电磁辐射具有3个互补的特性，即其传播的直线性、波动性和量子性。辐射度学的基本概念集中于这3个特性上，在朝向波长较长的方向上，例如，长波红外以至微波，辐射能的波动性逐渐加强；相反，在朝向波长较短的方向上，例如，紫外至X射线和波长更短的波段，辐射能传播的直线性逐渐明显。

1.2.1 辐射能传播的直线性

辐射能传播的直线性，即辐射能在传播过程中，其空间分布不会偏离开一条由几何光线所确定的光路，描述这种传播特性的科学，即几何光学或光线光学。大部分辐射度学的概念建立在这种几何光学的基础上。

实际上，几何光学没有考虑作为波动现象的衍射效应。当辐射束通过光阑时，就会产生衍射现象，这时，辐射传播不再遵循原来由光阑和入射光束几何形状所确定的轨迹，而会扩散。由衍射所确定的扩散角，即衍射角近似为

$$\theta=\frac{\lambda}{D} \tag{1-1}$$

式中，λ 是所用辐射能的波长；D 是光学系统的入瞳直径。

在遥感系统中，一般光学系统的孔径尺寸较大，因而衍射角很小，可以忽略衍射效应的影响，用几何光学的方法来确定辐射能传播的轨迹。

1.2.2 辐射能的非相干性

辐射度学中的第二个基本假定，就是辐射能是不相干的，因而不必考虑干涉效应。在被动式光学遥感中，利用的辐射能来自地面反射的太阳光谱或自身的温度辐射，这一假定与实际相符。

干涉也是一种波动现象。辐射能束的时间相干长度，即沿辐射能束传播方向的相干距离，近似为

$$l_c=\frac{\lambda^2}{\Delta\lambda} \tag{1-2}$$

式中，λ 是辐射能的波长；$\Delta\lambda$ 是辐射能束的波长间隔。实际上，辐射能的空间和时间相干性是不可分割的。

在多数遥感情况下，特别是在热辐射源的情况下，波长间隔 $\Delta\lambda$ 相当大，使得干涉效应可以忽略不计。

虽然在光学遥感中这两个基本假定一般都能够成立，但不排除在某些特殊场合考虑辐射能传输中的衍射和干涉效应，尤其是衍射效应。

1.2.3 辐射能的量子性

辐射能的量子性，即辐射能的每个量子或光子，具有能量：

$$Q=h\nu \tag{1-3}$$

式中，h 是普朗克常数；ν 是辐射能的光学频率。在光学频谱区，光子能量 Q 很小。

1.3 辐射度学的基本量

在辐射度学中有两类基本量，一类是辐射度学量，是物理量，它的基本量是辐（射）功率或辐（射能）通量，单位是瓦（W）。另一类是光度学量，是生理量，它的基本量是光通量，单位是流明（lm）。

辐射度学量表示辐射能的大小，光度学量表示人眼对辐射能的视觉强度。光度学是辐射度学的一部分或特例，指辐射度学中可见光谱测量研究的那一部分。

在对地球的空间光学遥感中，使用的频谱区从紫外一直延伸到热红外区。为了使用和计算上的方便，虽然这一频谱区中包含了可见光谱子区，但一般都统一地使用辐射度学量及其相应的单位。在使用胶卷摄影机时，也能使用光度学量。

此外，在从空间对地面目标的遥感中，目标总是充满遥感传感器视场的，遥感的对象是“面辐射源”，而非“点辐射源”。因此，这里也只是对描述面源特征的辐射度学量特别介绍，例如，辐亮度。

各种辐射度学量分别从辐射的空间、时间、频谱及其与物质的相互作用等诸方面来描述辐射的属性。

1.3.1 空间辐射度学量

最常用的辐射度学基本量。

1. 辐（射）能 Q

辐（射）能 Q 定义为以辐射的形式发射、传播或接收的能量。辐（射）能的单位是焦耳（J）。

2. 辐（射）功率或辐（射能）通量 Φ

辐（射能）通量是以辐射的形式发射、传播或接收的功率，有

$$\Phi = \frac{\mathrm{d}Q}{\mathrm{d}t} \tag{1-4}$$

式中，t 是辐射能发射或接收的时间；Φ 的单位是瓦（W）。

3. 辐（射）亮度或辐亮度 L

表面一点处的面元，在给定方向上的辐射强度，除以该面元在垂直于给定方向的平面上的正投影面积，定义为辐（射）亮度，即

$$L = \frac{\mathrm{d}I}{\mathrm{d}A\cos\theta} = \frac{\mathrm{d}^2\Phi}{\mathrm{d}A\mathrm{d}\Omega \cdot \cos\theta} \tag{1-5}$$

式中，$\mathrm{d}I$ 为辐（射）强度，是在给定方向上的立体角元内，离开点辐射源（或辐射源面元）的辐射功率，单位是瓦 / 球面度（W/sr），则

$$I = \frac{\mathrm{d}\Phi}{\mathrm{d}\Omega} \tag{1-6}$$

在式（1-5）和式（1-6）中，Ω 是立体角；A 是源表面的面积；θ 是辐射表面法线和给定辐射方向间的夹角。辐（射）亮度 L 的单位是 $\mathrm{W/(m^2 \cdot sr)}$。

4. 辐(射) 出(射) 度

离开表面一点处的面元的辐射能通量,除以该面元的面积,即辐(射) 出(射) 度,有

$$M=\frac{\mathrm{d}\Phi}{\mathrm{d}A} \tag{1-7}$$

式中,A 是源表面的面积;M 的单位是瓦 / 米^2($\mathrm{W/m^2}$)。

5. 辐(射) 照度

照射到表面一点处的面源上的辐射能通量,除以该面元的面积,定义为辐(射) 照度,有

$$E=\frac{\mathrm{d}\Phi}{\mathrm{d}A} \tag{1-8}$$

式中,A 是被照射表面的面积;E 的单位是 $\mathrm{W/m^2}$。

上述基本辐射度学量中,括弧内的字均可以略去。这些量从空间角度来描述辐射特征,相应地称为辐射的空间特性量。

1.3.2 时间辐射度学量

辐射度学的时间特性量从时间的角度来描述辐射特征。对于光积分型探测器,例如电荷耦合器件,时间特性量具有重要意义。

1. 辐能 Q

按式(1-4),有

$$Q=\int_{\Delta t}\Phi\,\mathrm{d}t \tag{1-9}$$

式中,$\mathrm{d}t$ 是辐能发射或接收的时间间隔,也就是说,辐能是辐通量对时间的积分,单位为 J。

2. 辐射曝光量 H

辐射曝光量是空间辐照度对其延迟时间的积分,即

$$H=\int_{\Delta t}E\,\mathrm{d}t \tag{1-10}$$

考虑到式(1-8) 和式(1-9),式(1-10) 化为

$$H=\frac{\mathrm{d}Q}{\mathrm{d}A} \tag{1-11}$$

也就是说,辐射曝光量是所能接收到的表面能量密度,单位为 $\mathrm{J/m^2}$。

式(1-10) 中的 E 是按式(1-8) 定义的,辐照度直接以被照射元表面积上所接收的光辐通量来度量。如果涉及入射辐亮度 L 和系统的视场立体角 Ω,则

$$E=\int_{\Delta t}L\,\mathrm{d}\Omega \tag{1-12}$$

1.3.3 光谱辐射度学量

辐射的空间特性量和时间特性量均可以应用到单色辐能上。这时,相应的辐射特征量前应冠以"光谱"二字。例如,光谱辐亮度、光谱辐照度等,并记为 $L(\lambda)$ 或 L_λ,E_λ 或 $E(\lambda)$,相应地其单位应改为瓦 /(米^2 · 球面度 · 微米)($\mathrm{W/(m^2\cdot sr\cdot \mu m)}$)。

辐射的光谱特性量都是辐射波长的函数。现代光学遥感都是多光谱遥感,使用很窄的光谱波段,因此,辐射的光谱特性量特别值得重视。

1.3.4 辐射与物质相互作用的特性量

这一组辐射特性量描述了辐射与物质相互作用的属性。

1. 发射率 ε

热辐射体的辐出度与处于相同温度的全辐射体(黑体)的辐出度之比,称为发射率,则

$$\varepsilon=\frac{M}{M_{\mathrm{bb}}} \tag{1-13}$$

式中,M_{bb} 为与辐射表面温度相同的黑体的辐出度。

2. 光谱发射率 $\varepsilon(\lambda)$

光谱发射率是热辐射体辐出度的光谱密集度与处于相同温度的全辐射体(黑体)的光谱密集度之比。光谱辐出度,或者辐出度的光谱密集度,为在无穷小波长范围内的辐出度除以该波长范围。

3. 光谱定向发射率 $\varepsilon(\lambda,\theta,\Phi)$

光谱定向发射率是热辐射体在给定方向 θ,Φ 的辐亮度的光谱密集度与处于同一温度的全辐射体(黑体)辐亮度的光谱密集度之比。辐亮度的光谱密集度,或光谱辐亮度等于在无穷小波长范围内的辐亮度除以该波长范围。

4. 光谱吸收比,或光谱吸收系数 $\alpha(\lambda)$

光谱吸收比是吸收的与入射的辐通量的光谱密集度之比。辐通量的光谱密集度,是在无穷小波长范围内的辐通量除以该波长范围。

5. 光谱反射比,或光谱反射系数 $\rho(\lambda)$

光谱反射比是反射的与入射的辐通量的光谱密集度之比。

6. 光谱透射比,或光谱透射系数 $\tau(\lambda)$

光谱透射比是透过的与入射的辐通量的光谱密集度之比。

7. 光谱辐亮度系数 $\alpha(\lambda)$

光谱辐亮度系数是在表面一点上,非自身辐射体在给定方向上的辐亮度的光谱密集度与同样辐照条件下理想漫射体的辐亮度的光谱密集度之比。

8. 线性衰减系数,或线性消光系数 μ

线性衰减系数是垂直通过无限薄介质层的准直电磁辐射束辐能的光谱密集度的相对减弱,除以介质层的厚度。

9. 线性吸收系数 α

线性吸收系数是由吸收引起的线性衰减系数。

10. 摩尔吸收系数 k

$$k=\frac{\alpha}{c} \tag{1-14}$$

式中,c 是“物质的量”浓度。

在这一组辐射特性量中,发射率是描述热辐射体的辐射特性的,包括辐射的空间特性和光谱特性。其余诸量,均为描述非自辐射体在接收辐照时的特性。

1.3.5 光度学量

在空间光学遥感中,特别是在使用照相胶片的回收型遥感传感器时,可能会遇到使用光度

学量的情况。

大体上光度学量与辐射度学量一一对应，表 1-1 给出了基本光度学量。

对表 1-1 有以下几点说明：

① 光度学的基本量是光通量，其单位是 lm。1 lm 是 1 cd 的光源在 1 球面度的立体角内发出的光通量。

② 一新烛光是在 101 325 Pa 压力下处于铂凝固温度的黑体在 (1/600 000) m^2 表面上垂直方向上的发光强度，即标准辐射器的 1 cm^2 表面沿着法线方向辐射出的发光强度的 1/60。

③ 光量为

$$Q_v = K_m \int_0^{\infty} V(\lambda) Q_\lambda \mathrm{d}\lambda \tag{1-15}$$

光通量为

$$\Phi_v = \frac{\mathrm{d}Q_v}{\mathrm{d}t} \tag{1-16}$$

因而，光通量与光谱光视效率 $V(\lambda)$ 有关。借此，从能量的辐射度学量过渡到了光度学量。

表 1-1　基本光度学量

量	符号　定义	单位
光量	$Q_v = \int \Phi_v \mathrm{d}t$	lm·s
光通量	$\Phi_v = I_v \mathrm{d}\Omega$	lm
光出射度	$M_v = \mathrm{d}\Phi_v / \mathrm{d}A$	lm/m^2
(光) 照度	$E_v = \mathrm{d}\Phi_v / \mathrm{d}A$	lm/m^2
发光强度	I_v	cd = lm/sr
(光) 亮度	$L_v = \mathrm{d}^2 \Phi_r / \mathrm{d}\Omega (\mathrm{d}A \cos\theta)$	cd/m^2
光视效能	$K = \Phi_v / \Phi$	lm/W
最大光谱光视效能	$K_m = 683\ \mathrm{lm/W} (\lambda = 555\ \mathrm{nm})$	lm/W
光视效率	$V = K / K_m$	
光谱光视效率	$V(\lambda) = K(\lambda) / K_m$	

1.4　模式识别概述

模式识别诞生于 20 世纪 20 年代。随着 20 世纪 40 年代计算机的出现，20 世纪 50 年代人工智能的兴起，模式识别在 20 世纪 60 年代迅速发展成一门学科。在 20 世纪 60 年代以前，模式识别主要限于统计学领域的理论研究，计算机的出现增加了对模式识别实际应用的需求，也推动了模式识别理论的发展。

在日常生活、学习和工作中，人们经常进行识别活动，识别是人类的基本活动之一。例如，儿童在认读识字卡片上的数字时，将它们区分为 0～9 中的一个，这是对数字符号的识别；在读书看报时，人们进行的是文字识别活动；在人群中寻找某一个人是对人的体形及其他特征的识别行为。随着人类社会活动及生产科研广泛而深入的发展，需要识别的对象种类越来越多，内容越来越复杂和深入，要求也越来越高。为了改善工作条件、减轻工作强度，人们希望机器能够代替人类完成某些繁重的识别工作；有些场合环境恶劣或者人们根本无法靠近，这就需要借助机器、运用分析算法进行识别。人们利用机器可以提高识别的速度、正确率及扩大应用的广度。这里所说的模式识别是指运用机器进行分类识别。

以一个实例来说明机器的识别过程。模式识别的重要应用之一是计算机自动诊断疾病，其与医生的诊断过程相似。首先要获得就诊人的有关情况，如要测量体温、血压、心率，还可能要对血液等进行化验，做X光透视、B超、心电图、CT等。医生根据这些测量结果以及病人的病史等资料，运用自己的临床经验对患者进行诊断。而机器识别是将上述各种有用的资料输入计算机中，在这之前计算机已经装入有关的分析算法，这些算法是专家知识、经验的总结和集成，其形式可以是规则、函数及数表；通过计算机程序运用它们，对信息进行分析并作出判断。下面首先介绍模式和模式识别这两个基本概念。

为了能让机器执行和完成识别任务，必须首先将关于分类识别对象的有用信息输入计算机。为此，应对分类识别对象进行科学合理的抽象，建立它的数学模型，用以描述和代替识别对象。我们称这种对象的描述为模式——Pattern。Pattern的原意是模范、模型、样本等，其内涵深刻、外涵广泛。无论是自然界中物理、化学或生物等领域的对象，还是社会中的语言、文字等，都可以进行科学的抽象，具体地讲，我们对它们进行测量，得到表征它们特征的一组数据，为使用方便，将它们表示成向量形式，称其为特征向量；也可以将对象的特征属性作为基元，用符号表示，从而将它们的结构特征描述成一个符号串、图或某个数学式子。通俗地讲，模式就是事物的代表，是事物的数学模型之一，它的表示形式是向量、符号串、图或数学关系。对一类对象的抽象也称为该类的模式。

所谓模式识别(pattern recognition)是根据研究对象的特征或属性，利用以计算机为中心的机器系统，运用一定的分析算法认定它的类型，系统应使分类识别的结果尽可能地符合真实情况，其本质是根据模式的特性表达和模式类的划分方法，利用计算机将模式判定为特定的类。因此，模式识别需要解决5个问题：模式的数字化表达、模式特性的选择、特性表达方法的确定、模式类的表达和判决方法的确定。一般的，模式识别系统由信息获取、预处理、特征提取和选择、分类判决等4个部分组成，如图1-2所示。

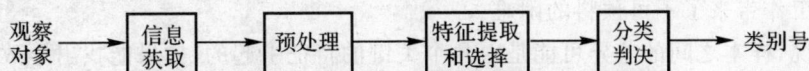

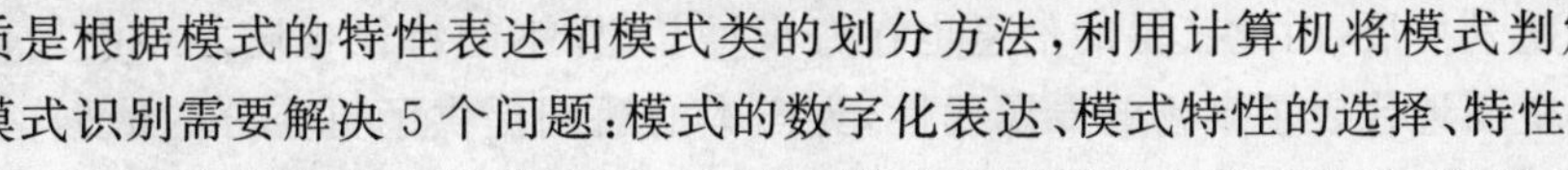

图1-2　模式识别系统的组成框图

1. 信息获取

为了使得计算机能够对各种现象进行分类识别，要用计算机可以运算的符号来表示所研究的对象。通常输入对象的信息有以下3种类型。

(1) 二维图像：如文字、指纹、照片这类对象；

(2)一维波形：如脑电图、心电图、机械震动波形等；

(3)物理参量和逻辑值：前者如在疾病诊断中病人的体温与各种化验数据等；后者如对某参量正常与否的判断或对症状有无的描述，如痛与不痛，可用逻辑值0，1表示。在引入模糊逻辑的系统中，这些值还可以包括模糊逻辑值，比如小、比较小、很小等。

通过测量、采样和量化，可以用矩阵或向量表示二维图像或一维波形。这就是信息获取的过程。

2. 预处理

预处理的目的是去除噪声，加强有用的信息，并对输入测量仪器或其他因素所造成的退化现象进行复原。

3. 特征提取与选择

由图像或波形所获得的数据量是相当大的。例如，一个文字图像可以有数千个数据，一个心电图波形也可能有数千个数据，一个卫星遥感图像的数据量就更大了。为有效地实现分类识别，就要对原始数据进行变换，得到最能反映分类本质的特征。这就是特征提取与选择的过程。一般把原始数据组成的空间叫测量空间，把分类识别赖以进行的空间叫特征空间，经过变换，可以把维数较高的测量空间中表示的模式变为在维数较低的特征空间中表示的模式。特征空间中的一个模式通常也叫作一个样本，它往往可以表示为一个向量，即特征向量空间中的一个点。

4. 分类判决

分类决策就是在特征空间中用统计方法把被识别对象归为某一类别。基本做法是在样本训练集基础上确定某个判决规则，使按这种判决规则对被识别对象进行分类所造成的错误识别率最小或引起的损失最小。

本书不针对空间目标的可见光图像、红外图像或雷达图像，而是从模式识别基础的角度，介绍几种普适性的模式识别方法，以便学生在掌握该知识的基础上，针对具体问题，选择和设计合理的识别分类器。因此，本书主要讨论第 3 和第 4 部分的理论基础和方法。

1.4.1 特征提取与选择技术

所谓特征，即是事物可供识别的特殊征象或标志，代表其本身固有的属性。近年来，随着信息技术的蓬勃发展，由此获得的信息也在海量增长，样本的特征也随之不断增多。一方面，这些特征更全面地代表了事物的专属属性，为样本的甄别提供了更充分的依据；另一方面，由于特征的增加，会带入更多的冗余和无关的特征，这不仅对分类器的设计提出了更高的要求，同时将直接影响到模式识别的性能和效率。如果不对其作有效的特征提取与选择，会给样本的分类决策工作带来了不可预料的困难。

一般来说，样本之间的差异可能是由几个关键的特征引起的，如果能找出导致这些区别的关键特征，那么对下一步建立样本分离模型就起到了关键的作用。而这正是模式识别三大核心问题之一。一般情况下，模式识别系统是一个包含由特征所描述样本集的数学模型，样本之间的联系与差异很大程度上取决于样本所包含的特征。通常，样本之间的联系是已知的，而它们的差异却是未知的，而这种差异正是由每个样本异于其他样本的几个关键特征所描述的。特征提取与选择的基本任务就是在保证分类识别正确率的条件下，研究如何从众多特征中选择出那些对分类识别最有效、数量最少的特征，从而实现特征空间维数的压缩。

特征选择和特征提取是最重要和最常见的两种数据降维方式。特征提取技术是在原特征集合上做变换产生新特征的方法，产生的新特征是原始特征的某种组合。而特征选择技术是从原特征集合中挑选子集的方法，两者都是很普遍的降维方法，存在着从高维模式下求取低维特征的共同特性。广义上来说，特征选择技术是对原始特征集作简单的线性变换，是最简单的一种组合，可视为特征提取技术的特殊情况。一般情况下，在同一模式识别系统中，两者是等效的。在具体的应用中，特征提取有时必须为特征选择技术作好铺垫，在特征提取的变换空间内再一次做特征选择，两者做到有机地结合。

用于特征提取的变换可以是线性和非线性的。最著名的线性特征提取器就是主成分分析(PCA)，也称 K－L 变换，它对特征向量做一个正交变换，然后在变换后的空间中选取 K－L 系数最大的值所对应的那些特征。PCA 基于对模式的最优描述，即提取出了模式中具有最大描述能力的特征，在许多领域，尤其是人脸识别中得到了广泛的应用。其他的一些线性特征提取器有独立成分分析(ICA)、Fisher 准则等。非线性特征提取器有基于核的 PCA、多尺度量化(Multidimensional Scaling)、神经网络等。

特征选择通常是一个搜索过程。通常有两种方式，第一种是从一个空集开始，依次选择一个"最好"的特征，直到达到一定的特征数目为止；另一种是从包含所有特征的集合开始，依次去掉一个"最差"的特征，直到特征数目达到一定的值。这两种方式都不能保证全局最优。这是因为一个"最优"的特征集合并不一定包含单个最优的特征，而依次递增或依次递减的做法都没有考虑上面这种情况，从而容易陷入局部极值当中，这种现象称为嵌套现象，是特征选择中要注意避免的。

从两者的说明可以看出：

(1)特征提取得到的结果是新的组合特征，这些组合特征往往只具有数学意义，而从物理上很难理解；而用特征选择所得到的特征实际上就是原始的特征，往往具有很明显的物理意义。

(2)由特征提取所得到的特征往往是多个原始特征的组合。在很多情况下，当用这些组合特征进行模式识别的时候实际上还需要对所有的原始特征进行测量。而特征选择的结果则是指示出一些必要测量的重要的原始变量，而其余冗余的或是噪声性质的原始特征就可以忽略不计了，也就是使用较少的测量变量达到精确决策的目的。

1.4.2　目标识别技术

空间目标识别是空间监视设备获取被识别目标的各种特征信息，提取特征参数，结合已建立的特征样本库和已收集获取的信息，对目标属性、类型和工作状态进行判别的一个过程。针对不同的对象和目的，可以用不同的模式识别理论、方法对目标的类别属性进行判别。目前主流的技术主要有下述5类。

1. 统计模式识别

这类识别技术理论较完善，方法也很多，通常较为有效，现已形成一个完整的体系。尽管方法很多，但从根本上讲，都是利用分布特征，即直接利用各类的概率密度函数、后验概率等，或隐含地利用上述概念进行分类识别。其中最具代表性的为聚类分析法和最近邻法。在聚类分析中，利用待分类模式之间的"相似性"进行分类，较相似的作为一类，较不相似的作为另一类。在分类过程中不断地计算所划分的各类的中心，一个待分类模式与各类中心的距离作为对其分类的依据。这实际上是在某些设定下隐含地利用了概率分布概念，因常见的概率密度函数中，距期望值较近的点概率值较大。该类方法的另一种技术是根据待分类模式和已知判出类别的模式的距离来确定其类别，这实际上也是在一定程度上利用了有关的概念。最近邻法则是根据待分类模式的一个或 k 个近邻训练样本的类别而确定其类别的。

2. 结构模式识别

在许多情况下，对于较复杂的对象仅用一些数值特征已不能充分地进行描述，这时可采用结构模式识别技术。结构模式识别技术将对象分解为若干个基本单元，这些基本单元称为基元。用这些基元以及它们的结构关系来描述对象，基元以及这些基元的结构关系可以用字符串或图来表示；然后运用形式语言理论进行句法分析，根据其是否符合某一类的文法而决定其类别。

3. 模糊模式识别

模糊技术是利用人类思维中模糊性的特点，具有容易被人类理解的表达能力，是处理非平稳、非线性和其他不确定问题的有力工具。目前，模糊识别方法较多。这类方法的有效性在于对象类的隶属函数是否良好。

4. 人工神经网络法

人工神经网络是由大量简单的基本单元——神经元(neuron)相互连接而构成的非线性动态系统，每个神经元结构和功能比较简单，而由其组成的系统却可以非常复杂，具有生物神经网络的某些特性，在自学习、自组织、联想及容错方面具有较强的能力，能用于联想、识别和决策。由于人工神经网络可以模拟任意复杂的非线性模型，可以对特征向量进行复杂的计算和非线性映射，避免了复杂的处理和建模。

5. 多分类器融合

对于模式识别问题，其最终的目的是得到尽可能好的识别性能。为了实现这一目标，传统的做法是设计不同的分类方案，再根据实验结果，选择一个最好的分类器作为最终的解决方法。过去 10 年，对分类器研究的焦点从单个分类器的研究转移到多分类器系统的研究。多分类器融合也称为多分类器集成，就是融合多个分类器提供的信息，得到更加准确的分类(识别)结果。由于利用了多个分类器之间的互补性，多分类器融合能有效地提高分类的精度。

上述 5 类方法各有其特点和应用范围，可以相互促进、借鉴、渗透及融合。一个较完善的识别系统往往是综合利用上述各类识别方法的观点、概念和技术而形成的。

参考文献

[1] 孙伟艳. 模式分类中特征选择问题的研究[D]. 哈尔滨：哈尔滨理工大学，2009.

[2] 郝允祥. 光度学[M]. 北京：中国计量出版社，2010.

[3] 姚连兴. 目标和环境的光学特性[M]. 北京：宇航出版社，1995.

[4] 格鲁姆 F，贝彻雷 R J. 辐射度学[M]. 缪家鼎，等，译. 北京：机械工业出版社，1987.

[5] 车念曾，阎达远. 辐射度学和光度学[M]. 北京：北京理工大学出版社，1990.

第 2 章　空间目标可见光特性分析

2.1　空间目标可见光辐射环境

2.1.1　太阳光谱辐照度

如图 2-1 所示，对空间目标，其背景光源主要有两部分：直射太阳光、地球及其大气反射的太阳光。

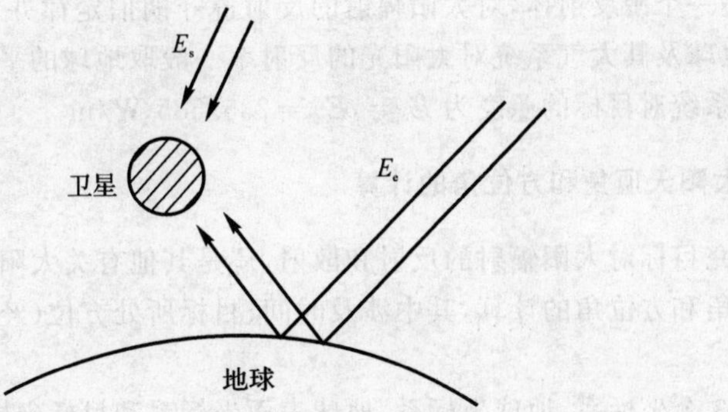

图 2-1　目标的光学背景

由于非自发光空间目标是被太阳光照射而产生亮度的，那么首先要研究太阳光的光谱照度特性。对于远离地球大气的太阳，在研究它的光谱特性时，可将其看作是一个温度为 T 的辐射黑体，而且是一个点光源。由普朗克黑体辐射公式可知，在 $\lambda_1 \sim \lambda_2$ 波长范围内太阳的辐出度 M 和总辐射通量 Φ 分别为

$$M = c_1 \int_{\lambda_1}^{\lambda_2} \lambda^{-5} \ [\exp (c_2/\lambda T_0) - 1]^{-1} \mathrm{d}\lambda \tag{2-1}$$

$$\Phi = 4\pi R_s^2 M \tag{2-2}$$

式中，λ 为波长；$c_1 = 3.742 \times 10^{-4}\ \mathrm{W \cdot \mu m^2}$，为第一辐射常数；$c_2 = 14\ 388\ \mu\mathrm{m \cdot K}$，为第二辐射常数；$T_0 = 5\ 900\ \mathrm{K}$；太阳半径 $R_s = 6.959\ 9 \times 10^8\ \mathrm{m}$；辐出度 M 的单位为 $\mathrm{W/m^2}$。

假设太阳所发出的总辐射通量在空间方向上的分布是均匀的，则在 $\lambda_1 \sim \lambda_2$ 波长范围内太阳的发光强度为

$$I = \Phi / 4\pi = R_s^2 M \tag{2-3}$$

那么根据距离平方反比定律，在 $\lambda_1 \sim \lambda_2$ 波长范围内太阳在目标处的照度(即大气层外的照度)E_s 为

$$E_s = I/D^2 = R_s^2 c_1 D^{-2} \int_{\lambda_1}^{\lambda_2} \lambda^{-5} \ [\exp (c_2/\lambda T_0) - 1]^{-1} \mathrm{d}\lambda \tag{2-4}$$

式中，D 为日地实际距离；照度 E_s 的单位为 W/m^2。

一年之中，日地距离的变化主要由地球轨道偏心率所致，不同季节、时日的日地距离修正系数 K_0 可由下式求出：

$$K_0=(D_{se}/D)^2=1.000\ 11+0.034\ 221\cos C+0.001\ 28\sin C+0.000\ 719\cos 2C-0.000\ 077\sin 2C$$

式中，D_{se} 为日地年平均距离；$C=2\pi(d_n-1)/365$，d_n 为1月1日起算的天数(其中2月按28天计算)，闰年时该修正系数稍有变化。

当 D 为日地年平均距离时，在可见光范围内380～780 nm，通过式(2-1)计算可得太阳在目标处的照度 $E_s=673.1\ W/m^2$。

地球本身不发光，而是靠反射太阳光而发亮的。地球表面及其大气系统对整个太阳辐射的反射有显著的光谱选择性，而且其反射特性与气象条件及地球表面的性质有关。地球反射率的多变状况，给目标的光度计算带来了相当大的困难。但是由于空间目标的飞行高度较大，飞行速度较快，而且这部分能量比起太阳对目标的直接辐射所占比例较小，因此在光度计算中，假设地球是一个漫反射体，对太阳辐射的反射遵守朗伯定律并且各处均匀，反射光谱与太阳光谱相同，地球及其大气系统对太阳光的反射率一般取地球的平均反射率为 $\rho=0.35$，地球表面及其大气系统对目标的照度为 $E_e=\rho E_s=235.585\ W/m^2$。

2.1.2 太阳天顶角和方位角的计算

无论是研究目标对太阳辐射的反射和散射，还是其他有关太阳的目标特性问题，我们大都涉及太阳天顶角和方位角的计算，其中涉及时间、目标所处方位(经纬度)、目标高度等因素，计算比较烦琐。

首先建立3个坐标系：地球坐标系、地球表面坐标系和目标坐标系，如图2-2所示。

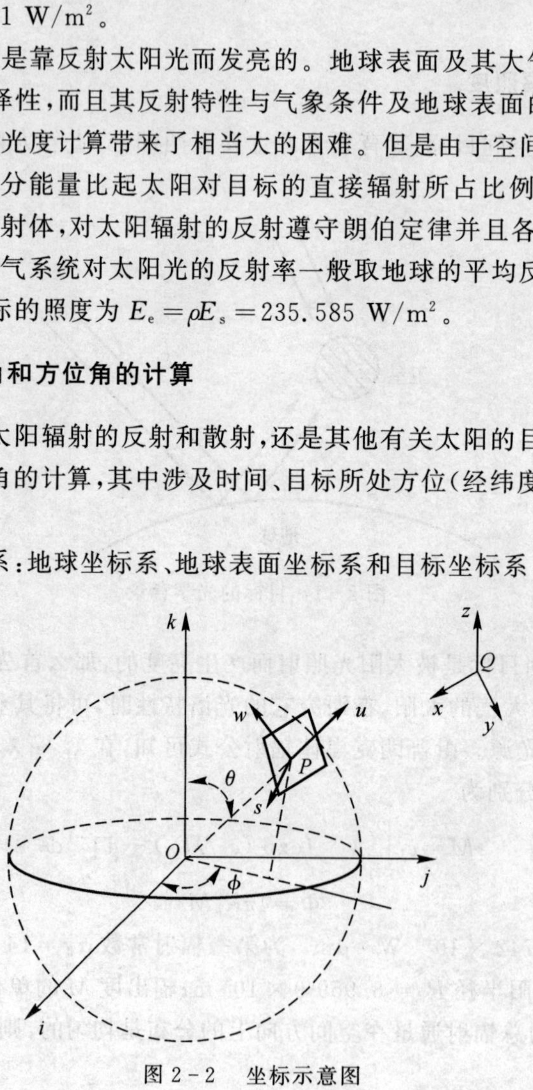

图2-2 坐标示意图

1. 地球坐标系 $i-j-k$

iOj 平面为地球的赤道平面，k 轴为地球的自转轴，由地心指向北极，太阳光线在 iOj 平面内。对确定时刻，假设地球和太阳都不动，即 $i-j-k$ 坐标系是固定的，地球表面某点时间的变化可由周向角 φ 的变化来体现。一天当中时间 t(以小时计算)与周向角的关系为 $\varphi=$

$(t-12)\pi/12$，地球表面某点在 t 时刻的 $i-j-k$ 坐标(x_i,y_j,z_k)由下式计算：

$$\left.\begin{aligned} x_i &= R\sin\theta\cos\varphi \\ y_j &= R\sin\theta\sin\varphi \\ z_k &= R\cos\theta \end{aligned}\right\} \tag{2-5}$$

式中，$\frac{\pi}{2}-\theta$ 为该点的纬度，即 θ 为余纬；R 为地球半径。

2. 地球表面坐标系 $w-s-u$

将地球表面某点(x_i,y_j,z_k)作为坐标原点，过该点的地球切面的法线为 u 坐标轴，西向为 w 坐标轴，南向为 s 坐标轴，建立 $w-s-u$ 坐标系。各坐标系在 $i-j-k$ 坐标系的方向余弦分别为

u 轴的方向余弦为

$$(tu(1),tu(2),tu(3))=\left[\frac{x_i}{R},\frac{y_j}{R},\frac{z_k}{R}\right]$$

w 轴的方向余弦为

$$(tw(1),tw(2),tw(3))=\left[\frac{y_j}{\sqrt{x_i^2+y_j^2}},\frac{-x_i}{\sqrt{x_i^2+y_j^2}},0\right]$$

s 轴的方向余弦为

$$(ts(1),ts(2),ts(3))=\left[\frac{x_i z_k}{R\sqrt{x_i^2+y_j^2}},\frac{y_j z_k}{R\sqrt{x_i^2+y_j^2}},-\frac{\sqrt{x_i^2+y_j^2}}{R}\right]$$

3. 目标坐标系 $x-y-z$

目标后向为 x 轴，高度方向为 z 轴，然后根据右手原则定 y 轴，该坐标系称为目标坐标系。根据目标在地球上所处的方位，可以计算出该坐标系各轴在 $w-s-u$ 坐标系中的方向余弦：

$$((tx(1),tx(2),tx(3)),(ty(1),ty(2),ty(3)),(tz(1),tz(2),tz(3))) \tag{2-6}$$

假设地球绕太阳做近似匀速圆周运动，一年为一个周期，地心和太阳的连线与赤道平面的夹角与地球和太阳的相对位置有关，变化关系为一正弦关系，即

$$\gamma=23.5\,\frac{\pi}{180}\sin\alpha$$

式中，α 为一年中第 n 天（从元旦开始）地心和太阳的连线扫过的角度（以 3 月 21 日（春分）第 80 天为零度角，该日太阳直射赤道，$\alpha=0,\gamma=0$）：

$$\alpha=(n-80)\,\frac{2\pi}{365}$$

现在确定太阳光线在 $i-j-k$ 坐标系内的方向数：由于太阳光在一天内始终在 iOk 平面内，因此，其与 i 轴的夹角即为太阳光与赤道平面的夹角 γ，太阳光线在 iOk 坐标系的方向数为 $(\cos\gamma,0,\sin\gamma)$。

然后就可以得到太阳光线在目标坐标系中的方位角：经过两次坐标变换过程，将太阳光线 $i-j-k$ 坐标系内的方向数转化为 $x-y-z$ 目标坐标系的方向数。

首先进行由 $i-j-k$ 坐标系向 $w-s-u$ 坐标系的转化：

$$\begin{bmatrix} x_w \\ y_s \\ z_u \end{bmatrix} = \begin{bmatrix} tw(1) & tw(2) & tw(3) \\ ts(1) & ts(2) & ts(3) \\ tu(1) & tu(2) & tu(3) \end{bmatrix} \begin{bmatrix} \cos\gamma \\ 0 \\ \sin\gamma \end{bmatrix}$$

然后，进行由 $w-s-u$ 坐标系向 $x-y-z$ 坐标系的转化：

$$\begin{bmatrix} x \\ y \\ z \end{bmatrix} = \begin{bmatrix} tx(1) & tx(2) & tx(3) \\ ty(1) & ty(2) & ty(3) \\ tz(1) & tz(2) & tz(3) \end{bmatrix} \begin{bmatrix} x_w \\ y_s \\ z_u \end{bmatrix}$$

最后，得到太阳光线在目标坐标系中的方向数(x,y,z)。进而求得 $x-y-z$ 坐标系内太阳光线的方位角 φ_s 和入射角 θ_s 分别为

$$\theta_s = \arccos\left[\frac{z}{\sqrt{x^2+y^2+z^2}}\right] \tag{2-7}$$

$$\varphi_s = \arccos\left[\frac{x}{\sqrt{x^2+y^2}}\right] \tag{2-8}$$

至此，可以近似得到在目标坐标系中太阳在任意时刻的方位角和入射角。

图 2-3 所示是太阳方位角随时间的变化曲线，其计算条件为：地理位置是东经 120°，北纬 25°，时间是 1 月 30 日；天顶角是南偏北方向，方位角是东偏西方向。图 2-4 所示是太阳随观测者纬度变化曲线，其计算条件为格林尼治时间 10:00，观测者为东经 120°。

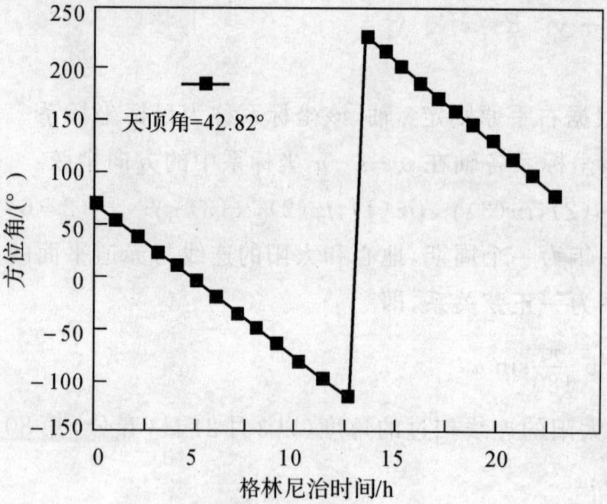

图 2-3　太阳方位角随时间变化曲线

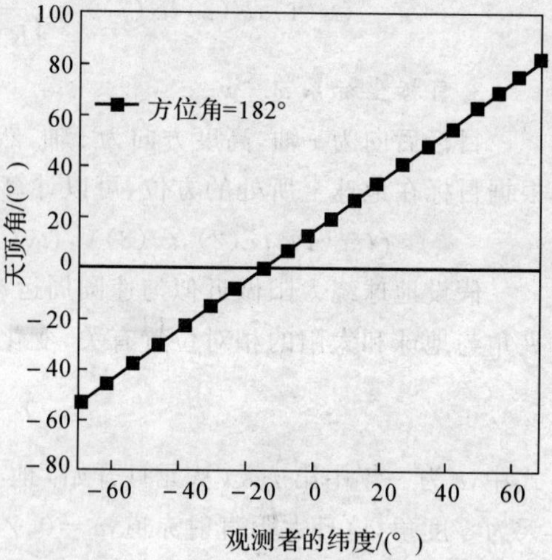

图 2-4　太阳天顶角随观测者纬度变化曲线

2.1.3　大气传输与背景辐射的基本理论

探测器接收到的光能量包括来自目标和背景辐射与散射的能量。背景辐射主要来自地球表面(及其景物)、天空和天体，有时还包括海洋的辐射。当研究目标和背景的辐射以何种形式传送到探测器时，就必然提出大气中辐射传输问题，也就是要知道辐射在大气中传播的衰减。

2.1.3.1　大气辐射传输

大气传输过程非常复杂，它不仅依赖于大气中吸收辐射分子的种类和浓度，而且还依赖大

气中悬浮粒子的大小特性，以及沿传输路径上各点的温度、压强和气候条件等。一般来讲，传输主要受下面几种因素的影响：

(1)组成大气分子的吸收和再发射影响。这些分子主要有 CO_2，H_2O，CH_4，CO，N_2O，O_3 等，它们都各有自己的吸收带。这些分子的分布是大气高度的函数，吸收和发射是由分子的振动、转跃迁以及部分分子的连续跃迁过程引起的。

(2)气体分子和直径远小于波长粒子的瑞利散射所造成损失的影响。

(3)可与辐射波长相比拟的大气气溶胶粒子的吸收、米氏散射及再发射造成的影响。在底层大气中，当气溶胶粒子较多时，这个因素有时占有重要地位。

(4)其他因素影响。如大气湍流和折射等均能影响大气传输。

2.1.3.2　大气透过率

当辐射通过大气时，部分能量被吸收，还有一部分能量被反射和透射，透过程度以透过率来表示。

设波数为 υ 的辐射经过路径为 Δl 的大气时，其透过率为

$$\tau(\upsilon)=\exp\ [-r(\upsilon)\Delta l]$$

$$r(\upsilon)=K_{s}(\upsilon)+K_{\alpha}(\upsilon)$$

式中，$r(\upsilon)$ 为衰减系数，亦称为消光系数；$K_{s}(\upsilon)$ 和 $K_{\alpha}(\upsilon)$ 分别为散射系数和吸收系数。$K_{s}(\upsilon)$ 和 $K_{\alpha}(\upsilon)$ 又可以表示为由气体分子与气溶胶粒子贡献之和，即

$$K_{s}(\upsilon)=K_{s}^{i}(\upsilon)+K_{s}^{f}(\upsilon)$$

$$K_{\alpha}(\upsilon)=K_{\alpha}^{i}(\upsilon)+K_{\alpha}^{f}(\upsilon)$$

上述两式中，上角标 i 代表气溶胶粒子；上角标 f 代表气体分子。

当辐射斜穿大气层时，假定把大气分成 n 层，每层的吸收可看作是常数，则通过 n 层大气的单色透过率为

$$\tau(\upsilon)=\exp\ \left[-\sum_{j=1}^{n}r_{j}(\upsilon)\Delta l_{j}\right]=\prod_{i=1}^{m}\prod_{j=1}^{n}\tau_{ji}(\upsilon)$$

式中，m 为对吸收有贡献的分子和粒子种类。对于垂直路径 $\Delta l_{j}=\Delta z_{j}$ 和斜程 $\Delta l_{j}=\Delta z_{j}\sec\theta$，$\theta$ 为观测路径与垂直路径之间的夹角。

在工程上感兴趣的是在某一波长处的平均透过率，即实际上需要计算的是某一光谱频率间隔 $\Delta\upsilon$ 的平均透过率，而不是单色透过率，即

$$\bar{\tau}(\upsilon)=\frac{1}{\Delta\upsilon}\int_{\Delta\upsilon}\tau(\upsilon)\mathrm{d}\upsilon \tag{2-9}$$

将衰减系数代入式(2-9)中，就可写出平均透过率 $\bar{\tau}(\upsilon)$

$$\bar{\tau}(\upsilon)=\bar{\tau}_{1}(\upsilon)\ \bar{\tau}_{2}(\upsilon)\ \bar{\tau}_{3}(\upsilon)\ \bar{\tau}_{4}(\upsilon) \tag{2-10}$$

式(2-10)中，$\bar{\tau}_{1}(\upsilon)$ 为分子吸收平均透过率；$\bar{\tau}_{2}(\upsilon)$ 为分子散射平均透过率；$\bar{\tau}_{3}(\upsilon)$ 为气溶胶吸收平均透过率；$\bar{\tau}_{4}(\upsilon)$ 为气溶胶散射平均透过率。

大气透过率的计算涉及分子微观跃迁过程的研究以及对粒子散射的计算，详细计算过程非常复杂，这里仅从工程应用出发，介绍这方面的工作现状。

20 世纪 70 年代，美国空军剑桥实验室(AFCEL)就开展了大气分子吸收特性的研究，给

出了一套完整的气体分子光谱参数，罗思曼(Rothman)等人将近年来光谱参数的研究成果进行了新的汇集，形成了完整的数据汇编，为大气辐射传输计算提供了可靠的基础。

除在光谱参数上不断改进外，在大气传输计算的模型方面也有了很大发展。现在的计算方法可以分成三类，即吸收系数法(逐线法)、谱带模型法以及经验法(或半经验法)。吸收系数法最严格，在准确知道了分子吸收和发射的谱线参数后，能得到很好的结果，有不少人用该方法进行了成功的计算。但这个方法对光谱参数依赖性很强，并且计算量大。谱带模型方法用得较广，已建立起来的爱尔沙斯模型、随机模型、随机爱尔沙斯模型及准随机模型等。把谱带模型法和经验参数结合起来的方法(或在实测基础上建立起来的方法)称为半经验方法。这一方法的特点是把透过率用函数的解析形式表示出来，再代入适当的参数。由马克拉西(Maclatchey)等人发展起来的(Lowtran)方法，经过不断改进，在光谱透过率的计算中占有重要地位。

2.1.3.3 大气传输模型及软件计算

1. 大气传输模型

处于地球大气层中的复杂目标所受到的光谱辐射，受到了大气吸收和辐射的影响。无论是激光还是红外辐射在大气中传输都要受到大气的衰减，同时大气或太阳的辐射又会构成一定量的背景辐射。由于大气的辐射特征与气象条件和大气中的各种分子及悬浮物(气溶胶)的浓度及其光学特性有着密切的关系，建立具有代表性的特定地理位置和气象条件的大气辐射传输模式对目标识别和光谱计算具有决定性作用，大气传输模型就是由此应运而生的。

大气传输模型一直为光电测量系统的设计人员和一些与地球大气中辐射传输有关的研究(如环境监测、气候学、气象学、激光传输及红外成像技术)人员所关注，光辐射大气传输模型的研究和应用越来越受到重视。经过大量大气科学工作者 30 多年的努力，已经成功地开发并建立了宽、窄光谱带和逐个光谱线计算的大气辐射传输模型，这些传输模型包括多种观测方式，适用于非常宽的电磁波谱范围及多种可变气象要素。这些实用的大气传输模型对主动或被动型目标辐射传输及背景辐射的计算有着十分重要的应用价值。

典型大气传输模型包括 Lowtran，Modtran 和 Fascode。这些模型都是由美国空军地球物理实验室根据不同的应用目的而开发和研制的宽带、窄带和逐线计算的大气辐射传输模型及其相应的应用软件。它们之间相互借鉴，取长补短，具有一组共享的公共模块，在编程时如同拼积木似的互相调用，这样也便于互相比较。

这 3 个大气辐射传输模型具有如下共同的特点：它们都可以在非常宽的电磁波谱范围($0\sim 50\,000$ cm，$0.2\ \mu m\to\infty$)内使用，都涉及了复杂大气条件下多种辐射传输量的计算。在这些计算模型中都包括了 1976 年美国标准大气作为高度函数的温度、压力、密度以及水汽、臭氧、甲烷、一氧化碳和一氧化二氮等 30 种气体混合比的 6 种参考模型大气，这些大气模型适合气候学选择的范围。同时还可以根据理论计算或实测资料，由用户自行定义模型大气，使这个模型在特定环境下的仿真和使用显得特别灵活。此外，在这些传输模型实用程序中包括了具有代表性的大气、气溶胶、云和雨的模型，这些复杂的天气环境使它们具有更广泛的应用。模型还包括了水平、垂直、倾斜向上和向下传输等各种复杂的几何关系，在计算大气倾斜路径及沿着传输路径衰减量时，都考虑了大气折射和地球的曲率。

这些辐射传输模型都利用了 Hitran 数据库中的基本分子常数，然而，它们采取了各不相同的处置方法把这些常数换算成透过率和辐射度，显然，这些辐射传输模型具有不同的精确性。

在 Hitran 数据库出现之前，Lowtran4A 利用 20 cm 分辨率的经验透过函数和有效吸收系数。从 Lowtran5 开始首次引入 Hitran80 以后，Lowtran 的每个新版本都在分子成分的数目和计算效率上作了改进。直到 1986 年 Lowtran7 把吸收带模型直接与 Hitran86 连接，使用单参数(压力)带模型(吸收系数)，加上分子密度尺度函数。利用最小二乘方法与逐线计算的透过率拟合，做了大量光学厚度的计算。

Modtran 除了把 Lowtran 20 cm 的光谱分辨率和在 5 cm 光谱间隔上作分子吸收计算改进为 2 cm 的光谱分辨率和在 1 cm 光谱间隔上作分子吸收计算外，它使用了 3 个与温度有关的参数(吸收系数、线密度参数和平均带宽)，使之更精确地服从分子跃迁的温度和压力关系。

由于 Lowtran 局限于压力为主的线形，只适用于 30 km 以下的高度，而 Modtran 同时考虑了压力加宽和移动(与温度有关)加宽相结合的线形，可以在更高高度上使用。但是，在高于 60 km 的高度上，Modtran 达不到 Fascode 的精度。

2. Beer－Lambert *方程符合程度的检验*

Beer 定律也称布给(Bouguer)定律，是大气辐射传输中常用的定律。沿着 z 方向传播的平面波，以微分形式书写的布给定律为

$$\mathrm{d}I(\upsilon)=-I(\upsilon)\alpha(\upsilon,z)\mathrm{d}z \tag{2-11}$$

式中，$\mathrm{d}I(\upsilon)$ 为波数为 υ 的单色辐射强度 $I(\upsilon)$ 通过媒质层厚度 $\mathrm{d}z$ 以后的强度变化量；$\alpha(\upsilon,z)$ 为媒质的衰减系数。

当在厚度为 L 的均匀媒质层内传输时，式(2－11)可以写成

$$I(\upsilon)=I_0(\upsilon)\exp\ [-\alpha(\upsilon,z)L]$$

式中，$I_0(\upsilon)$ 为初始辐射强度；指数 $\alpha(\upsilon,z)L$ 为媒质层的光学厚度，通常用 $\tau(\upsilon)$ 表示。

实际上，布给定律是指单色辐射的传输方程，根据其定义可知，带模型不能服从布给定律。但是，人们通常也用它来计算用平均波长表示的带模型传输。问题在于：所有吸收带模型基本上都计算“全路程”的量，而不作分层计算，这样势必带来一定的误差。Modtran 也不进行分层计算，而进行了压力(或密度)加权的整个空气柱总量的计算。这种加权量连同带模型光谱参数(光谱间隔中的光谱线的平均数和平均强度，加上附加的连续吸收来描述超过 1 cm 间隔的扩展线型)可以求得分子成分的全程透过率，于是，总的透过率是全程各个分子成分透过率、散射衰减和连续吸收透过率的乘积。

其中，Lowtran 计算的透过率与布给定律偏离的绝对误差将超过 7%，Modtran 小于 3%，Fascode 小于 1%。由此可见，Modtran 基本上符合 Beer－Lambert 定律，而 Lowtran7 显然具有较大的偏差，因此从 20 世纪 90 年代起，Modtran 就取代了 Lowtran7。

2.1.4　天地背景可见光辐射的计算

背景辐射的强弱对于空间目标的观察影响很大。空间目标的散射光经过大气的衰减到达探测器(或人眼)，只有散射的光亮度大于背景辐射时，才能引起探测器的响应或者人眼的视觉

效应。可以得到天地平均背景的公式为

$$\overline{L}_i=\frac{1}{2\pi}\int_0^{2\pi}\mathrm{d}\varphi_i\int_0^{\frac{\pi}{2}}L_i\sin\theta_i\mathrm{d}\theta_i$$

$$\overline{L}_i=-\frac{1}{2\pi}\int_0^{2\pi}\mathrm{d}\varphi_i\int_{\frac{\pi}{2}}^{\pi}L_i\sin\theta_i\mathrm{d}\theta_i$$

由上式可以看出，天地平均背景可以通过空间每一个入射方向上的背景辐射加权平均来求得，根据中值定理，可以用 45° 或 135° 入射的背景辐射来代替，即

$$\overline{L}_i=\frac{1}{2\pi}\int_0^{2\pi}\mathrm{d}\varphi_i\int_0^{\frac{\pi}{2}}L_i\sin\theta_i\mathrm{d}\theta_i=L_{i45^\circ}$$

$$\overline{L}_i=-\frac{1}{2\pi}\int_0^{2\pi}\mathrm{d}\varphi_i\int_{\frac{\pi}{2}}^{\pi}L_i\sin\theta_i\mathrm{d}\theta_i=L_{i135^\circ}$$

现在利用大气传输软件 Modtran 分别计算可见光天地背景辐射随各种条件的变化情况。计算条件为：

时间：2008 年 1 月 30 日中午 12：00；

位置：东经 120°，北纬 35°；

高度：0 km。

图 2-5 显示的是红外及可见光波段的背景辐射随方位角的变化情况，由图 2-5 看出，可见波段的背景辐射则随着方位角的改变而改变。计算的时间是中午 12：00，Modtran 软件方位角的起点在正北方，顺时针旋转，观察方位角为 180°的方向正好在正南方，与太阳之间的夹角最小，此时背景辐射最大。由此可知，可见光波段的背景各个方向不同，不能用中值定理，也就是不能用天顶角为 45°的背景辐射来代替平均天地背景。

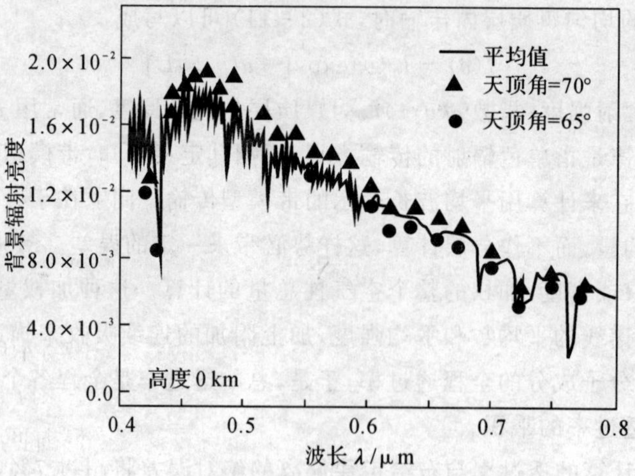

图 2-5　0.4～0.8 μm 天背景随方位角的变化

图 2-6 显示的是波长为 0.64 μm 时背景随天顶角的变化，由图 2-6 可以看出，天顶角在 50°以下时，背景变化不是太明显，当天顶角达到 50°以上时，背景辐射急剧增大。

图 2-7 所示为冬季和夏季地面附近的背景辐射，从图中可以看出，在地表附近，平均天地背景的辐射亮度在 0.4～0.6 μm 之间，与天顶角为 65°时的背景辐射亮度接近，在 0.6～

0.8 μm之间，平均背景辐射亮度与天顶角为 70°时的背景吻合得很好。

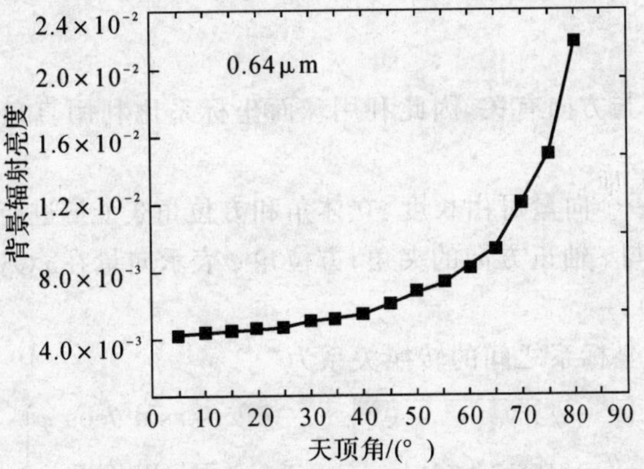

图 2-6　0.64 μm 天背景随天顶角的变化

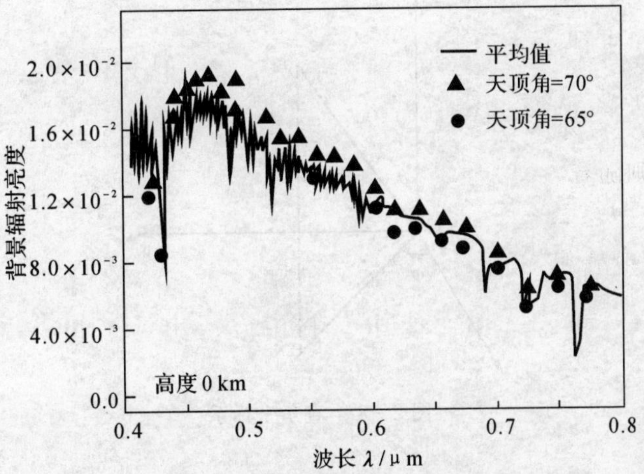

图 2-7　夏季的背景辐射

2.2　空间目标可见光散射特性

随着军用航天技术的发展，成百上千的航天器进入太空，在民用与军用领域发挥着重要作用。因此开展空间目标的光散射与辐射特性的研究，对目标的探测、跟踪与识别等空间技术具有十分重要的应用价值。空间目标环境的光散射特性研究包括不同时间、不同空间位置以及不同大气环境下目标在空间环境中对阳光、天地背景辐射的空间散射强度分布和光谱分布。研究各种目标与背景的上述光辐射特性，建立目标与背景光辐射特性的数据库和数学模型，可为相关技术的论证、仿真和试验提供基础。

散射的太阳光辐射特性与下列因素有关，即目标、太阳、接收器三者之间的几何关系，目标形状和尺寸，目标距离，大气状态和目标表面材料性质参数(折射率和表面粗糙度等)。

2.2.1 基本概念与定义

1. 球面坐标系

光的传输与计算多与方向有关，因此利用球面坐标系比利用直角坐标系更易于描述光的特性。

在球面坐标系中，一个向量可由长度、立体角和方位角3个量进行描述。r表示向量长度；立体角θ表示向量方向与z轴正方向的夹角；方位角φ表示向量在xOy平面上的投影与x轴正方向的夹角(见图2-8)。

直角坐标系与球面坐标系之间的转换关系为

$$\left.\begin{aligned} r &= \sqrt{x^2+y^2+z^2} \\ \theta &= \arcsin\ (z/r) \\ \varphi &= \arctan\ (y/x) \end{aligned}\right\} \Rightarrow \left.\begin{aligned} x &= r\sin\theta\cos\varphi \\ y &= r\sin\theta\sin\varphi \\ z &= r\cos\varphi \end{aligned}\right\} \tag{2-12}$$

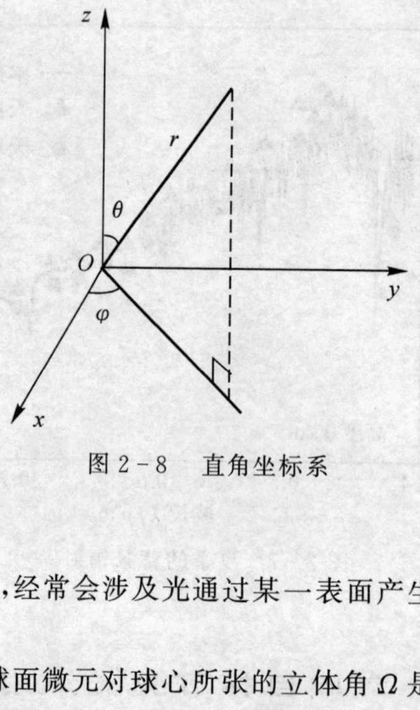

图2-8　直角坐标系

2. 立体角

描述物体的可见光特性时，经常会涉及光通过某一表面产生的量，如通量等，此时需要用到立体角的概念。

同样是在球面坐标系内，球面微元对球心所张的立体角Ω是这部分球面的面积A与球半径r二次方之比，单位为球面度sr，数学表达式为

$$\Omega = \frac{A}{r^2} \tag{2-13}$$

球面度等于球半径二次方的球面面积对球心所张的立体角。由于球面总面积为$4\pi r^2$，所以整个球面对球心所张的立体角为4π球面度。当立体角很小时，可以用锥体底面面积代替球面面积计算立体角，对圆锥，有

$$\Omega = \frac{\pi\ (r\sin\ (\theta/2))^2}{r^2} = \pi\ \sin^2(\theta/2)$$

式中，θ为圆锥顶角(见图2-9)。当θ很小时，上式可近似写为

$$\Omega = \frac{1}{4}\pi\theta^2$$

在微分域，面积微元dA可表示为由两个微圆弧组成的矩形，$d\theta$所对应的微圆弧长度为

$r\mathrm{d}\theta$，另一个微圆弧所对应的长度为 $r\sin\theta\mathrm{d}\varphi$，因此微元 $\mathrm{d}A$ 的面积可表示为

$$\mathrm{d}A=(r\mathrm{d}\theta)(r\sin\theta\mathrm{d}\varphi)$$

则微立体角 $\mathrm{d}\Omega$ 为

$$\mathrm{d}\Omega=\frac{\mathrm{d}A}{r^2}=\sin\theta\mathrm{d}\theta\mathrm{d}\varphi$$

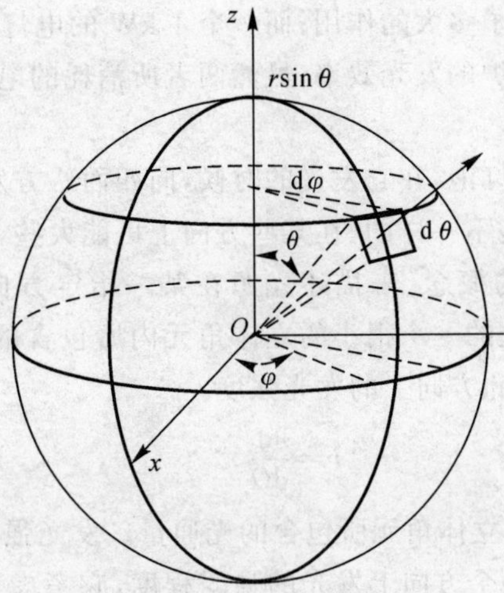

图 2－9　立体角的概念

3. 投影面积

某一面积 A 在与其法线成 θ 角方向的投影面积 A' 为(见图 2－10)

$$A'=A\cos\theta \tag{2-14}$$

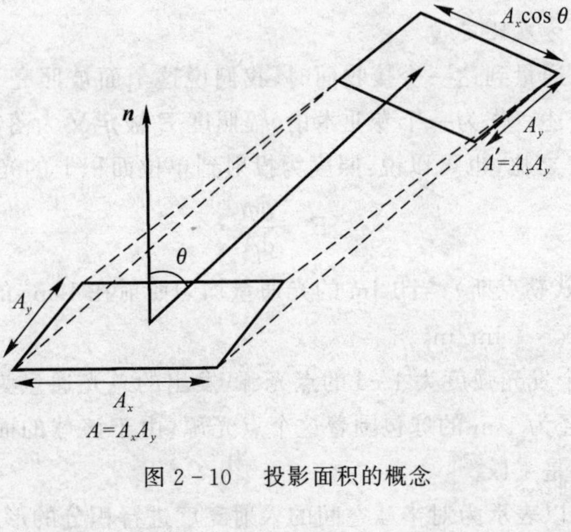

图 2－10　投影面积的概念

4. 光通量

光通量这个术语，在光辐射测量领域是常用的，它指的是在单位时间内通过一个面积的能量流，它与功率的意义是相同的，即

$$\Phi=\frac{\mathrm{d}Q}{\mathrm{d}t} \tag{2-15}$$

单位为 W。

在光度学中，光通量明确定义为能够被人的视觉系统所感受到的那部分辐射功率大小的度量，单位为 lm(流明)，它反映了某一个光源所发出的光辐射能引起人眼的光亮感觉的能力。反过来，我们也可以把光辐射引起视亮度感觉的能力当作是光辐射的一种属性，可以用来表述一个光源发出可见光的效率，简称为发光效率。例如一个 1 kW 的电炉，尽管它很热，看起来却只是暗红，在黑暗中起不了多大的作用；而一个 1 kW 的电灯泡，点燃起来就很亮，我们就说，电灯泡的发光效率高于电炉的发光效率，虽然两者所消耗的电功率是一样的。

5. 发光强度

设想有一个光源，如一个电灯泡，在它发光的时候，向四面八方发射出光芒。但不难想到，它向各个方向所发出的光通量是不一样的，在某些方向上可能大些，在另外一些方向上可能小些。于是定义了一个发光强度的概念，来描述光源在某一指定方向上发出光通量能力的大小。我们可以把这个指定方向上的一个很小的立体角元内所包含的光通量值，除以这个立体角元，所得的商就定义为光源在此方向上的发光强度。

$$I=\frac{\mathrm{d}\Phi}{\mathrm{d}\Omega} \tag{2-16}$$

式中，$\mathrm{d}\Omega$ 为立体角元；$\mathrm{d}\Phi$ 为这个立体角元所包含的光通量。发光强度的单位是 cd(坎德拉)。

发光强度 I 描述了光源在某个方向上发光的强弱程度，它考虑了光源发光的方向性。因此，一般来讲，光源向各个方向上发光的强弱程度是不一样的。

现在假设有一个各向同性的点光源，它向空间所有方向发射的光强度都相等，且等于 1 cd，由于整个空间立体角等于 4π，所以这个点光源向空间发出的总光通量为 4πlm。如果点光源的发光强度为 Gcd，则发出的总光通量为 4πGlm。这种数量上的简单关系，也可以看做是点光源的一个属性，在某些场合，可以帮助我们估计一个光源的照明效果。

6. 辐照度与距离平方反比定律

当有一定数量的光通量到达一个接收面时，我们说这个面被照亮了，照亮程度的大小，可以用辐照度这个量来描述。作为一个专业术语，辐照度 E 被定义为落在某个面元上的光通量 $\mathrm{d}\Phi$ 与这个面元面积 $\mathrm{d}A$ 之比，也可以说：照度为投射到单位面积上的光通量为

$$E=\frac{\mathrm{d}\Phi}{\mathrm{d}A} \tag{2-17}$$

辐照度的单位是 lx(勒克斯)，当 1 lm 的光通量均匀照射在 1 m^2 的面积上时，这个面上的照度就等于 1 lx，即 1 lx＝1 lm/m^2。

前面已经讲过，一个发光强度为 1 cd 的点光源，发出的总光通量为 4πlm。现假定以这个光源为球心，有一个半径为 1 m 的球包围着这个点光源，由于该球的面积正好等于 4 $\pi\mathrm{m}^2$，所以在球面上的照度恰好是 1 lx。

入射辐射照度还可以表示为对半球空间的入射亮度进行积分的形式：

$$E=\int_0^{2\pi}\int_0^{\pi/2} L\cos\theta\sin\theta\,\mathrm{d}\theta\,\mathrm{d}\varphi$$

用点光源和假想球面的方法，很容易导出距离平方反比定律。因为假定点光源的发光强度为 I cd，则它发出的光通量为 $4\pi I$lm，而一个半径为 R 的球，总球面积为 $4\pi R^2$，所以点光源在距离 R 处所产生的辐照度为

$$E=\frac{I}{R^2}$$

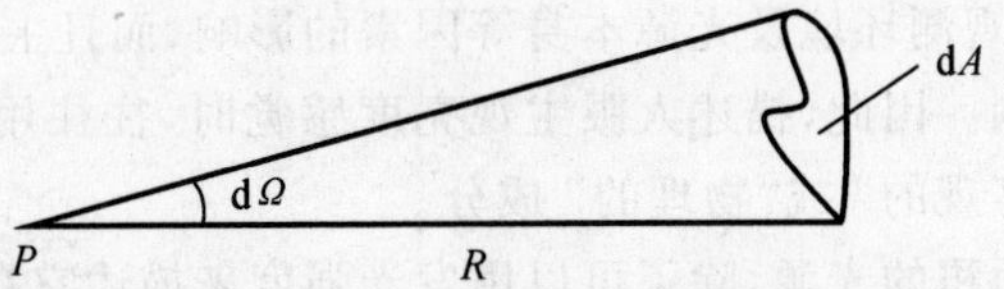

图 2-11　立体角与面元的关系

距离平方反比定律也可由辐照度的定义直接导出，从图 2-11 可见，点 P 向一个垂直面元 dA 所张的立体角 $d\Omega=dA/R^2$，由发光强度的定义：

$$I=\frac{d\Phi}{d\Omega}=\frac{d\Phi}{dA/R^2}$$

故可得

$$\frac{d\Phi}{dA}=\frac{I}{R^2}$$

即

$$E=\frac{I}{R^2} \tag{2-18}$$

式(2-18)表明，一个发光强度为 I 的点光源，在距离它 R 处的表面上产生的照度，与这个光源的发光强度成正比，与距离的平方成反比。

但必须注意，被照的平面一定要垂直于光线照射的方向。如果被照平面的法线与光线成一定的夹角 θ，如图 2-12 所示。设平面 V 为被照平面，其法线为 PM，L 为光源，发光强度为 I，而 V' 为与光线方向垂直的平面，L 至 P 点的距离为 R。由距离平方反比定律可知，在 V' 面上的照度为

$$E'=\frac{I}{R^2}$$

由投影面积的定义可知，在 V 面上的照度为

$$E=\frac{I}{R^2}\cos\theta \tag{2-19}$$

式(2-19)称为辐照度的余弦法则，它说明当计算一个光源在一个平面上产生的照度时，必须考虑这个平面是否与光线的方向垂直。

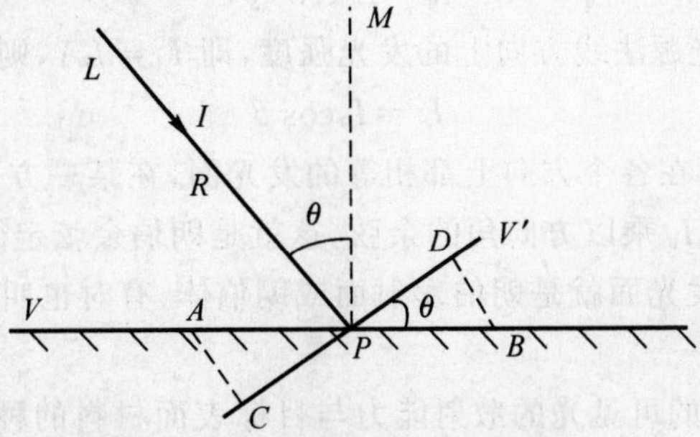

图 2-12　倾斜照明时的照度计算

7. 辐亮度与朗伯余弦定律

一个发光面的明亮程度，是可以被人眼直接感受到的，但人眼感觉到的明亮程度，往往叫作主观亮度，它可能受到观测环境及光源本身等因素的影响，而且主观感觉还受到眼睛适应情况的不同而有很大的差别。因此，描述人眼主观亮度感觉时，往往用明度这个词，而不是辐亮度，辐亮度含有较多的"客观的"或"物理的"成分。

设想一个具有一定面积的光源，除了可以用发光强度来描述它在某一方向的发光能力外，还想进一步知道它每一单位面积在这个方向上的发光能力，以便比较不同类型光源的优劣，这就要用到辐亮度的概念。它表示每单位面积上的发光强度，即

$$L=\frac{\mathrm{d}I}{\mathrm{d}A}$$

式中，辐亮度的单位是 $\mathrm{cd/m^2}$，有时也为 nt(尼特)。

但是必须注意，上式中所说的面积应理解为一个面在观察方向上的投影。因此，如果一个面的法线与观察方向所成的角度为 θ 时，上式将变为

$$L=\frac{\mathrm{d}I}{\mathrm{d}A\cos\theta} \tag{2-20}$$

考虑到

$$I=\frac{\mathrm{d}\Phi}{\mathrm{d}\Omega}$$

故有

$$L=\frac{\mathrm{d}^2\Phi}{\mathrm{d}\Omega\mathrm{d}A\cos\theta} \tag{2-21}$$

式(2-21)可以看做是辐亮度较通用的定义表达式，由这个表达式可以进一步将亮度的概念引申，即亮度不仅可用来描述一个发光面，而且可以用来描述光路中的任意一个界面，如一个透镜的有效面积或一个光栅所截的面积等；更进一步，还可以用亮度来描述一束光，光束的亮度等于这个光束所包含的光通量除以这束光的横截面积和这束光的立体角。

如果有一个面积为 A 的均匀发光面，它在某一方向上的亮度为 L_θ，根据式(2-20)可知，它在这个方向的发光强度 I_θ 为

$$I_\theta=L_\theta A\cos\theta$$

式中，θ 为该发光面的法线与所指定方向的夹角，称为方向角。假如这个面光源的亮度在各个方向均相等，即亮度不依赖于方向角，$L_\theta=L$ 为常数，此时上式变为

$$I_\theta=LA\cos\theta$$

现定义 I_0 为这个面光源法线方向上的发光强度，即 $I_0=LA$，则上式变为

$$I_\theta=I_0\cos\theta \tag{2-22}$$

式(2-22)表明，一个亮度在各个方向上都相等的发光面，在某一方向上的发光强度等于这个面垂直方向上的发光强度 I_0 乘以方向角的余弦，这就是朗伯余弦定律。式(2-22)就是朗伯定律的数学表达式，这样的发光面就是朗伯发射面或朗伯体，有时也叫作均匀漫反射体。

8. 双向反射分布函数

目标对照射到它上面的可见光的散射能力与目标表面材料的种类、表面的粗糙度及目标的几何结构有关。目标表面对光的反射分为两类，即镜面反射和漫反射。一般目标表面既不能用镜面反射处理，也不能作为理想漫反射处理。因而必须找到一种能够合理描述各种不同

反射状况的参数。目前，在表面材料的反射特性研究中，用双向反射分布函数 BRDF (Bidirectional Reflectance Distribution Function) 来描述表面反射性能的特征参数。双向反射分布函数最早是从辐射度学，在几何光学的基础上描述各种表面辐射和反射特性的物理量。这种描述具有唯一性的特点，它由目标表面粗糙度、介电常数、照射波长、偏振等因素决定。

如图 2-13 所示，设波长为 λ，空间具有 δ 分布的入射辐射，从方向 (θ_i,φ_i) 投射向点目标，造成该点目标的辐照度增量为 $dE_i(\theta_i,\varphi_i)$；传感器从方向 (θ_r,φ_r) 观察目标，接收到目标对外来辐射的反射辐射，其亮度值为 $dL_r(\theta_i,\varphi_i;\theta_r,\varphi_r)$，则双向反射分布函数定义为

$$f_r(\theta_i,\varphi_i;\theta_r,\varphi_r;\lambda)=\frac{dL_r(\theta_i,\varphi_i;\theta_r,\varphi_r)}{dE_i(\theta_i,\varphi_i)} \tag{2-23}$$

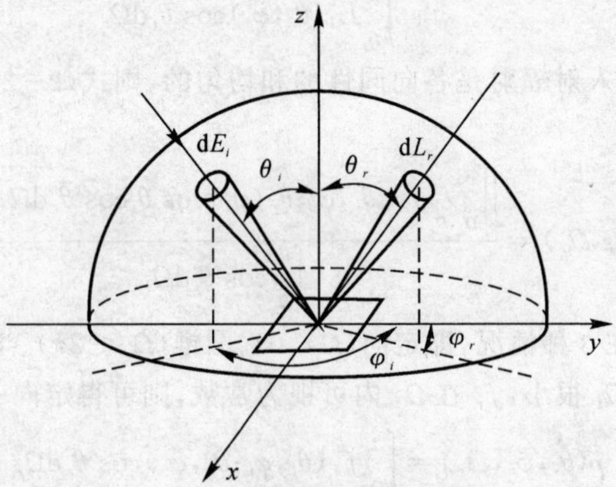

图 2-13　双向反射分布函数的定义

双向反射分布函数(BRDF) 的物理意义是，来自方向地表辐照度的微增量与其所引起的方向上反射辐射亮度增量之间的比值，简单地说，它是出射辐亮度与入射辐照度之比，是一个关于四个角度并具有波长依赖性的函数，用来描述半球范围内样品反射方向散射亮度的空间分布。

这样定义的 BRDF 为什么可以恰当地表达物体的方向反射特性呢？

众所周知，在现实世界中投射到地物表面上的辐射能量往往由两部分组成，即来自太阳的直射辐射与天空散射辐射，而传感器在方向上测得的辐射亮度是空间入射辐射场的综合效应，它不仅与该点地物的反射特性有关，而且与辐射环境(即入射辐射亮度的空间分布函数)有关。

为了摆脱辐射环境的影响，我们采取两个措施：其一，设定入射辐射场为 δ 分布函数；其二，采用比值形式。

这样定义的 BRDF 有如下 3 个特点：

(1) 与辐射环境无关，它仅与该地物的反射辐射特性有关，并且具有 Sr^{-1} 因子。

(2) 它是 $\theta_i,\varphi_i,\theta_r,\varphi_r,\lambda$ 5 个自变量的函数，在 2π 空间中无论是入射还是反射均有无穷多个方向。(从概念上说要完整地表达一个物体的非朗伯体特性需要有无穷多个测量数据，而且这组无穷多个测量数据仅与一个具体对象相联系，例如对某一棵树的 BRDF 测量结果一般不同于对另一棵树的测量结果。实际上它使得对物体的非朗伯体描述几乎成为不可能。因此重

要的问题是能否对一类地物建立一种模型，从无穷多个测量数据集中找到一组个数有限的子集，它足以表征这类地物共同的对入射辐射的反射、散射特性，并且它与这类地物的空间结构特征有着稳定的函数关系，我们把这样的特殊子集称之为这类地物的方向谱。）

(3) 这样定义的 BRDF，虽然从理论上能较好地表征物体的方向反射特性，但在实际测量上困难较大，精确测量 $\mathrm{d}E_i(\theta_i,\varphi_i)$ 很困难。

9. 反射率

描述目标表面反射特性的另一个物理量是反射率 $\rho(\Omega_i,\Omega_r,L_i)$，定义为反射辐射通量与入射辐射通量之比。表达式为

$$\rho(\Omega_i,\Omega_r,L_i)=\frac{\mathrm{d}\Phi_r}{\mathrm{d}\Phi_i}=\frac{\iint_{\Omega_i,\Omega_r} f_r(\theta_i,\varphi_i;\theta_r,\varphi_r)L_i(\theta_i,\varphi_i)\cos\theta_i\cos\theta_r\,\mathrm{d}\Omega_i\,\mathrm{d}\Omega_r}{\int_{\Omega_i} L_i(\theta_i,\varphi_i)\cos\theta_i\,\mathrm{d}\Omega_i} \tag{2-24}$$

如果在入射光束内，入射辐射是各向同性的和均匀的，则式(2-24)中的 L_i 是常数。由此得

$$\rho(\Omega_i,\Omega_r)=\frac{\iint_{\Omega_i,\Omega_r} f_r(\theta_i,\varphi_i;\theta_r,\varphi_r)\cos\theta_i\cos\theta_r\,\mathrm{d}\Omega_i\,\mathrm{d}\Omega_r}{\int_{\Omega_i}\cos\theta_i\,\mathrm{d}\Omega_i}$$

由于 Ω_i，Ω_r 各自存在 3 种情况，即定向($\Omega=0$)、圆锥($\Omega<2\pi$)、半球($\Omega=2\pi$)，所以存在 9 种不同的反射率。如果 Ω_i 很小，f_r 在 Ω_i 内可视为常数，则可得定向-圆锥反射率为

$$\rho(\theta_i,\varphi_r,\Omega_r)=\int_{\Omega_r} f_r(\theta_i,\varphi_i;\theta_r,\varphi_r)\cos\theta_r\,\mathrm{d}\Omega_r$$

照此方法，可分别得到不同入射和探测几何条件下的其他几种反射率。这 9 种反射率分别描述了入射和反射光速 9 种几何条件的可能组合，因此在引用反射率时必须注明入射和反射光束的几何条件。

任何实际的目标都是由圆柱、圆锥、圆球、立方体、长方体和平板型等 6 种基本目标组成的，因此，研究它们对光的反射特性是研究各类实际目标的基础。

10. 漫反射和镜面反射

完全漫反射和完全镜面反射实际上是不存在的，但仍然存在很多可以近似地按漫反射或镜面反射处理的情况。完全的漫反射也称为朗伯面，朗伯面的反射辐射亮度在半球立体角内是各向同性的。由 BRDF 的定义可得

$$L_r(\theta_r,\varphi_r)=\int f_r(\theta_i,\varphi_i;\theta_r,\varphi_r)\,\mathrm{d}E_i=\int f_r(\theta_i,\varphi_i;\theta_r,\varphi_r)L_i(\theta_i,\varphi_i)\cos\theta_i\,\mathrm{d}\Omega_i$$

由此可见，要使反射辐射亮度与(θ_r,φ_r) 无关，f_r 必须为常数。因此，对朗伯面，$f_r=L_r/E_i$。由反射率定义表达式得朗伯面的圆锥-半球反射率为

$$\rho(\Omega_i,2\pi)=f_r\frac{\iint_{\Omega_i,\Omega_r}\cos\theta_i\cos\theta_r\,\mathrm{d}\Omega_i\,\mathrm{d}\Omega_r}{\int_{\Omega_i}\cos\theta_i\,\mathrm{d}\Omega_i}=f_r\pi$$

由此得朗伯面的 BRDF 为

$$f_r=\frac{\rho(\Omega_i,2\pi)}{\pi}$$

在完全镜面反射情况下，反射光束遵循反射定律，即 $\theta_r=\theta_i$，$\varphi_r=\varphi_i\pm\pi$，反射辐射亮度与入射辐射亮度成正比，即

$$L_r(\theta_r,\varphi_r)=\rho_{sp}L_i(\theta_i,\varphi_i) \tag{2-25}$$

式中，ρ_{sp} 为镜面反射率。

11.反射和散射

光线经光滑表面发射的反射现象，叫作镜面反射，镜面反射遵循反射定律，反射光线是有规律的，它形成一个特定的区域。平面镜、球面镜和各种曲面的反射都是镜面反射，镜面反射能形成各种像，并在适当的位置和范围内能观察到。在现实中，大量的反射都不是在光滑面上进行的，反射面是粗糙的，在粗糙面上进行的无规则反射称为漫反射。光线经过粗糙表面后，漫反射可能到各个方向，但就其中的每条光线而言，都遵循反射定律，一般的物体我们之所以能看到它，就是漫反射的结果。

散射就是因为介质中存在的微小粒子或者分子对光的作用，使光束偏离原来的传播方向而向四周传播的现象。太阳辐射在大气中传播，遇到大气分子、尘粒、雨滴等质点时，都要发生散射，但散射并不像吸收那样把辐射能转变成热能，而只是改变辐射方向，使太阳辐射以质点为中心向四面八方传播开来。经过散射之后有一部分太阳辐射就到不了地面。如果太阳辐射遇到的是直径比波长小的空气分子，则辐射的波长越短，被散射越严重。其散射能力与波长的关系是，对于一定大小的分子来说，散射能力和波长的 4 次方成反比，这种散射是有选择性的。因此，太阳辐射通过大气时，由于空气分子散射的结果，波长较短的光被散射得较多，雨后天晴，天空呈青蓝色就是因为辐射中青蓝色波长较短，容易被大气散射的缘故。如果太阳辐射遇到直径比波长大的质点，虽然也被散射，但这种散射是没有选择性的，即辐射的各种波长都同样被散射。如空气中存在较多的尘埃或雾粒，一定范围的长短波都被同样地散射，使天空呈现灰白色。

2.2.2　漫反射理论模型

2.2.2.1　目标对天背景的漫反射特性

由于目标和太阳的距离相对目标的几何尺寸来说非常大[11]，因此对目标来说，太阳光可以认为是平行光。设太阳的光谱辐照度为 $E(\lambda)$，目标微面元 dA 的法线与太阳光方向的夹角为 θ_i，则 dA 上接收到的太阳光通量为

$$\mathrm{d}\Phi_1=\cos\theta_i\mathrm{d}A\int E(\lambda)\mathrm{d}\lambda \tag{2-26}$$

如果目标表面的漫反射系数为 $\sigma(\lambda)$，则 dA 发射出的光通量为

$$\mathrm{d}\Phi_2=\cos\theta_i\mathrm{d}A\int \sigma(\lambda)E(\lambda)\mathrm{d}\lambda \tag{2-27}$$

由于目标是漫反射体，表面近似为朗伯型表面，设法线方向的发光强度为 I_0，根据朗伯余弦定律，如图 2-14 所示，在与法线方向为 θ_r 角的观测方向的发光强度为

$$I_{\theta_r}=I_0\cos\theta_r=L\mathrm{d}A\cos\theta_r=\frac{\mathrm{d}\Phi_2}{2\pi}\cos\theta_r=\frac{1}{2\pi}\cos\theta_i\cos\theta_r\mathrm{d}A\int\sigma(\lambda)E(\lambda)\mathrm{d}\lambda \tag{2-28}$$

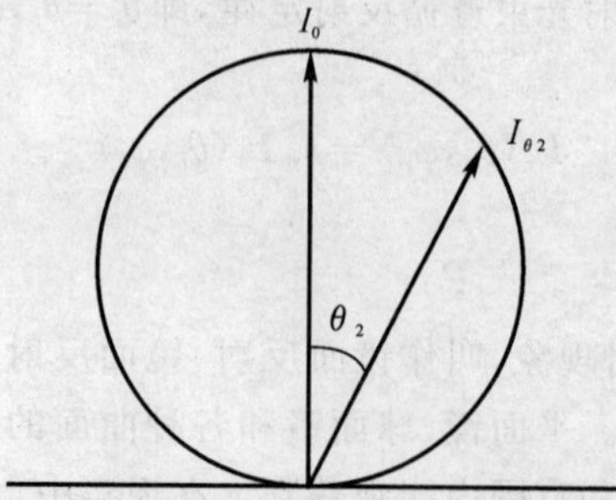

图 2-14　朗伯表面漫反射特性

设目标与探测器之间的距离为 R，根据距离平方反比定律，$\mathrm{d}A$ 在探测器处产生的照度为

$$\left.\begin{aligned} \mathrm{d}E &= I_{\theta_r}/R^2 = (1/2\pi R^2)\cos\theta_i\cos\theta_r B\,\mathrm{d}A \\ B &= \int\sigma(\lambda)E(\lambda)\,\mathrm{d}\lambda \end{aligned}\right\} \tag{2-29}$$

式中，B 与目标的几何形状无关，由于材料的漫反射特性与波长的关系较小，这里假定目标的漫反射系数与波长无关，即 $\sigma(\lambda)=\lambda$，而 $\int E(\lambda)\mathrm{d}\lambda$ 在这里实际是太阳的可见光波段 380～780 nm 在目标表面处产生的照度。由上一节可知，$E_s=\int E(\lambda)\mathrm{d}\lambda=637.1\ \mathrm{W/m^2}$，则目标微元 $\mathrm{d}A$ 在探测器处产生的照度为

$$\mathrm{d}E=\left(\frac{\sigma E_s}{2\pi R^2}\right)\cos\theta_i\cos\theta_r\,\mathrm{d}A$$

对目标的整个表面积分，即得到整个目标表面反射太阳光在探测器处产生的照度为

$$E_{\mathrm{sun}}=\left(\frac{\sigma E_s}{2\pi R^2}\right)\iint\cos\theta_i\cos\theta_r\,\mathrm{d}A \tag{2-30}$$

式中，σ 是目标的漫反射系数；E_s 是太阳光在可见光部分的辐照度；R 是目标与探测器之间的距离；θ_i，θ_r 分别是太阳光线的入射角和反射角。

2.2.2.2　目标对地背景的漫反射特性

目标微元 $\mathrm{d}A$ 在探测器处产生的照度为

$$\mathrm{d}E=\left(\frac{\sigma E_s}{2\pi R^2}\right)\cos\theta'_i\cos\theta'_r\,\mathrm{d}A \tag{2-31}$$

对目标的整个表面积分，即得到目标反射地球及其大气系统反射的太阳光在探测器处产生的照度为

$$E_{\mathrm{earth}}=\left(\frac{\sigma E_s}{2\pi R^2}\right)\iint\cos\theta'_i\cos\theta'_r\,\mathrm{d}A \tag{2-32}$$

式中，σ 是目标的漫反射系数；ρ 是地球及其大气系统对太阳光的平均反射率；E_s 是太阳光在可见光部分的辐照度；R 是目标与探测器之间的距离；θ'_i，θ'_r 分别是地球及其大气系统反射光线的入射角和反射角。

由于 θ_i，θ_r（或 θ'_i，θ'_r）是目标表面微元 $\mathrm{d}A$ 的法线与太阳方向、观测方向的夹角，对不同形状的目标，积分 $\iint\cos\theta_i\cos\theta_r\mathrm{d}A$ 不同，应根据目标的具体表面形状计算积分 $\iint\cos\theta_i\cos\theta_r\mathrm{d}A$。

目标表面在探测器处产生总的辐照度为

$$E = E_{\text{sun}} + E_{\text{earth}} \tag{2-33}$$

式中，E_{sun} 和 E_{earth} 分别是目标表面反射的天背景光在探测器处产生的辐照度和目标反射的地背景光在探测器处产生的辐照度。

2.2.2.3　数学算法

设目标外形曲面 Σ 的函数为 $f(x,y,z)=c$，如图 2-15 所示。

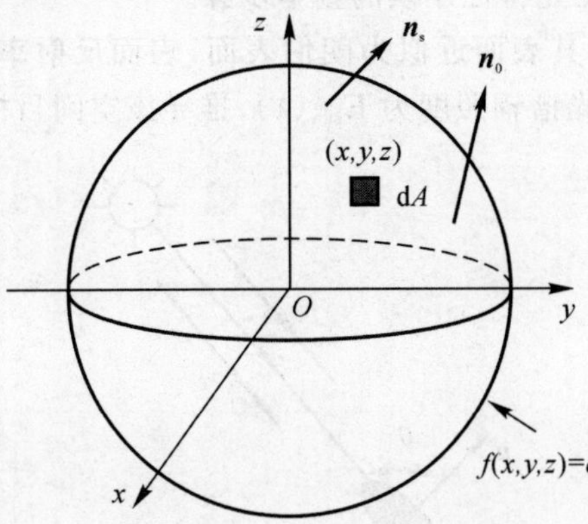

图 2-15　积分计算示意图

对图 2-15 中太阳方向矢量 $\boldsymbol{n}_s$，规定其方向为远离目标；对观测方向矢量 $\boldsymbol{n}_0$，也规定其方向为远离目标；对曲面 Σ，规定其上任一点的法向量指向朝外。

dA 为在曲面 Σ 上任取的微面元，(x,y,z) 为 dA 中心点坐标，由于 dA 面积非常小，可以认为其法线为曲面在 (x,y,z) 处的法线，令其法向量为 $\boldsymbol{n}$，有

$$\boldsymbol{n} = \{f_x, f_y, f_z\} \tag{2-34}$$

则 dA 的法向量与太阳方向的夹角为

$$\cos\theta_i = \frac{\boldsymbol{n}\cdot\boldsymbol{n}_s}{|\boldsymbol{n}|\cdot|\boldsymbol{n}_s|} \tag{2-35}$$

即 $\cos\theta_i$ 为 x,y 的函数，其中 $z(x,y)$ 为 $f(x,y,z)=c$ 所确定的函数。dA 的法向量与观测方向的夹角为

$$\cos\theta_0 = \frac{\boldsymbol{n}\cdot\boldsymbol{n}_0}{|\boldsymbol{n}|\cdot|\boldsymbol{n}_0|} \tag{2-36}$$

微面元 dA 可根据对面积的曲面积分公式求出，有

$$\mathrm{d}A = \sqrt{1+z_x^2(x,y)+z_y^2(x,y)}\,\mathrm{d}x\mathrm{d}y \tag{2-37}$$

式中，z_x, z_y 分别为 z 对 x,y 的偏导数。将式(2-34)、式(2-35)、式(2-36)、式(2-37)带入式(2-30)，则目标的光照度为

$$E = \left(\frac{\sigma E_s}{2\pi R^2}\right)\iint_{\Sigma}\cos\theta_i\cos\theta_r\,\mathrm{d}A =$$

$$\left(\frac{\sigma E_s}{2\pi R^2}\right)\iint_{D_{xy}}\frac{\boldsymbol{n}\cdot\boldsymbol{n}_s}{|\boldsymbol{n}|\cdot|\boldsymbol{n}_s|}\cdot\frac{\boldsymbol{n}\cdot\boldsymbol{n}_0}{|\boldsymbol{n}|\cdot|\boldsymbol{n}_0|}\cdot\sqrt{1+z_x^2(x,y)+z_y^2(x,y)}\,\mathrm{d}x\mathrm{d}y \tag{2-38}$$

式中，D_{xy} 为空间曲面在 xOy 面上的投影区域；σ 是目标的漫反射系数；E_s 是太阳光在可见光部分的照射度；R 是目标与探测器之间的距离；$\boldsymbol{n}, \boldsymbol{n}_0, \boldsymbol{n}_s$ 分别为面元法线方向矢量、观测方向矢

量和太阳光矢量；z_x，z_y 分别为 z 对 x，y 的偏导数。值得注意的是，θ_i 和 θ_r 不可能对任何的角度都成立，只有当 θ_i，θ_r 均小于 $\pi/2$，即 $\cos\theta_i$，$\cos\theta_r$ 均大于等于0时，目标照射部分才能被观测到。

习　题

2.1　简述空间目标可见光特性建模的基本步骤。

2.2　设有一空间目标，其表面近似为朗伯表面，表面反射率为 ρ，双向反射分布函数为 f_r，如图 2-16 所示，太阳的光谱辐照度为 $E_{\mathrm{sun}}(\lambda)$，推导该空间目标对天背景的反射模型。

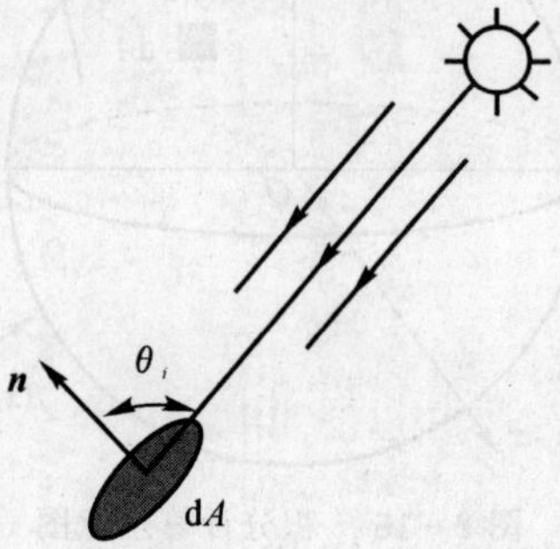

图　2-16

2.3　如图 2-17 所示，球心 o 点处有一个各向同性的朗伯辐射源，在其法线 z 轴方向的辐射强度为 I_0，求该辐射源向上半球空间发射的总辐射通量 Φ_e。

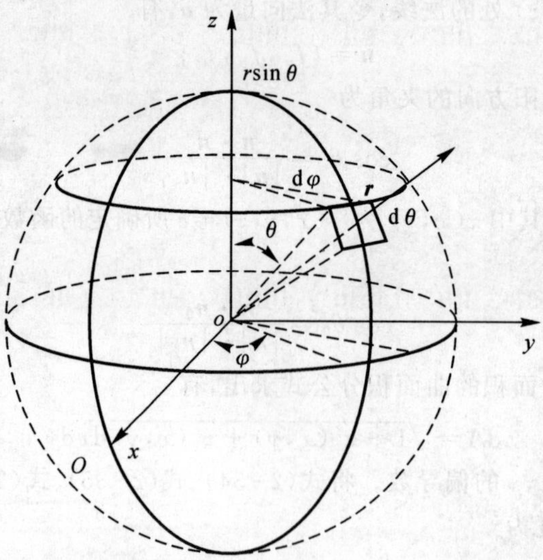

图　2-17

2.4　如图 2-18 所示，圆盘形朗伯辐射源的中心在 o 点，圆盘半径为 a，其在距离为 l 的 P 点产生的辐射亮度为 L_e，求无限大($a\to\infty$) 圆盘形朗伯辐射源在 P 点产生的辐射照度 E_e。

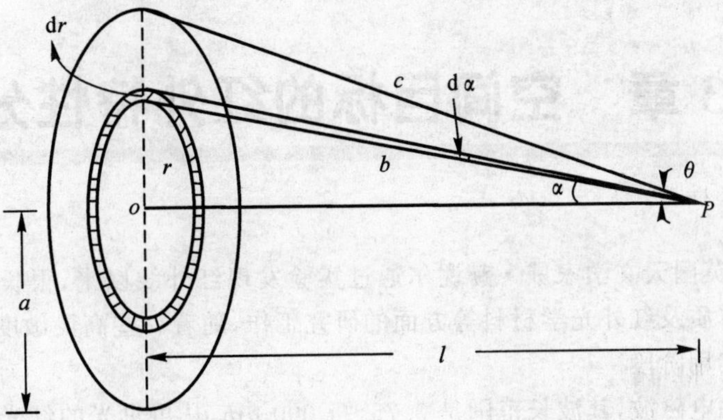

图　2-18

参考文献

[1]　刘强.目标表面激光双向反射分布函数的测量与优化统计建模[D].西安:西安电子科技大学,2010.

[2]　严景文.空间目标的光学特性分析[D].武汉:华中科技大学,2009.

[3]　尹中锋.空间目标的光学特性与建模技术研究[D].北京:装备指挥技术学院,2000.

[4]　边肇祺,张学工,等.模式识别[M].2 版.北京:清华大学出版社,2000.

[5]　陈荣利,韩乐,车弛骋,等.非自发光空间目标的可见光探测技术研究[J].光子学报,2005,34(9):1438-1440.

[6]　张光明,郭军海.空间目标反射太阳辐射研究[J].飞行器测控技术,1994,1(2):26-31.

[7]　李斌成.空间目标的光学特性分析[J].光学工程,1989,80(2):21-26.

[8]　吴振森,窦玉红.空间目标的可见光散射与红外辐射[J].光学学报,2003,23(10):1250-1254.

[9]　李道勇,王云强,宫彦军.空间目标的光散射特性研究[J].烟台大学学报,2004,17(3):183-187.

[10]　孙成明,张伟,王治乐.双向反射分布函数在空间目标可见光反射特性建模中的应用[J].光学技术,2008,34(5):750-753.

第 3 章　空间目标的红外特性分析

自从 1800 年英国天文学家威·赫谢尔通过实验发现红外线以来，很长一段时间内，人们主要从事红外线本质及红外光学材料等方面的研究工作，随着一些高灵敏度探测器的出现，红外技术开始走向实用阶段。

红外线是一种电磁波，其波长范围是 0.75～1 000 μm，从可见光的红光边界开始，一直扩展到电子学中的微波区边界，如图 3-1 所示。

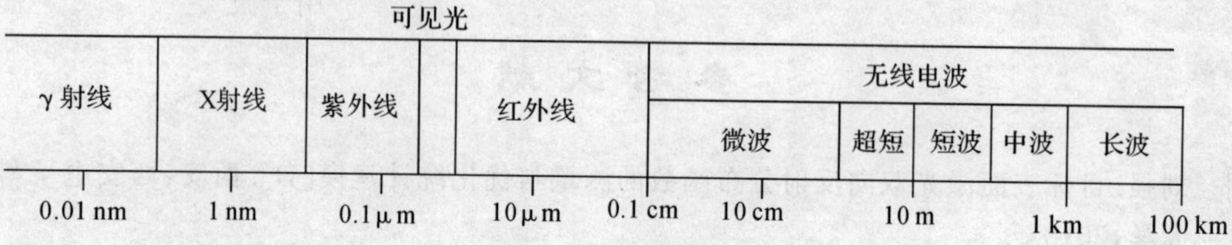

图 3-1　电磁波谱图

它既有与可见光相似的特性，如反射、折射、干涉、衍射和偏振，又具有粒子性，即它可以光量子的形式被发射和吸收。此外，红外辐射还有一些与可见光不一样的独有特点：

· 红外辐射对人的眼睛不敏感，因此必须用对红外辐射敏感的红外探测器才能探测到；

· 红外辐射的光量子能量比可见光小，例如 10 μm 波长的红外光子的能量大约是可见光光子能量的 1/20；

· 红外辐射的热效应比可见光要强得多。

考虑了红外辐射在地球大气层中的传输特性，红外辐射光谱区可进一步划分，见表 3-1。前 3 个波段中，每一个波段都至少包含一个大气窗口。所谓大气窗口，是指在这一波段内，大气对红外辐射基本上是透明的。

表 3-1　红外光谱划分

名 称	又 名	波长范围/μm
近红外	短波红外	0.75～3
中红外	中波红外	3～6
中远红外	长波红外	6～15
远红外	远红外	15～1 000

3.1　黑 体 辐 射

在光学遥感中进行传感器的辐射度学计算时，一般情况下视热辐射的地面特征为黑体。

因此，黑体辐射理论在遥感辐射度学中占有重要的地位。

黑体，定义为一种理想的物体，能够让全部的入射辐射进入其内部，并把它全部吸收而无任何反射。黑体要求这种特性对不同波长和不同入射角都是正确的。因此，黑体是一个完全吸收体。

黑体的发射特性与它的吸收特性有关。重要的发射特性有：① 对每一角度和每一波长，黑体是一种完全发射体；②黑体发射的总能量，包括所有波长和发射角度的能量是温度的函数，在该温度下黑体发射出最大可能的辐射能量。因此，黑体是一个完全发射体。

实际上，只有少数物体表面的吸收特性接近于黑体，如金黑、炭黑、铂黑和碳化硅等。开在等温腔上的小孔，也有很近似于黑体的吸收特性和发射特性。

理想黑体辐射的角度分布和光谱分布，是实际物体的发射特性和吸收特性的比较标准。理想特性和实际特性间的差别，可以用发射、吸收和反射参数来描述。

黑体辐射特性建立在局部热平衡的假设基础上，这一假设不适用于激光光源和气体放电光源。因此激光器的角度特性和光谱特性，以及气体放电灯的光谱特性与黑体特性大不相同。

3.1.1　黑体辐射的角度特性

黑体辐射的角度特性，以热力学理论为基础。

1. 黑体辐亮度与角度的关系

辐亮度是基本的辐射度量，其定义为

$$L(\lambda,\theta,\varphi)=\frac{\mathrm{d}^2\phi(\lambda,\theta,\varphi)}{\mathrm{d}A\mathrm{d}\Omega\cos\theta} \tag{3-1}$$

式中，$\mathrm{d}^2\phi(\lambda)$ 为辐射功率；$\mathrm{d}A\cos\theta$ 为给定方向上的投影面积；$\mathrm{d}\Omega$ 为该方向的立体角；θ,φ 为极坐标；λ 为波长。

利用热平衡条件，可以证明：

$$L(\lambda,\theta,\varphi)=L(\lambda,0,0) \tag{3-2}$$

也就是说，在(θ,φ) 方向的黑体辐亮度，与(0,0) 方向的辐亮度一样，黑体的辐亮度与角度无关。

2. 朗伯余弦定律

朗伯余弦定律确定单位面积、单位立体角内所发射的功率与辐亮度 $L(\lambda,0,0)$ 间的关系。由式(3-1)，在单位有效面积、单位立体角内，每一波长上物体所发射的功率为

$$\frac{\mathrm{d}^2\phi(\lambda,\theta,\varphi)}{\mathrm{d}A\mathrm{d}\Omega}=L(\lambda,\theta,\varphi)\cos\theta \tag{3-3}$$

对于黑体来说，式(3-3) 可写为

$$\frac{\mathrm{d}^2\phi(\lambda,\theta,\varphi)}{\mathrm{d}A\mathrm{d}\Omega}=L(\lambda,0,0)\cos\theta \tag{3-4}$$

这样，单位面积、单位立体角内黑体所发射的功率，正比于接收辐射的方向和辐射表面法线夹角的余弦值。式(3-4) 所表示的关系称为朗伯余弦定律。

3. 辐亮度与辐出度间的关系

辐出度在第 1 章中已定义为单位面积上发射的辐射功率为

$$M(\lambda)=\frac{\mathrm{d}\phi(\lambda)}{\mathrm{d}A}=\int L(\lambda,\theta,\varphi)\cos\theta\mathrm{d}\Omega \tag{3-5}$$

在辐射方向上 $d\Omega=\sin\theta d\varphi d\theta$，因而可得

$$M(\lambda)=L(\lambda,0,0)\int_0^{2\pi}\int_0^{\pi/2}\cos\theta\sin\theta d\theta d\varphi=\pi L(\lambda) \tag{3-6}$$

式中，$L(\lambda,\theta,\varphi)=L(\lambda,0,0)=L(\lambda)$，即黑体的光谱辐出度是垂直于表面的光谱辐亮度的两倍。

在多数情况下，只要求计算包含在部分半球立体角内单位面积的辐射功率。这时式(3-6)的积分限为 θ_1 到 θ_2 和 φ_1 到 φ_2，因而可得

$$M(\lambda,\theta_1-\theta_2,\varphi_1-\varphi_2)=L(\lambda,0,0)\int_{\varphi_1}^{\varphi_2}\int_{\theta_1}^{\theta_2}\cos\theta\sin\theta d\theta d\varphi=\frac{L(\lambda)}{2}(\sin^2\theta_2-\sin^2\theta_1)(\varphi_2-\varphi_1) \tag{3-7}$$

当覆盖整个半球时，式(3-7)就简化为式(3-6)。

3.1.2 黑体辐射的光谱特性

黑体辐射的光谱特性，以量子物理学为基础。

1.黑体的光谱辐出度

在频率范围 $d\nu$ 内密封腔体每单位体积黑体辐射的电磁场总模式数为

$$N_\nu d\nu=\frac{8\pi\nu^2}{c^2}d\nu \tag{3-8}$$

所谓模式是空腔或容器中电磁场的固有振动，N_ν 为单位体积单位频率间隔内的模式数。

根据量子理论，每个模式的平均能量为

$$\bar{Q}=\frac{h\nu}{\exp(h\nu/kT)-1} \tag{3-9}$$

这是每个模式平均能量的普朗克关系式，其中的变量只有频率 ν 和温度 T。此外每个模式的能量在平均值 $\bar{Q}$ 附近有起伏涨落。

由于确定了在密闭腔内辐射能的普朗克光谱分布，设介质为真空，则空腔内平均光谱能量密度为

$$\overline{\omega_\nu}=\frac{8\pi\nu^2}{c^3}\left(\frac{h\nu}{\exp(h\nu/kT)-1}\right) \tag{3-10}$$

这是空腔内光谱辐射能量密度的普朗克方程，$\overline{\omega_\nu}$ 为单位体积单位间隔的平均能量。

如果用波长表示，则单位体积单位波长间隔内的平均能量为

$$\overline{\omega_\lambda}=\frac{8\pi hc}{\lambda^5}\left(\frac{1}{\exp(hc/\lambda kT)-1}\right) \tag{3-11}$$

需要注意的是 $\overline{\omega_\nu}$ 并不等于 $\overline{\omega_\lambda}$。

设在腔壁上开一小孔，而且小孔足够小，腔体内的能量密度不会产生明显变化，即可求得空腔内小孔的平均光谱辐出度为

$$M_\lambda=\frac{2\pi hc^2}{\lambda^5}\left(\frac{1}{\exp(hc/\lambda kT)-1}\right) \tag{3-12}$$

这是普朗克黑体光谱辐出度的公式，是大多数热辐射源辐射度分析的基础。图3-2是式(3-12)的图解。式(3-12)表示 M_λ 为波长 λ 和温度 T 的函数，T 为一组参数。每一波长的光谱辐出度随温度增加而增加，而且光谱辐出度的峰值位置随着温度的增高向短波方向移动，借

助 $L(\lambda)=M(\lambda)/\pi$ 也可以从这些曲线中求得光谱辐亮度。

式(3-12)可以改写成更方便的形式，从而不再需要对各种温度提供不同的曲线。这一普遍的普朗克公式为

$$\frac{M_\lambda}{T^5}=\frac{2\pi hc^2}{(\lambda T)^5}\left(\frac{1}{\exp\ (hc/\lambda kT)-1}\right) \tag{3-13}$$

此式仅为单变量(λT)的函数，这一关系的图形表示如图 3-2 所示。黑体光谱分布的这一形式可用来推导其他重要的黑体辐射光谱特性。

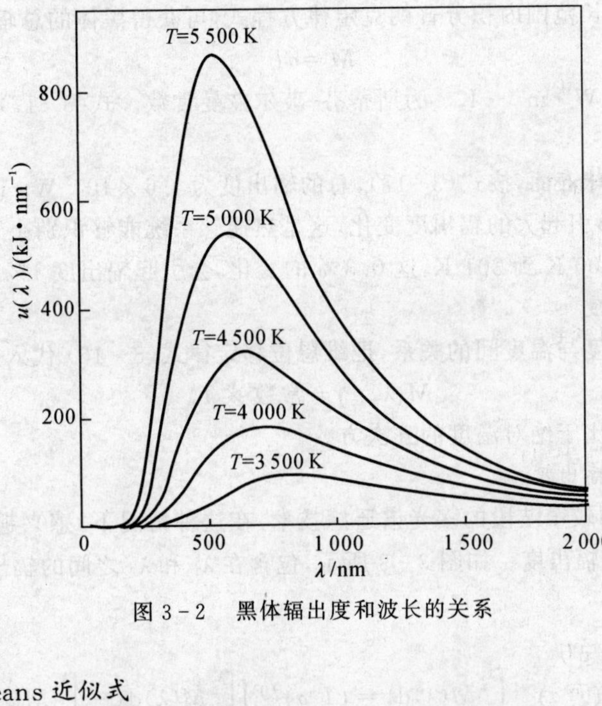

图 3-2　黑体辐出度和波长的关系

2. Rayleigh-Jeans 近似式

光谱辐出度式(3-13)有两个近似形式，当 λT 的乘积很小或很大时，它们既简单又正确，非常方便。

λT 的乘积满足条件 $hc/\lambda kT \gg 1$ 时，$\exp\ (hc/\lambda kT)\gg 1$，则

$$M_\lambda \cong \frac{2\pi hc^2}{\lambda^5}\exp\ (-hc/\lambda kT) \tag{3-14}$$

这是真空中黑体的光谱辐出度的维恩(Wien)近似公式。在短波长或低温时，这一近似是精确的。

当 $hc/\lambda kT \ll 1$ 时，$\exp\ (hc/\lambda kT)\cong 1$，则式(3-14)变为

$$M_\lambda \cong \frac{2\pi ckT}{\lambda^4} \tag{3-15}$$

这是真空中黑体光谱辐出度的 Rayleigh-leans 近似公式。对于长波长或高温时，这一近似公式是精确的。在常规温度范围内，满足条件 $hc/\lambda kT \ll 1$ 的波长很长，一般在无线电频谱区。

3. 维恩位移定律

如图 3-2 所示，光谱辐出度式(3-12)和普遍式(3-13)，重要特性之一是随温度升高辐出度峰值向短波方向移动。为确定峰值波长，对式(3-12)或式(3-13)取 λ 的导数，并令其等于

零，则得维恩位移定律为

$$\lambda_{\max} T = 2\,898\ \mu\text{m}\cdot\text{K} \tag{3-16}$$

式中，$\lambda_{\max}$ 为最大光谱辐出度相应的波长；T 为温度。

式(3-16) 在遥感辐射度学计算中非常有用，例如太阳和地球，分别可视为 6 000 K 和 300 K 的黑体，其辐出度峰值为 0.48 μm 和 9.66 μm，这为选择辐射探测器的敏感光谱范围提供了依据。

4. 斯蒂芬-玻尔兹曼定律

在零和无穷大波长范围内积分普朗克定律方程式，可获得黑体的总辐出度为

$$M = \sigma T^4 \tag{3-17}$$

式中，$\sigma = 5.67\times10^{-8}\ \text{W}\cdot\text{m}^{-2}\cdot\text{K}^{-4}$ 为斯蒂芬-玻尔兹曼常数。式(3-17) 称为斯蒂芬-玻尔兹曼定律。

对于 300 K 的地球表面，按式(3-17)，总的辐出度为 $4.6\times10^{-2}\ \text{W}\cdot\text{m}^{-2}$，由于 4 次方的关系，小的温度变化能够引起大的辐出度变化，这是热遥感系统能够识别小于 1 K 温度差的原因之一。例如，温度从 300 K 到 301 K，这 0.3% 的变化，会引起辐出度 1% ～ 3% 的变化。

5. 峰值光谱辐出度

考虑到光谱辐出度与温度间的关系，把维恩位移定律式(3-16) 代入式(3-13)，得

$$M(\lambda_{\max}) = 常数 \times T^5 \tag{3-18}$$

即峰值光谱辐出度正比于绝对温度的五次方。

6. 波长间隔内的辐出度

在遥感中，多使用较窄波段的多光谱遥感技术，在这种情况下，感兴趣的是获得黑体在 λ_1 和 λ_2 两个波长之间的辐出度。如图 3-3 所示，包含在 λ_1 和 λ_2 之间的辐出度占总辐出度的比值为

$$f_{\lambda_1\sim\lambda_2} = \frac{\int_{\lambda_1}^{\lambda_2} M(\lambda)\,\mathrm{d}\lambda}{\int_0^{\infty} M(\lambda)\,\mathrm{d}\lambda} = (T^4\sigma)^{-1}\int_{\lambda_1}^{\lambda_2} M(\lambda)\,\mathrm{d}\lambda = (T^4\sigma)^{-1}\left[\int_0^{\lambda_2} M(\lambda)\,\mathrm{d}\lambda - \int_0^{\lambda_1} M(\lambda)\,\mathrm{d}\lambda\right] = f_{0\sim\lambda_2} - f_{0\sim\lambda_1} \tag{3-19}$$

确定相对辐出度的积分值 $f_{0\sim\lambda}$，即可求得比值 $f_{\lambda_1\sim\lambda_2}$，为获得一组对所有温度都有效的 $f_{0\sim\lambda}$ 值，式(3-19) 可改写为更简便的形式，即

$$f_{\lambda_1\sim\lambda_2} = \frac{1}{\sigma}\left[\int_0^{\lambda_2 T} \frac{M(\lambda)}{T^5}\,\mathrm{d}(\lambda T) - \int_0^{\lambda_1 T} \frac{M(\lambda)}{T^5}\,\mathrm{d}(\lambda T)\right] = f_{0\sim\lambda_2 T} - f_{0\sim\lambda_1 T} \tag{3-20}$$

$\dfrac{M(\lambda)}{T^5}$ 由式(3-11) 表示，并可以积分，积分结果是 $f_{0\sim\lambda_T}$，如图 3-3 所示。

图 3-3 可用来估计在波长间隔范围内黑体辐出度的比值。在波长间隔范围内黑体辐出度的比值已定，则波长间隔内黑体的辐出度为

$$M_{\lambda_1\sim\lambda_2} = T^4\sigma(f_{0\sim\lambda_2 T} - f_{0\sim\lambda_1 T}) \tag{3-21}$$

由于式(3-4) 确定了辐亮度和辐度的关系，图 3-4 也可以用来确定 λ_1 和 λ_2 间的辐亮度占总辐亮度的百分比。

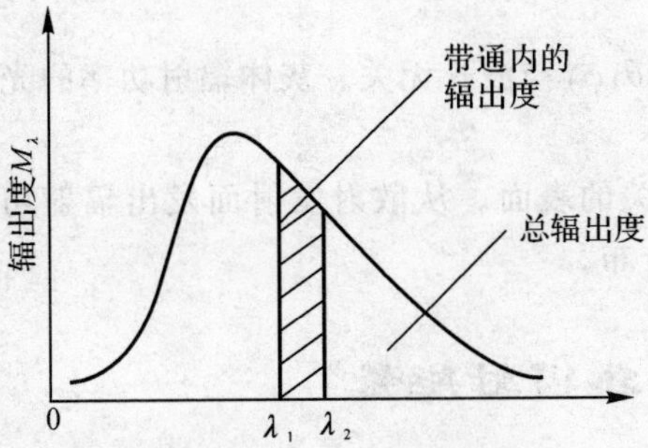

图 3-3　波长间隔 $\lambda_1 \sim \lambda_2$ 间的辐出度

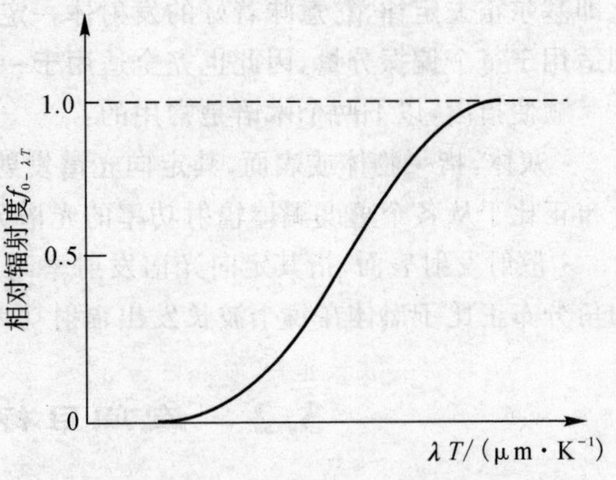

图 3-4　$0 \sim \lambda T$ 范围内的相对辐出度

7. 非真空介质中的辐射定律

如果介质是折射率不等于 1 的介电材料，不是真空，在介电常数为 n 的介质中，对于 $M(\lambda)$ 的峰值，式(3-16) 变为

$$n\lambda_{\max} T = 2\ 898\ \mu\text{m} \cdot \text{K} \tag{3-22}$$

式中，$\lambda_{\max}$ 为介质中的波长。

类似地，斯蒂芬-玻尔兹曼定律可写成

$$M = n^2 \sigma T^4 \tag{3-23}$$

式(3-16) ~ 式(3-23) 都要加以修正，用关系式 $\lambda_0 = n\lambda$ 和 $c_0 = nc$ 代替真空中的 λ_0 和 c_0 值。这里，λ 和 c 为光线在介质中的实际波长和速度。

3.1.3　基尔霍夫定律

物体或物体表面的吸收特性和发射特性之间有着密切的关系，如果物体不是完全的黑体，可以用发射率来描述。在第 1 章中，已定义发射率为

发射率 = 物体单位面积发射的辐射功率 / 黑体单位面积发射的辐射功率

更准确的描述是定向光谱发射率 $\varepsilon(\lambda,\theta,\varphi)$，即

$$\varepsilon(\lambda,\theta,\varphi) = \frac{L_\lambda(\lambda,\theta,\varphi)\cos\theta \mathrm{d}\Omega \mathrm{d}\lambda}{L_{\lambda\mathrm{bb}}(\lambda,\theta,\varphi)\cos\theta \mathrm{d}\Omega \mathrm{d}\lambda} = \frac{L_\lambda(\lambda,\theta,\varphi)}{L_{\lambda\mathrm{bb}}(\lambda,\theta,\varphi)} \tag{3-24}$$

式中，θ,φ 为方向角坐标；L_λ 为发射光谱辐亮度；$L_{\lambda\mathrm{bb}}$ 为黑体的光谱辐亮度。由于黑体在各方向上和各波长上都发射最大可能的辐射功率，显然，$0 \ll \varepsilon(\lambda,\theta,\varphi) \ll 1$。表面的吸收特性则可以用吸收比来描述，在第 1 章中也定义了吸收比为

吸收比 = 吸收的辐射功率 / 入射到表面上的辐射功率

同样，更加完善的描述是定向光谱吸收比 $\alpha(\lambda,\theta,\varphi)$，则有

$$\alpha(\lambda,\theta,\varphi) = \frac{L_{\lambda,a}(\lambda,\theta,\varphi)}{L_{\lambda,t}(\lambda,\theta,\varphi)} \tag{3-25}$$

式中，$L_{\lambda,a}$ 和 $L_{\lambda,t}$ 分别为吸收光谱辐亮度和入射光谱辐亮度。

对于等温腔中的非黑体，为保持热平衡，对某一方向 (θ,φ) 和某一波长 λ，下述关系式成立：

$$\varepsilon(\lambda,\theta,\varphi) = \alpha(\lambda,\theta,\varphi) \tag{3-26}$$

此即基尔霍夫定律，它意味着好的发射体一定是好的吸收体。这一定律的适应性没有限制，分别适用于每个偏振分量，因此也完全适用于一束非偏振辐射功率。

顺便指出，以下两个术语是常用的：

· 灰体，指一物体或表面，其定向光谱发射率 $\varepsilon(\lambda,\theta,\varphi)$ 与波长无关。灰体辐射功率的光谱分布正比于从各个角度黑体辐射功率的光谱分布。

· 散射发射表面，指其定向光谱发射率与方向无关的表面。从散射发射面发出辐射功率的角分布正比于黑体在每个波长发出辐射功率的角分布。

3.2 空间目标的红外辐射能量

空间目标所处的深空背景是等效 3.5 K 的冷背景，目前的科学技术水平已能实现在机载平台上对空间目标进行红外探测、跟踪和制导。如果知道空间目标的形状尺寸、表面温度和表面材料的红外光谱发射率，就可以确定空间目标的红外辐射特性，如图 3－5 所示。

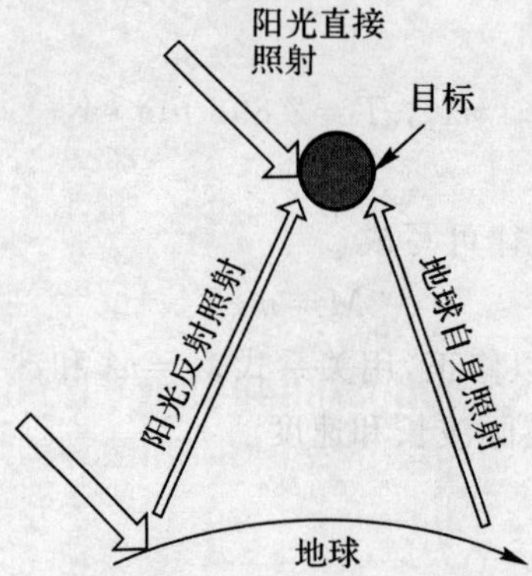

图 3－5 空间目标外部受热示意图

3.2.1 太阳对空间目标的直接照射

由于目标远离太阳，所以可将太阳光视作平行光，在距离太阳 R 处，目标单位面积接收到的太阳功率为

$$E=E_{\text{sun}}\left(\frac{R_{\text{E}}}{R}\right)^{2} \tag{3-27}$$

式中，R_{E} 为平均日地距离。

目标面源 $\mathrm{d}A$ 接收到的太阳功率 P_{s} 为

$$\mathrm{d}P_{\text{s}}=\begin{cases}E\mathrm{d}A\cos\alpha_{\text{s}} & \left(0\leqslant\alpha_{\text{s}}\leqslant\dfrac{\pi}{2}\right)\\ 0 & \left(\dfrac{\pi}{2}<\alpha_{\text{s}}\leqslant\pi\right)\end{cases} \tag{3-28}$$

式中，α_{s} 为太阳光入射方向与面元法线的夹角。

可以把式(3－28)改写成

$$\mathrm{d}P_{\text{s}}=\frac{1}{2}E\mathrm{d}A(|\cos\alpha_{\text{s}}|+\cos\alpha_{\text{s}}) \tag{3-29}$$

对整个目标表面 S_t 积分，相当于目标在太阳光入射方向的几何投影面积，记作 $A_p(\theta_{s,o})$，$\theta_{s,o}$ 为阳光与目标对称主轴夹角，由此得到太阳光对目标的辐射功率为

$$P_s = EA(\theta_{s,o}) \tag{3-30}$$

下面列出了常见几何体特征面积的计算公式：

平板：
$$A_{P_o}(\theta_{s,o}) = \frac{1}{2}A_s(|\cos\theta_{s,o}| + \cos\theta_{s,o}) \tag{3-31}$$

圆柱体表面：
$$A_{P_o}(\theta_{s,o}) = LD\sin\theta_{s,o} \tag{3-32}$$

球体：
$$A_{P_s}(\theta_{s,o}) = \pi R^2 \tag{3-33}$$

式(3-31)、式(3-32)、式(3-33)中，A_s 为平板面积；L 和 D 为圆柱的长度和直径；R 为球体半径。

3.2.2　地球大气系统对空间目标的热辐射

如图 3-6 所示，两面元 dA_1 与 dA_2 之间的热交换示意图中，l 为两面元中心连线，n_1，n_2 为两面元法线，α_1，α_2 为两面元法线与面元连线夹角，设 dA_2 发射，dA_1 吸收。

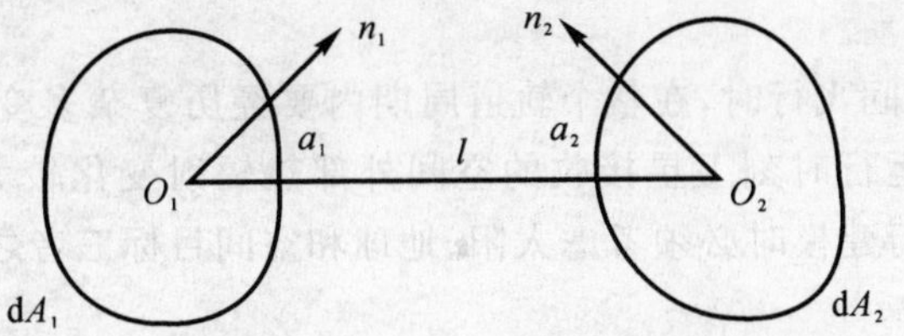

图 3-6　两面元 dA_1 与 dA_2 之间的热交换示意图

dA_2 向半球空间发射的功率为

$$dP = \pi\varepsilon_\lambda dA_2 W_{b\lambda}(T) \tag{3-34}$$

式中，ε_λ 为面元光谱发射率；$W_{b\lambda}(T)$ 为黑体的普朗克光谱辐射亮度。

而面元 dA_1 接收到 dA_2 发射的功率为

$$dP_{21} = \frac{\varepsilon_\lambda W_{b\lambda}(T)dA_2 dA_1\cos\alpha_1\cos\alpha_2}{l^2} \tag{3-35}$$

角系数 F_{21} 表明 dA_1 接收到的能量占 dA_2 发出总能量的百分比，即 dA_2 对 dA_1 的角系数为

$$dF_{21} = \frac{dP_{21}}{dP} = \frac{\cos\alpha_1\cos\alpha_2}{\pi l^2}dA_1 \tag{3-36}$$

因此，求几何表面之间的热交换，关键是求两表面之间的角系数，角系数之间存在对易性，即 $F_{21}A_2 = F_{12}A_1$。

3.2.3　地球大气系统对空间目标的反照辐射

太阳光照射半个地球，由于空间目标、地球和太阳三者不同的几何位置关系，空间目标面元 dA_1 所看到的照明区域是不同的。对照明区域积分，可以得到地球大气反照对面元 dA_1 的辐射功率 P'_s 为

$$P'_s = E\rho dA_1 F'_{21} \tag{3-37}$$

式中，$E\rho$ 为地球大气系统对太阳光的反照辐射，对于平均日地距离，可取 $E = E_s =$

1 353 W/m^2，而地球大气系统对太阳光平均反射率 $\rho=0.3$，则 $E\rho=406\ W/m^2$。

3.3 空间目标表面温度场分布计算模型

空间目标表面温度场分布的计算比较复杂，受到很多因素的影响，根据普朗克定律和基尔霍夫定律，目标自身的电磁辐射由目标表面的发射率和温度决定。如卫星结构物性参数、空间目标轨道参数、目标与观测系统的相对位置、空间目标内部热源等。卫星结构物性参数包括卫星各部件空间相对位置，部件几何形状及尺寸等几何参数、密度、比热容及导热系数等材料热物性参数，表面发射率、表面太阳吸收率等卫星表面热辐射特性参数，太阳能电池片光电转化效率，等等。由于周围环境的外热源对目标的加热具有方向性和时间性，并且目标在空间飞行过程中，其姿态和位置在不断变化，其热交换过程也在不断进行，所以空间目标的表面温度场是时变的、处处不相同的瞬态温度场。对于空间目标内部热源，考虑空间目标内部仪器部件的发热总功率。

3.3.1 热网络法

空间目标在宇宙空间飞行时，在整个轨道周期内要经历复杂多变的太空热环境，如日照、地球阴影等，在不同的运行时刻卫星接收的空间外部热辐射变化较大，造成表面温度波动较大，对卫星红外特性进行建模时必须考虑太阳、地球和空间目标三者之间的运动关系及空间相对位置。

热网络法是一种有限差分技术，计算灵活且计算结果比较准确，运用热网络法来计算空间目标表面温度分布及其变化规律，其基本思想是在三维空间把空间目标表面划分为若干相对等温且热力学特性基本相同面元，并对每个面元作如下假设：① 每个面元具有均匀的温度、热流和热辐射。面元之间的辐射、热传导的换热过程可以归结为面元之间由多种热阻连接起来的热量传递过程。②卫星表面的发射和吸收都是漫射。③把目标内部所有仪器的加热作为一个总的内热源来考虑，相同面积的表面受到的内热源的加热是相等的。以每一个面元为一个热网络的一个网格，分析面元之间、面元与内、外部辐射热源之间的热交换，建立每个面元的瞬时热平衡方程，在一定的初始化条件下，递推求解热平衡方程组，便可以算出空间目标表面的温度场分布。

利用热网络法求解目标的表面温度分布时，首先需要建立目标的三维几何模型。目标的几何模型的构建一般有以下几个步骤：

1. 根据理论模拟的特点，对目标实际几何结构进行合理简化

热网络法的基本要点之一在于正确地选择节点。节点过多会使数学模型变得复杂以至于给理论的计算带来很大的困难和惊人的工作量，节点太少又不能正确地反映目标的实际状态。这就要求所选之节点既要能够比较客观地反映出物理模型的本质，又要使模型在合理简化和节省计算机的机时上恰到好处，即对目标的建模既要合理又要简化。

2. 目标几何模型的数学描述

为了便于对目标的温度场和红外辐射进行有限元计算，对简化后的模型须采用适当的数学描述。其描述方法如下：将整个目标分解为许多平面元素，每个面元或者为三角形，或者为四边形。就是说，每个面元由 3 个或 4 个顶点围成。计算软件根据面元的顶点数就可判断该

面元是什么形状。面元的面积大小在划分时不需要考虑，因为这样划分的面元并非有限元计算的计算面元，在计算时程序还要根据计算的具体需要再一次进行自动划分。面元的位置和方向由顶点的坐标决定。测量和记录所有顶点的几何坐标，再对每个面元记录下它包含哪几个顶点，由此就可以完全确定目标的几何结构。

3. 目标模型几何参数的合理存储

在几何参数存储时采用数据库方法。以点表、面表和体表为例，可分别为它建立一个数据表。各个表中顶点、面元和体元的编号采用双重编号，一个是建模时用的编号，编号可由建模者自行确定，只要编号唯一就行。第二个编号则是最终需要的序号，由数据库自动生成。这种编号方法的优点是，在建模过程中建模者可以很方便地添加或删除顶点，并且在几何结构完全确定后，如果发现问题需要重新调整点面的配置时，也可迅速地实现。

3.3.2　热辐射边界条件

在实际情况下，空间目标通常都处在空间环境中，受到来自背景的红外辐射，如何有效地计算背景中的各种红外辐射，成为准确计算目标温度场分布的关键。通常情况下，当目标在 200 km 以上高度的近地轨道上飞行时，其接收的空间外热流主要是太阳辐射、地球反射的太阳辐射以及地球辐射等，在不同时刻、不同轨道位置，入射到卫星表面的空间轨道外部热辐射存在较大差异，同时卫星表面也不停地向外发射辐射能量。为使卫星内部的仪器和设备能够正常工作，卫星温度要保持相对稳定，因为卫星温度变化过快过大都会对卫星正常工作产生极其不利的影响，甚至使卫星有效载荷失灵，空间目标在空间环境中处于热平衡状态。如图3－7所示，空间目标在大气层外飞行中，接收到的外来热流有太阳辐射、地球热辐射和地球大气系统的反照辐射。

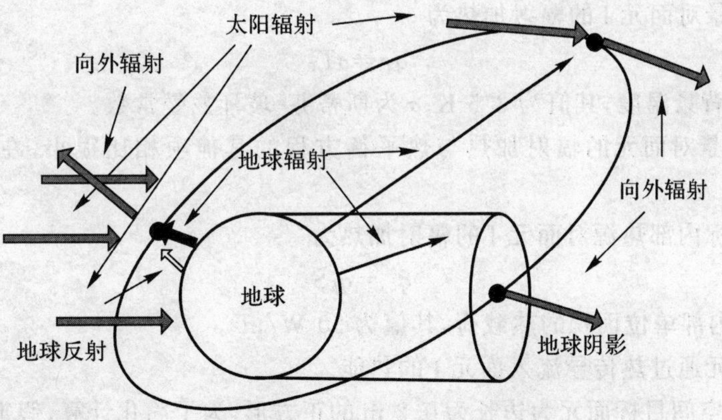

图 3－7　空间目标在外层空间的热平衡关系

3.3.3　空间目标节点热平衡方程的建立

在日照区针对空间目标外表面（本体端面、底面、侧面、太阳能电池帆板）某一面元 I，分析其与空间环境进行的各种热交换，根据能量守恒定律，得到空间目标该面元的热平衡方程为

$$q_1 + q_2 + q_3 + q_4 + q_5 + q_6 + q_7 = q_8 + q_9 \qquad (3-38)$$

式中，q_1 为面元 I 接收的太阳直接红外辐射能；q_2 为面元 I 接收的地球反射太阳红外辐射能；q_3

为面元I接收的地球红外辐射能；q_4 为面元I接收的空间背景辐射能；q_5 为面元I接收空间目标内部热源对面元的加热；q_6 为面元I接收的相邻单元通过热传导流入的热量；q_7 为面元I接收的其他面元辐射的热量；q_8 为面元I向周围空间环境辐射的热量；q_9 为面元温度改变引起的内能变化。

在空间目标外表面某一面元I进入地球阴影区后，接收的太阳辐射能和地球反射太阳辐射能为零，分析其与外界进行的各种热交换，根据能量守恒定律，得该面元的热平衡方程为

$$q_3 + q_4 + q_5 + q_6 + q_7 = q_8 + q_9 \tag{3-39}$$

针对空间目标内部的某一面元I，接收的太阳辐射能、地球红外辐射能、地球反射太阳辐射能都为零，分析其在空间目标内部进行的各种热交换，根据能量守恒定律，得该面元的热平衡方程为

$$q_5 + q_6 + q_7 = q_9 \tag{3-40}$$

(1) 面元I接收的太阳直接红外辐射能为

$$q_1 = \alpha_{si} E_{\text{sun}} S_i \phi_{si} \tag{3-41}$$

式中，α_{si} 为空间目标外表面对太阳直接红外辐射的吸收率；ϕ_{si} 为太阳直接红外辐射角系数；S_i 为空间目标外表面面元I的面积；E_{sun} 为修正后的太阳辐射常数。

(2) 面元I接收的太阳间接红外辐射能为

$$q_2 = \alpha_{si} \rho E_{\text{sun}} S_i \phi_{\text{es}i} \tag{3-42}$$

式中，ρ 为地球太阳辐射的平均反射率；$\phi_{\text{es}i}$ 为该面元地球反射太阳辐射角系数。

(3) 面元I接收的太阳间接红外辐射能为

$$q_3 = \alpha_{ei} E_{\text{e}} S_i \phi_{ei} \tag{3-43}$$

式中，α_{ei} 为空间目标外表面对地球辐射的吸收率；ϕ_{ei} 为该面元地球红外辐射角系数。

(4) 空间背景对面元I的辐射加热为

$$q_4 = \sigma T_0^4 \tag{3-44}$$

式中，T_0 为空间背景温度，其值为3.5 K；σ 为斯蒂芬-玻耳兹曼常数。

由于空间背景对面元的辐射加热与热平衡方程的其他项相比很小，在实际计算中可以忽略。

(5) 空间目标内部热源对面元I的辐射加热为

$$q_5 = q_h S_i \tag{3-45}$$

式中，q_h 为卫星内部单位面积的热载荷，其值为50 W/m²。

(6) 相邻面元通过热传导流入面元I的热能。

由于划分的空间目标面元为边长为0.2 m的正方形，为了简化计算，假定空间目标面元之间的热传导只发生在相邻面元之间，则向面元I传导热量的相邻面元的个数为6个，则

$$q_6 = \sum_{i=1}^{6} K_{ij} (T_j - T_i) \tag{3-46}$$

式中，T_i，T_j 分别为面元I和面元J的温度；K_{ij} 为其他面元与面元I之间的热传导系数。

(7) 其他面元通过热辐射流入面元I的热能。

空间目标的其他面元以辐射的方式向外发射能量，其中的一部分能量被面元I吸收，用 R_{ij} 表示其他面元辐射的能量被面元I所吸收的份额(包含多次反射吸收)，R_{ij} 又被称作辐射传递系数。

$$q_7 = \sum_j^m R_{ij} \varepsilon_j \sigma T_j^4 S_j \tag{3-47}$$

式中，ε_i 为面元 I 的发射率；S_j 为面元 J 的面积；m 为其他面元的总数。

(8) 面元 I 向周围空间环境辐射散失的热能为

$$q_8 = \varepsilon_i \sigma S_i T_i^4 \tag{3-48}$$

式中，ε_i 为面元 I 的辐射率。

(9) 面元温度改变所引起的内能变化为

$$q_9 = c_i m_i \mathrm{d}T_i / \mathrm{d}t \tag{3-49}$$

式中，c_i 为面元 I 的比热容；m_i 为面元 I 的质量。

综合可得空间目标表面面元 I 在日照区的热平衡方程为

$$\alpha_{si} E_{\mathrm{sun}} \phi_{si} S_i + \alpha_{si} \rho E_{\mathrm{sun}} S_i \phi_{esi} + \alpha_r E_e S_i \phi_{ei} + q_h S_i + \sum_{i \neq 1}^{6} [(T_j - T_i) K_{ij}] + \sum_j^m R_{ij} \varepsilon_j \sigma T_j^4 S_j - \varepsilon_i \sigma T_i^4 S_i - c_i m_i \mathrm{d}T_i / \mathrm{d}t = 0 \tag{3-50}$$

空间目标表面面元 I 在地球阴影区的热平衡方程为

$$\alpha_r E_e S_i \varphi_{ei} + q_h S_i + \sum_{i \neq 1}^{6} [(T_j - T_i) K_{ij}] + \sum_j^m R_{ij} \varepsilon_j \sigma T_j^4 S_j - \varepsilon_i \sigma T_i^4 S_i - c_i m_i \mathrm{d}T_i / \mathrm{d}t = 0 \tag{3-51}$$

空间目标内部面元 I 的热平衡方程为

$$q_h S_i + \sum_{i \neq 1}^{6} [(T_j - T_i) K_{ij}] + \sum_j^m R_{ij} \varepsilon_j \sigma T_j^4 S_j - c_i m_i \mathrm{d}T_i / \mathrm{d}t = 0 \tag{3-52}$$

3.3.4 热平衡方程的数值解法

选择空间目标不同表面（空间目标主体端面、底面、侧面，太阳能电池帆板）的面元为研究对象，就可以建立空间目标表面面元在日照区和地球阴影区的热平衡方程，求解热平衡方程就可以得到在日照区或地球阴影区的空间目标表面温度场分布。选择空间目标内部的面元为研究对象，建立并求解热平衡方程就可以求得空间目标内部温度场分布。

为了简化计算过程，同时通过编程进行数值计算，用以下方法求解热平衡方程：

(1) 将微分式转化为后向差分式

$$\frac{\mathrm{d}T_i(t)}{\mathrm{d}t} = \frac{T_i(t) - T_i(t - \Delta t)}{\Delta t} \tag{3-53}$$

(2) 将高次项转化为一次项：

$$T_i^4(t) = 4T_i^3(t - \Delta t) T_i(t) - 3T_i^4(t - \Delta t) \tag{3-54}$$

对于目标任意表面面元，只要知道其在 $t - \Delta t$ 时刻的温度值 $T_i(t - \Delta t)$，就可以递推计算出其在任意 t 时刻的温度值 $T_i(t)$，对于空间目标表面的每个面元，都有一个热平衡方程与之对应，把空间目标表面所有面元的热平衡方程联立建立方程组，使用迭代的计算方法求解出每个面元的温度。因此，只要掌握了空间目标表面初始温度场分布和目标与背景辐射源之间的方位（空间目标、太阳和地球之间的空间相对位置关系），就能计算出空间目标在飞行过程中任意时刻的表面温度场分布。

3.3.5 空间目标表面平均温度计算模型

以圆柱体形状的KH－12_5卫星主体为例，如图3－8所示，太阳能电池帆板主体轮廓为矩形，如图3－9所示，根据空间目标的外形结构计算空间目标表面的平均温度。

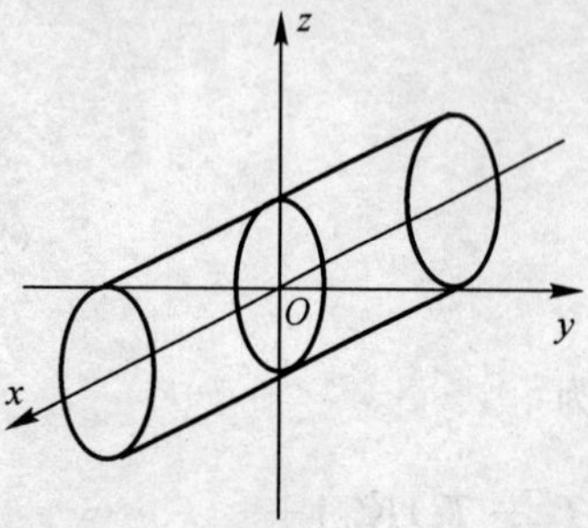

图3－8　KH－12_5主体外形

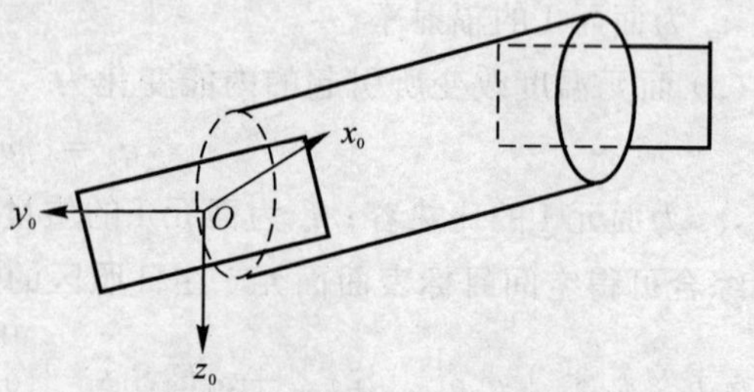

图3－9　KH－12_5太阳能电池帆板外形

为使计算简化，卫星主体侧面划分的面元为边长为0.2 m的正方形，将圆柱周长（即该矩形纵向）均匀分成 n_1(63) 等份，将圆柱高度（即该矩形横向）均匀分为 n_2(67) 等份，则卫星侧面共有 n_1n_2(4 221) 个面元。每个面元向外辐射的热能为

$$q_{侧 i}=\varepsilon_i\sigma S_i T_{侧 i}^4 \tag{3-55}$$

卫星主体侧面向外辐射的热能为

$$Q_{侧}=\sum_{i}^{n_1n_2}q_{侧 i}=\sum_{i}^{4\,221}\varepsilon_i\sigma S_i T_{侧 i}^4 \tag{3-56}$$

设卫星主体侧面的平均温度为 $\overline{T}_{侧}$，则卫星侧面向外辐射的热能为

$$Q_{侧}=\varepsilon_i\sigma n_1 n_2 S_i \overline{T}_{侧}^4 \tag{3-57}$$

根据上面两方程式求得卫星主体侧面的平均温度 $\overline{T}_{侧}$ 为

$$\overline{T}_{侧}=\sqrt[4]{\frac{1}{n_1n_2}\sum_{i=1}^{n_1n_2}T_{侧 i}^4}=\sqrt[4]{\frac{1}{4\,221}\sum_{i=1}^{4\,221}T_{侧 i}^4} \tag{3-58}$$

同理，可以计算卫星主体端面的平均温度 $\overline{T}_{端}$ 为

$$\overline{T}_{端}=\sqrt[4]{\frac{1}{n_1n_3}\sum_{i=1}^{n_1n_3}T_{端 i}^4}=\sqrt[4]{\frac{1}{314}\sum_{i=1}^{314}T_{端 i}^4} \tag{3-59}$$

卫星主体底面的平均温度 $\overline{T}_{底}$ 为

$$\overline{T}_{底}=\sqrt[4]{\frac{1}{n_1n_3}\sum_{i=1}^{n_1n_3}T_{底 i}^4}=\sqrt[4]{\frac{1}{314}\sum_{i=1}^{314}T_{底 i}^4} \tag{3-60a}$$

太阳能电池帆板的平均温度 $\overline{T}_{帆}$ 为

$$\overline{T}_{帆}=\sqrt[4]{\frac{1}{n_2n_3}\sum_{i=1}^{4n_2n_3}T_{帆 i}^4}=\sqrt[4]{\frac{1}{2\,686}\sum_{i=1}^{2\,686}T_{帆 i}^4} \tag{3-60b}$$

卫星整体的平均温度 $\overline{T}$ 为

$$\overline{T}=\frac{\overline{T}_{端}S_{端}+\overline{T}_{底}S_{底}+\overline{T}_{侧}S_{侧}+\overline{T}_{帆}S_{帆}}{S_{端}+S_{底}+S_{侧}+S_{帆}} \tag{3-61}$$

式中，$S_{端}$，$S_{底}$，$S_{侧}$，$S_{帆}$ 分别为卫星端面、底面、侧面、帆板的表面积。

联立上式，求得卫星整体的平均温度为

$$\overline{T}=\frac{\sqrt[314.4]{\frac{1}{314}\sum_{i=1}^{314}T_{底i}^{4}}+\sqrt[314.4]{\frac{1}{314}\sum_{i=1}^{314}T_{端i}^{4}}+\sqrt{\frac{1}{314}\sum_{i=1}^{314}T_{侧i}^{4}}+\sqrt{\frac{1}{314}\sum_{i=1}^{314}T_{帆i}^{4}}}{7\,535} \tag{3-62}$$

3.4　空间目标红外辐射特征

3.4.1　辐射亮度的计算

取卫星主体端面为研究对象，其红外辐射出射度由表面温度和自身发射率决定，按照普朗克定律，卫星主体端面某个面元 I 红外辐射出射度 $W_i(T_i)$ 为

$$W_i(T_i)=\frac{c_1}{\lambda^5}\frac{1}{\exp\left(c_2/\lambda T_i\right)-1} \tag{3-63}$$

式中，λ 为空间目标自身红外辐射的波长；第一辐射常量 c_1 为 3.742×10^{-16} W·m^2；第二辐射常量 c_2 为 $1.438\,8\times10^{-2}$ m·K；T_i 为卫星主体端面某个面元 I 的温度。

卫星主体端面某个面元 I 在 λ_1 到 λ_2 波长的辐射出射度 $W_i(\lambda,T_i)$ 为

$$W_i(\lambda,T_i)=\int_{\lambda_1}^{\lambda_2}W_i(T_i)\mathrm{d}\lambda \tag{3-64}$$

则卫星主体端面某个面元 I 自身红外辐射亮度 $L_{端i}$ 为

$$L_{端i}=\frac{\varepsilon_{端i}}{\pi}W_i(\lambda,T_i)=\frac{\varepsilon_{端i}}{\pi}\int_{\lambda_1}^{\lambda_2}W_i(T_i)\mathrm{d}\lambda \tag{3-65}$$

卫星主体端面自身红外辐射亮度 L 端为

$$L_{端}=\sum_{i=1}^{n_1n_2}L_{端i}=\sum_{i=1}^{314}\frac{\varepsilon_{端i}}{\pi}\int_{\lambda_1}^{\lambda_2}\frac{c_1}{\lambda^5}\frac{1}{\exp\left(c_2/\lambda T_{端i}\right)-1}\mathrm{d}\lambda \tag{3-66}$$

式中，$\varepsilon_{端i}$ 为卫星主体端面某个面元 I 的发射率；$T_{端i}$ 为卫星主体端面某个面元 I 的温度。

同理可以求得卫星主体底面的辐射亮度 $L_{底}$ 为

$$L_{底}=\sum_{i=1}^{n_1n_2}L_{底i}=\sum_{i=1}^{314}\frac{\varepsilon_{底i}}{\pi}\int_{\lambda_1}^{\lambda_2}\frac{c_1}{\lambda^5}\frac{1}{\exp\left(c_2/\lambda T_{端i}\right)-1}\mathrm{d}\lambda \tag{3-67}$$

式中，$\varepsilon_{底i}$ 为卫星主体底面某个面元 I 的发射率；$T_{底i}$ 为卫星主体底面某个面元 I 的温度。

卫星主体侧面自身红外辐射亮度 $L_{侧}$ 为

$$L_{侧}=\sum_{i=1}^{n_1n_2}L_{侧i}=\sum_{i=1}^{4\,221}\frac{\varepsilon_{侧i}}{\pi}\int_{\lambda_1}^{\lambda_2}\frac{c_1}{\lambda^5}\frac{1}{\exp\left(c_2/\lambda T_{侧i}\right)-1}\mathrm{d}\lambda \tag{3-68}$$

式中，$\varepsilon_{侧i}$ 为卫星主体侧面某个面元 I 的发射率；$T_{侧i}$ 为卫星主体侧面某个面元 I 的温度。

同理可以求得太阳能电池帆板的辐射强度 $L_{帆}$ 为

$$L_{侧}=\sum_{i=1}^{4n_2n_3}L_{帆i}=\sum_{i=1}^{2\,686}\frac{\varepsilon_{帆i}}{\pi}\int_{\lambda_1}^{\lambda_2}\frac{c_1}{\lambda^5}\frac{1}{\exp\left(c_2/\lambda T_{帆i}\right)-1}\mathrm{d}\lambda \tag{3-69}$$

式中，$\varepsilon_{帆i}$ 为太阳能电池帆板侧面某个面元 I 的发射率；$T_{帆i}$ 为太阳能电池帆板某个面元 I 的温度。

则卫星整体自身红外辐射亮度为

$$L_{卫星}=L_{底}+L_{侧}+L_{端}+L_{帆} \tag{3-70}$$

3.4.2 空间目标红外辐射特性的影响因素分析

空间目标红外辐射特性受到很多因素的影响，如空间的环境辐射(主要是太阳红外辐射、地球反射太阳红外辐射及地球红外辐射)、空间目标内部热源、空间目标热特性参数、空间目标轨道及姿态等。

1. 太阳红外辐射特性分析

太阳是最强的自然红外辐射源，利用玻尔兹曼定理可以求出太阳等效的黑体辐射温度约为 5 900 K，太阳辐射的光谱从波长为 10 nm 一直延伸到 100 m，可以划分为几个波段：波长小于 0.4 μm 的称为紫外波段，从 0.4 ～ 0.75 μm 的称为可见光波段，而波长大于 0.75 μm 的则称为红外波段。日地平均距离处垂直于太阳辐射的平面上，单位时间内单位面积上所接收到的太阳辐射能功率叫作太阳常数，在一般情况下，取太阳常数 E_{sun} 的值为 1 350 W/m^2。太阳辐射光谱分布曲线如图 3－10 所示。

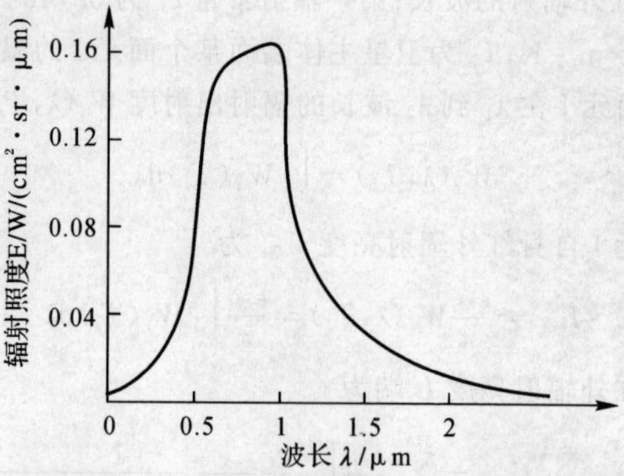

图 3－10 平均日地距离处的太阳光谱辐照度

太阳辐射的能量主要集中在 0.217 ～ 10.94 μm 波段内，占总能量的 99%。其中约有 48.3% 的能量在红外波段，43% 的能量在可见光部分，8.7% 的能量在紫外区域。由于宇宙空间并非严格真空，空间环境中太阳的红外辐射在传播方向存在衰减。在与太阳距离 L 处的太阳辐照度表示为 E，则

$$E=E_{sun}\exp(-\mu L) \tag{3-71}$$

式中，μ 为衰减常数，在均匀介质密度为 ρ 的情况下，$\mu=\dfrac{\rho}{\lambda}$；$\lambda$ 为介质的质量衰减长度，则

$$E=E_{sun}\exp\left(-\frac{\rho}{\lambda}L\right)=E_{sun}\exp\left(-\frac{m}{\lambda}\right) \tag{3-72}$$

式中，$m=\rho L$ 为单位面积内的质量，$\rho=3\times10^{-27}$ $kg\cdot m^{-3}$，等效的质量衰减长度为 $(1/\lambda)_{eff}=1/20.220\ (10^{-10}\ m^{-1})$。代入太阳常数 $E_{sun}=1\ 350\ W/m^2$，与太阳距离为 L 处的太阳辐照度可进一步表示为 $E=E_{sun}\exp(\rho L/\lambda_{eff})=1\ 350\exp(1.484\times10^{-18}L)$。

太阳辐照度随辐射距离的变化如图 3－11 所示，可以看出，当辐射距离为10^{14} km 时，太阳辐照度衰减到太阳常数的 $1/e$，而日地平均距离约为 10^8 km，根据图 3－11 可知，在日地距离范围内可以不考虑太阳辐照度的衰减。

地球以椭圆轨道绕太阳运动，太阳辐射在近日点（日地距离约为 147.1×10^6 km）到达大气层外的辐照度达到最大值，约为 1 399 W/m^2；在远日点（日地距离约为 152×10^6 km）辐照度约达到最小值，约为 1 309 W/m^2，太阳常数使用时须经日地距离修正，修正太阳常数 E'_{sun} 如下：

$$E'_{sun}=E_{sun}[1+0.034(360tm/365)] \tag{3-73}$$

式中，tm 为距离 1 月 1 日的天数。

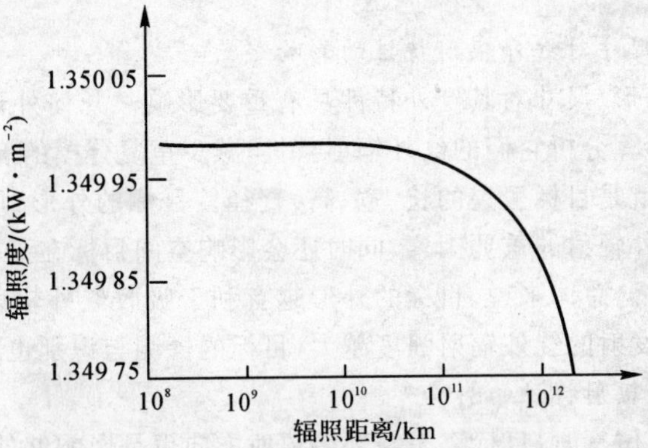

图 3－11　太阳辐照度随辐射距离变化关系

2. 地球反射太阳红外辐射特性分析

空间目标不仅接收太阳直接辐射，还会接收到地球反射的太阳辐射，地球表面及大气系统对太阳辐射的反射有明显的光谱选择性，其反射特性与气象条件及地球表面的性质有关。地球反射率的多变状况，给地球的辐照度计算带来了较大的困难。但是，由于空间目标的飞行高度较高、飞行速度快，而且这部分能量比起太阳对卫星的直接辐射加热所占比例较小，因此在计算时，假设地球为一漫反射体，对太阳辐射的反射遵守兰伯特定律并且各处均匀，反射光谱与太阳光谱相同，地球及其大气系统对太阳辐射的反射率一般取平均反射率 ρ，在一般的计算中取 $\rho=0.35$。

3. 地球红外辐射特性分析

地球本身是一个非常大的热源，向外辐射大量的能量。地球及其大气系统的红外辐射主要来源于地球吸收太阳辐射的那部分能量，地球表面各处的红外辐射强度近似相等，地球吸收太阳给它的能量等于它向空间辐射的能量，则有

$$E'_{sun}\pi R_e^2(1-\rho)=E_{e0}4\pi R_e^2 \tag{3-74}$$

式中，E_{e0} 为地球大气层边缘的辐射强度；ρ 为地球对太阳辐射的反射率。

根据气象卫星每年获得的大量数据，地球光谱分布近似于 280 K 的黑体，发射的辐射主要集中在 6～16 μm 的热红外波段范围内，地球向外发射的红外辐射在红外波段内又主要集中在 8～9 μm 和 10～12.5 μm 两个红外窗口。由于地球表面的云层、水汽等对地球红外辐射的遮挡和吸收，其辐射的强度也随地球表面云层的变化而在 140～320 W/m^2 之间变化。地球的红外辐射强度与空间目标到地心的距离二次方成反比，因此，当空间目标离地球大气层边缘的高度为 h 时，地球红外辐射强度为

$$E_e=\left(\frac{R_e}{R_e+h}\right)E_{e0} \tag{3-75}$$

式中，h 为空间目标离地球大气层边缘的高度；R_e 为地球半径，单位为 m；E_{e0} 为离地球大气层边缘高度为 h 时地球红外辐射强度，单位为 W/m^2。

4. 卫星内部热源分析

空间目标内部热源对空间目标面元的加热机制是很复杂的，但与外热源相比作用要小得多，而且其变化速度也慢得多，加上目标内部的等温化热控措施，因此可以对其作用机制作一定程度上的简化，即假设空间目标内部热源为一集中热源，且空间目标内部热源对表面面元加热系数 q_h 为 50 W/m^2。

5. 空间目标外形、尺寸对红外辐射特性的影响

空间目标的几何外形、尺寸对其红外特性具有重要影响。几何外形相同的空间目标可以使用相同的理论模型计算分析它们的红外辐射特性，减少重复建模的麻烦。目标外形、尺寸反映到红外特性模型中，就是目标卫星的长、宽、高、直径。目标的外形、尺寸仅是决定目标如何吸收、反射多少环境红外辐射的重要因素，同时还会影响空间目标在天基红外观测系统中的成像大小(成像像元个数)。总体来说，目标的外形越有利于吸收红外辐射，尺寸越大，其吸收的红外辐射能量就越多，发射的红外辐射强度越大，目标的探测与识别也就越容易。

6. 目标姿态对红外辐射特性的影响

目标红外特性建模仿真时，目标姿态与环境辐射方向也是影响红外辐射特性的重要因素。图 3-12 是从不同观测角度，对不同姿态的 KH-12_5 卫星进行观测的三维模型截图。

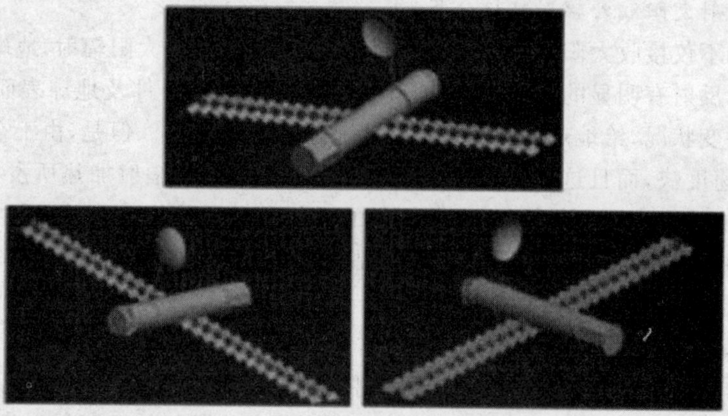

图 3-12　不同姿态的 KH-12_5 卫星

随着空间目标围绕地球的不断运动，地球、太阳与空间目标的位置、姿态都在不断变化，目标吸收空间环境红外辐射的能量也在不停地变化，这必然会引起空间目标红外辐射特性的变化。在目标卫星本身形状和各时刻姿态已知的情况下，通过计算可以获得该时刻空间目标接收对环境红外辐射的角系数，从而为下一步建立空间目标表面热平衡方程、计算空间目标表面温度场分布奠定基础。

7. 空间目标热特性参数分析

热特性参数是空间目标红外特性建模仿真的重要基础和依据。空间目标的热特性参数包括比热容、导热系数等材料热物性参数，表面发射率、表面吸收率等卫星表面热辐射特性参数，太阳能电池帆板光电转化效率等。空间目标表面对环境辐射的吸收率、发射率对于建立空间

目标热平衡方程，计算空间目标表面的温度场分布具有重要影响，空间目标不同，其功能、组成、表面材料一般也不同，不同目标的反射率和辐射率特性差异较大，难以给出确定的反射率。由于空间非合作目标的资料处于保密状态，无法准确获取其表面相关材料的热特性参数，因此，本书参考了目前相关研究中比较常用的材料热特性参数。空间目标常用主要材料的吸收率、发射率及反射率见表 3-2。

表 3-2　空间目标常用主要材料反射率

热控涂层		吸收率 α	发射率 ε	反射率 ρ
金属型	抛光金属表面	0.09～0.51	0.02～0.09	0.49～0.91
电镀型	铝合金光亮镀金	0.23～0.40	0.03～0.04	0.60～0.77
阳极氧化型	铝光亮阳极氧化	0.12～0.16	0.10～0.68	0.84～0.88
	铝合金黑色阳极氧化	0.95	0.90	0.05
涂料型	有机白漆	0.15～0.30	0.65～0.95	0.70～0.85
	有机黑漆	0.89～0.95	0.88～0.96	0.05～0.11
	有机灰漆	0.20～0.90	0.80～0.90	0.10～0.80
	有机金属漆	0.25～0.26	0.24～0.28	0.74～0.75
	无机白漆	0.15～0.24	0.87～0.88	0.76～0.85
	无机黄漆	0.38	0.09	0.62
	无机灰漆	0.52	0.87	0.48
二次表面镜型	F46 薄膜镀铝二次表面镜	0.10～0.14	0.40～0.87	0.86～0.90
	聚酰亚胺薄膜镀铝二次表面镜	0.23～0.46	0.24～0.86	0.54～0.77
热控带型	镀金聚酯薄膜	0.21	0.03～0.05	0.79
	镀金聚酰亚胺薄膜	0.21	0.03～0.05	0.79
	F650 白漆聚酯薄膜		0.84～0.87	0.84～0.87

由表 3-2 可知，空间目标所用主要材料的反射率在 0.1～0.9 之间，在空间环境长期作用下，这些材料的吸收率、发射率、反射率会有不同程度的变化。

3.4.3　风云卫星的表面温度与红外辐射特性分析

1. 风云卫星的调研

FY-1 卫星是我国第一颗极地太阳同步轨道气象卫星，它的质量近 1 t，本体是尺寸为 1.4 m× 1.4 m×1.2 m 的六面方体结构。星体两侧分别装有 3 块太阳能电池帆扳，帆板完全展开后卫星的总长约为 8.6 m。卫星轨道高度约为 900 km，倾角为 98.85°，周期约为 102.3 min，偏心率小于 0.005。

卫星表面（除去天线反射板及散热表面外）包覆有双面镀铝聚酰薄膜（厚 20 mm）尼龙网布组成的多层隔热组件（外表面涂 F46 涂层材料），该组件为软体结构，起隔热保温作用，因此这些表面可以近似看作绝热面，其表面温度主要受太阳辐射热及表面辐射物性参数的影响，受卫星内部影响较小。导电型F46镀银二次表面镜热控涂层，太阳吸收率$\alpha_s=0.17\pm0.02$，半球向红外辐射率$\varepsilon_H=0.60$。天线反射板表面涂S781白漆热控涂层，太阳吸收率$\alpha_s=0.17\pm0.02$，半球向红外辐射率$\varepsilon_H=0.86$。太阳能电池帆板的日照面为硅电池板，它的太阳吸收率$\alpha_s=0.70$，半球向红外发射率$\alpha_s=0.80$。太阳能电池阵帆板的背面涂SRl07白漆热控涂层，太阳吸收率$\alpha_s=0.17\pm0.02$，半球向红外辐射率$\varepsilon_H=0.86$。

太阳光和轨道面的夹角从65.3°变化到40.1°，日照因子从100%变化到71.7%，卫星各个面受日照的变化相当大，最大日照轨道和最小日照轨道卫星接收的空间外热流相差较大，造成表面温度波动较大。卫星在轨道运行中始终采取三轴稳定姿态，其中天线反射板始终对地球定向，卫星两侧的太阳翼板始终在轨道平面内，卫星有一个侧面平行于轨道面，因此始终受日照，与它相对的另一面则始终不受日照。

2.风云卫星的建模

根据风云卫星的几何特点，首先将它分为本体、太阳能电池帆板、天线反射板及上面挂的天线等几个大部分，每个部分的表面再分别细化为几个小单元面。由于各种因素的限制，在建模的过程中，忽略了太阳能电池帆板厚度，没有考虑天线反射板及上面挂的天线等设备，这样共把卫星分为16个面元，如图3-13所示。

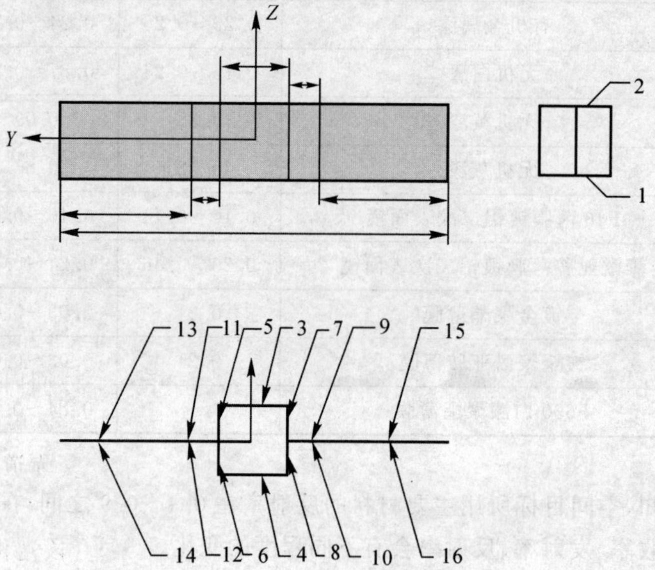

图3-13　风云卫星的简化模型

在卫星上建立卫星本体坐标系，坐标原点选在卫星的几何中心上，令指向地心的方向为Z轴正方向，平行于太阳能电池帆板并指向飞行方向为Y轴正方向，X轴正方向由右手法则决定。如表3-3所示，把卫星本体分为8个面，其中$+Y$，$-Y$方向的两个面板出于太阳遮挡的关系把它们每个板分为两个面元，左右太阳能电池帆板根据是否受日照分为13，14，15，16四个面元，太阳能电池帆板和本体之间的左右连接板分为9，10，11，12四个面元。

表 3-3　16 个节点模型的热设计参数表

面元	位置	面积 /m^2	吸收率 α_s	发射率 ε_H
1	本体 + *Z* 板	2.0	0.17	0.86
2	本体 − *Z* 板	2.0	0.17	0.6
3	本体 + *X* 板	1.7	0.17	0.6
4	本体 − *X* 板	1.7	0.17	0.6
5	本体 + *Y* 板 + *X* 板方向一半	0.85	0.17	0.6
6	本体 + *Y* 板 − *X* 板方向一半	0.85	0.17	0.6
7	本体 − *Y* 板 + *X* 板方向一半	0.85	0.17	0.6
8	本体 − *Y* 板 − *X* 板方向一半	0.85	0.17	0.6
9	− *Y* 方向连接板日照面	0.67	0.17	0.6
10	− *Y* 方向连接板背照面	0.67	0.17	0.6
11	+ *Y* 方向连接板日照面	0.67	0.17	0.6
12	+ *Y* 方向连接板背照面	0.67	0.17	0.6
13	+ *Y* 方向电池帆板连接板日照面	3.96	0.70	0.80
14	+ *Y* 方向电池帆板连接板背照面	3.96	0.17	0.86
15	− *Y* 方向电池帆板连接板日照面	3.96	0.70	0.80
16	− *Y* 方向电池帆板连接板背照面	3.96	0.17	0.86

3. 风云卫星的表面温度和辐出度

由调研情况知风云卫星为太阳同步卫星，如图 3-14 所示。因此卫星轨道面绕地球自转轴转动的角速度 $\Delta\Omega_s$ 和太阳在黄道上运动的平均角速度 $\Delta\theta_s$（即地球绕太阳公转的平均角速度）大小相等、方向相同，这样不论一年中的任何一天，太阳处于黄道上的任何一个位置，太阳照射方向与卫星轨道面的夹角 i_θ 始终保持恒定。风云卫星的周期为 102.3 min，每天能绕地球 14 圈多，而太阳每天在黄道上只转 0.985 65°，这样卫星绕地球一圈的时间内太阳在黄道上只运动 0.7°。为了研究问题的方便，可以认为在卫星运行的一个周期内太阳基本没有运动，定位在黄道的某一点上。计算时选取春分或秋分这一天，这时太阳恰好位于赤道上空。由于风云卫星为轨道高度只有 900 km 的低轨卫星，日地平均距离则达到 1.495×10^8 km，因此可以认为太阳光平行地照射在风云卫星运行的整个轨道面上。当卫星运行在升段定位、在赤道上空时为计算的初始时刻。

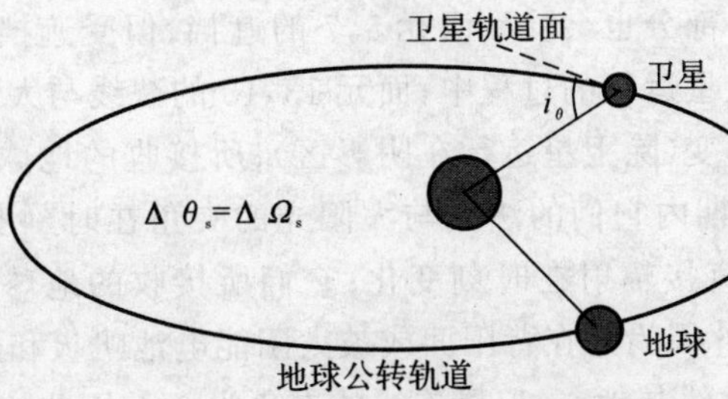

图 3-14　太阳同步轨道卫星运行图

由上一节的推导公式可得面元吸收的外热流为

$$q = \alpha_s (SF_{1i} + \rho SF_{3i}) A_i + \varepsilon_H (1-\rho) SF_{3i} A_i / 4 \tag{3-77}$$

式中，F_{1i}，F_{2i}，F_{3i} 为卫星各面元的太阳直接辐射、地球红外辐射、地球反照辐射的角系数；A_i 为各面元的面积，它已由表 3-3 给出。

图 3-15 所示为计算得到的卫星几个典型面元所吸收的外热流情况。

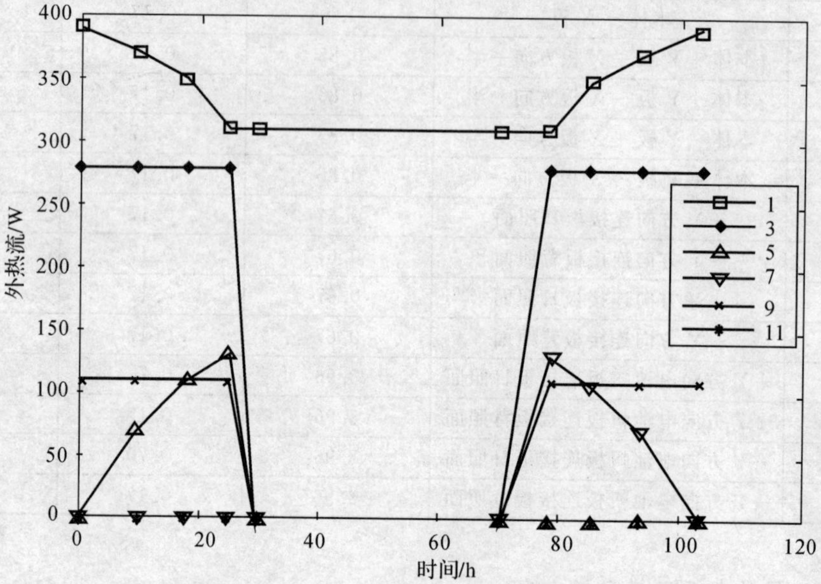

图 3-15　几个典型面元所吸收的外热流

在卫星运行的过程中，面元 1 始终面向地球，经计算它所接收的地球红外辐射为 182.8 W/m^2，它的法线与地球、卫星连线的夹角不断变化，因此它所接收的太阳直接辐射和反照辐射不断变化。由于我们选择太阳定位在春分或秋分点上，面元 1，2 在太阳方向上的视面积为 0，因此它们接收的太阳直接辐射为 0。面元 2 的法线与地心-卫星的连线的夹角为 180°，它所接收的地球红外辐射和反照辐射为 0。在卫星运行的一个周期内（除卫星运行在阴影区），面元 3 的法线与阳光的夹角始终不变（大小为阳光与卫星轨道面夹角的余角），因此它所接收的太阳直接辐射不变，所接收的地球红外辐射和反照辐射为 0。面元 9，11 在卫星运行的过程中虽然面元法线与太阳照射方向的夹角不变，但有时会分别受到面元 5，7 的遮挡，因此它们所受的太阳直接辐射量随时间变化，它们所接收的地球红外辐射和反照辐射也为 0。帆板向阳面元 13，15 虽然有一部分也会受到面元 5，7 的遮挡，但受遮挡面积相对于整个帆板面积来说可以忽略不计。在卫星运行的过程中，面元 13，15 的法线与太阳光的夹角不变，因此它们所接收的太阳直接辐射不变（除卫星运行在阴影区）；所接收的地球红外辐射和反照辐射为 0。至于面元 5，7，在一个周期内它们的法线与太阳光的夹角在时刻变化，再加上面元 3 的遮挡关系，它们所接收的太阳直接辐射在时刻变化；它们所接收的地球红外辐射和反照辐射为 0。面元 4，6，8，10，12，14，16 因为处在背阳面或被太阳能电池帆板和连接板所遮挡，所接收的太阳直接辐射为 0；它们的法线与地心-卫星连线的夹角为 90°，因此接收的地球红外辐射也为 0，接收的反照辐射也近似为 0。当卫星运行在 33.07～69.24 h 之间时，卫星进入地球阴影区，各面元接收的太阳直接辐射为 0。

卫星表面(除去天线反射板及散热表面外)包覆有多层隔热组件,它能起到隔热保温作用,表面各面元可以近似看作绝热面,其表面温度主要受外界热流的辐射加热,受卫星内部影响较小,因此令各表面面元所受的内热源为 0。

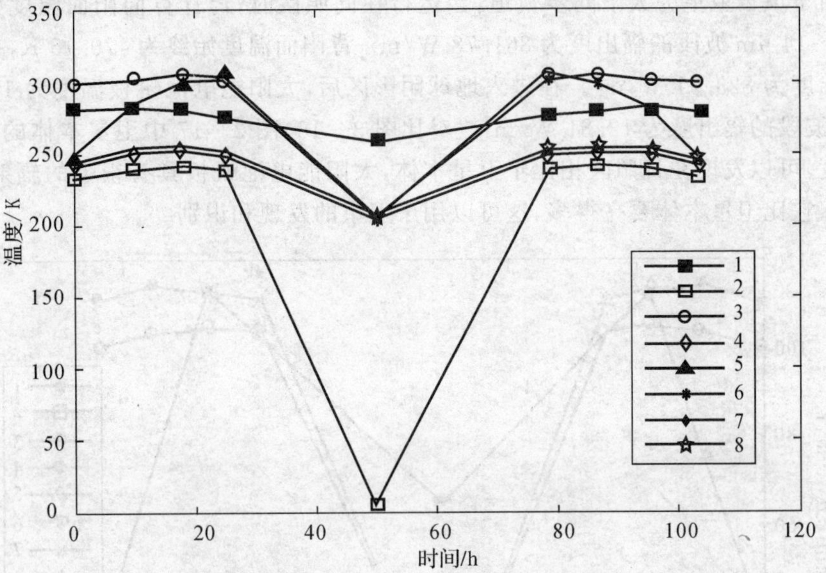

图 3-16　本体面元的温度随时间变化

将计算得到的各面元吸收的外热流代入节点热网络方程中,忽略热传导和对流对温度的影响,只考虑面元之间的辐射换热,通过计算得到卫星本体各面元的温度如图 3-16 所示(由于调研数据的缺陷,卫星各面元的初始温度和边界温度很难获得,在计算中我们认为在各个时刻各面元已与外界进行了充分的热交换,已达到热平衡)。

由于风云卫星的运行轨道为太阳同步轨道,卫星运行的轨道面与太阳照射方向的夹角始终不变。因此在卫星运行的一个周期内(除卫星运行在阴影区),各面元温度随时间的变化不大,由图中可以看出差别在 20 K 左右。这样就对卫星在整个飞行过程中的姿态控制带来了方便,只要在卫星入轨时找到适合正常工作的飞行姿态,在以后工作的过程中就不必频繁地改变它的飞行姿态。从空间分布来看,由于卫星存在向阳面和背阳面,各面元之间的温差还比较大,这样就对卫星内部温控系统提出了更高的要求。我们可以通过改变面元表面的热控涂层,在各个部位合理选择热控涂层,如在背阳面选择高吸收发射比(α_s/ε_H)的热控涂层,而在向阳面上选择低吸收发射比(α_s/ε_H)的热控涂层,使各个部位处于合理的温度范围。从图 3-16 还可以看到,当卫星处于地球阴影区时,各面元温度下降幅度比较大,给卫星内部仪器的正常工作带来很多麻烦。在卫星的热设计中,可以合理选择太阳光照射方向与卫星运行轨道面的夹角,即使卫星各面元得到足够的太阳直接辐射能量,也要尽量缩短卫星运行的阴影时间。

将卫星本体各面元的温度代入普朗克公式,在常用的大气窗口 8 ～ 14 μm 波段积分,得到卫星各面元辐出度随时间的变化规律如图 3-17 所示。

由于各面元表面涂层的吸收发射比(α_s/ε_H)相差不大,面元表面的辐出度只是温度的函数,因此各面元辐出度随时间的变化趋势和温度曲线的走势大致相同。从图中可以看到各面元的辐出度差别比较大,从不同的方向观察,呈现不同的红外辐射特性,给卫星的探测识别带来了一定的困难。

对于太阳能电池帆板，由于它远离卫星本体，再加上在建模时忽略了太阳能电池帆板的厚度，可以认为太阳能电池帆板只在其向阳面和背阳面之间进行辐射换热，与卫星本体之间没有热交换。由于风云卫星为太阳同步轨道，当运行在同照区时，经计算向阳面温度始终为 488.18 K，在 8～14 μm 波段的辐出度为 861.78 W/m^2，背阳面温度始终为 470.15 K，在 8～14 μm 波段的辐出度为 823.91 W/m^2。在进入地球阴影区后，太阳能电池帆板温度为 192.92 K，在 8～14 μm 波段的辐出度为 12.81 W/m^2。对比图 3-16、图 3-17 中卫星本体的面元温度和红外辐出度，可以发现在日照区相比于卫星本体，太阳能电池帆板具有很强的辐射特性，从探测器中观察它比卫星本体要亮得多，这可以用于卫星的发现和识别。

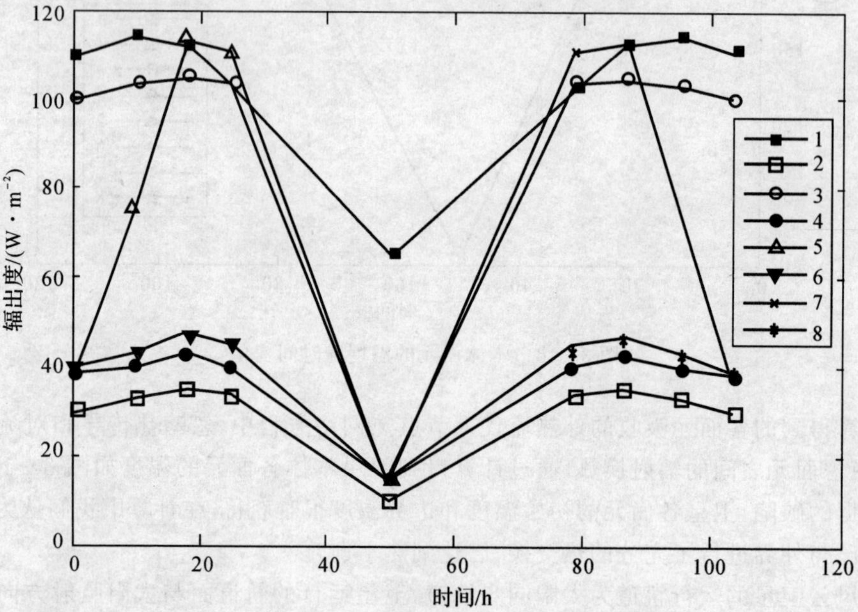

图 3-17 本体面元的辐出度随时间变化

习 题

3.1 比较分析近红外、中红外和远红外的谱段区别。

3.2 简述红外辐射波段的范围。

3.3 简述红外辐射的两个大气窗口谱段范围。

3.4 简述基尔霍夫定理的内容及实际意义。

参考文献

[1] 卢春莲. 航天器目标红外和可见光辐射特性及其抑制方法研究[D]. 哈尔滨：哈尔滨工业大学，2010.

[2] 赵康. 空间目标的红外辐射特性研究[D]. 西安：西安电子科技大学，2004.

[3]　李鸣.空间目标红外特性建模仿真技术研究[D].北京:装备指挥技术学院,2010.
[4]　陈渭民.卫星气象学[M].北京:气象出版社,2003.
[5]　屠善澄.卫星姿态动力学和控制[M].北京:宇航出版社,1999.
[6]　王希.李大耀.卫星设计学[M].上海:上海科学技术出版社,1997.
[7]　褚桂柏.航天技术概论[M].北京:宇航出版社,2002.
[8]　中国人民解放军总参谋部第四部.红外对抗原理[M].北京:解放军出版社,2002.
[9]　李锐.空间目标红外辐射特性的研究[D].长春:长春理工大学,2009.
[10]　曾翀.空间目标的红外特性建模与仿真[D].武汉:华中科技大学,2008.
[11]　杨述强.空间目标特性分析与成像仿真技术研究[D].长沙:国防科学技术大学,2009.

第 4 章　空间目标的雷达特性分析

4.1　雷达目标散射电磁场的物理基础

4.1.1　空间目标 RCS 理论

雷达散射截面(RCS)是雷达目标的重要特性，RCS 是表征雷达目标对于照射电磁波散射能力的一个物理量。早在雷达出现之前，人们就已经求得了几种典型形状完纯导体目标的电磁散射精确解，例如球、无限长圆柱、椭圆柱、法向入射抛物柱面等。20 世纪 30 年代雷达出现后，雷达目标成为雷达收、发闭合回路中的一个重要环节，人们需要了解雷达目标的更多信息，雷达散射截面便是其中最重要、最基本的一个参数。60 年代初发展的识别与反识别洲际导弹真、假弹头，以及 80 年代隐身飞行器的隐身与反隐身技术使 RCS 的研究出现了两次高潮，人们对各类目标进行了大量的静态与动态测量研究和理论分析。雷达技术的发展为特征目标的测量提供了良好的手段，电磁场理论的学者对目标散射特性的理论研究成果对深入研究雷达目标的特性具有重要意义。

4.1.1.1　空间目标 RCS 特性分析

1. RCS 的定义和分类

对 RCS 的定义有两种观点：一种是基于电磁散射理论的观点；另一种是基于雷达测量的观点，而两者的基本概念是统一的，均定义为单位立体角内目标朝接收方向散射的功率与从给定方向入射到该目标的平面波功率密度之比的 4π 倍。基于电磁散射理论的观点解释为，雷达目标散射的电磁能量可以表示为目标的等效面积与入射功率密度的乘积，它是基于在平面电磁波照射下，目标散射具有各向同性的假设。基于电磁散射理论观点定义的 RCS 为

$$\sigma = 4\pi R^2 \frac{|E_s|^2}{|E_i|^2}$$

式中，E_i 为入射电场强度；E_s 为散射场强；R 为雷达与目标之间的距离。定义远场 RCS 时，R 应趋向无限大，即满足远场条件。基于雷达测量观点定义的 RCS 是由雷达方程推导出来的，其定义为

$$\sigma = 4\pi \frac{P_r}{A_r/r_r^2} \frac{1}{P_t G_t/4\pi r_t^2} = 4\pi \frac{\text{接收天线所张立体角内的散射功率}}{\text{入射功率密度}}$$

式中，P_r 为接收机输出功率；P_t 为发射机功率；$A_r = G_r\lambda_0^2/4\pi$ 为接收天线的有效面积；G_r，G_t 分别为接收天线和发射天线增益；r_r，r_t 分别为发射天线到目标与目标到接收天线的距离。

RCS 的分类方法有多种。例如，按场区来分，有远场 RCS 与近场 RCS，后者是距离的函数；按入射波频谱来分，有点频 RCS 与宽带 RCS；按雷达站接收、发射位置来分，有单站 RCS、准单站 RCS 和双站 RCS。如果收、发共用同一天线，称为单站散射，也称为后向散射；如果收、

发不共同一天线，但相互很靠近，则称为准单站散射；当收、发分得很开时，称为双站（双基底）散射，也称非后向散射，发射入射波与接收散射波之间在目标坐标系中的夹角称为双站角（双基底角）。

引入一个表征波长归一化的目标特征尺寸大小的参数，称为 ka 值，即

$$ka = 2\pi \frac{a}{\lambda}$$

式中，波数 $k = 2\pi/\lambda = 2\pi f/c$；$a$ 为目标的特征尺寸。则按照目标尺寸和雷达波长之间的关系，可以将目标散射分为三个散射区：瑞利区、谐振区和光学区。

（1）瑞利区。瑞利区的特点是工作波长大于目标特征尺寸，一般取 $ka < 0.5$ 的范围。在这个区域内，RCS 一般与波长的 4 次方成反比。

（2）谐振区。谐振区的 ka 值一般在 $0.5 \leqslant ka \leqslant 20$ 范围。在这个区域内，由于各个散射分量之间的干涉，RCS 随频率变化产生振荡性的起伏。

（3）光学区（又称为高频区）。光学区的 ka 值一般取 $ka \geqslant 20$。目标 RCS 主要决定于其形状和表面的粗糙度，目标外形的不连续导致 RCS 的增大。目前绝大部分目标都处于光学区。

对大多数空间目标特征测量雷达而言，一般大尺寸的空间目标都处于光学区，根据高频散射场的局部性原理，电磁波与目标的相互作用就出现局部特性，而且与目标的形状结构密切相关，本章中 RCS 如无特殊说明都是光学区的 RCS。

2. 空间目标的电磁散射特性

目标产生电磁场散射的机理，按其散射强度顺序排列主要包括角形结构反射、凹腔结构反射、表面镜面反射、边缘和尖端绕射、表面行波反向散射、爬行波绕射、二次或多次散射，以及表面不连续或表面曲率不连续的散射等。其中，角形反射器、凹腔结构和目标表面的镜面反射是强散射源，边缘和尖端绕射为次强散射源，爬行波绕射等在瑞利区可以忽略不计。由于受空间轨道力学与姿态动力学等限制，空间目标一般形态相对简单。如卫星主要由卫星主体、太阳能电池帆板、天线和传感器等部件构成。忽略各部件之间的耦合影响，对卫星电磁散射贡献较大的散射源主要分为：

（1）卫星主体和太阳能电池帆板的镜面反射，太阳能电池帆板表面通常会粘贴碳纤维带，其散射特性与金属板大致相同，在某些姿态下对卫星散射贡献很大；

（2）天线散射，天线的散射通常包括两部分，一部分是与散射天线负载无关的结构项散射，另一部分是随天线负载情况而变化的天线模式项散射场，是由于负载与天线不匹配而反射的功率经天线再辐射而产生的散射场；

（3）边缘、尖端等不连续点的绕射；

（4）某些姿态下，各部件形成的角反射。

对于高频电磁散射问题，目标的 RCS 可近似分解为 N 个独立的离散散射体或散射中心的组合，在给定频率上总的 RCS 可表示为

$$\sigma(\theta) = \left| \sum_{i=1}^{N} \sqrt{\sigma_i} \exp\left(-j \frac{4\pi}{\lambda} L_i \cos\theta\right) \right|^2 = \left| \sum_{i=1}^{N} \sqrt{\sigma_i} \exp(j\varphi_i) \right|^2 \qquad (4-1)$$

式中，λ 为波长；$\sigma_i (i=1,2,\cdots,N)$ 为第 i 个散射中心的 RCS；L_i 为第 i 个散射中心相对坐标中心的距离；θ 为目标相对雷达的方位角，展开式（4-1），得

$$\sigma(\theta) = \left| \sum_{i=1}^{N} \sqrt{\sigma_i} \exp(j\varphi_i) \right|^2 = \left(\sum_{i=1}^{N} \sqrt{\sigma_i} \exp(j\varphi_i) \right) \left(\sum_{i=1}^{N} \sqrt{\sigma_i} \exp(j\varphi_i) \right)^* =$$

$$\sum_{i=1}^{N}\sigma_i+\sum_{\substack{i,j=1\\i\neq j}}^{N}\sqrt{\sigma_i\sigma_j}\exp\left(j(\varphi_i-\varphi_j)\right)=\sum_{i=1}^{N}\sigma_i+2\sum_{i=1}^{N}\sum_{k=i+1}^{N}\sqrt{\sigma_i\sigma_k}\cos\left(\varphi_i-\varphi_k\right)=$$
$$\sum_{i=1}^{N}\sigma_i+2\sum_{i=1}^{N}\sum_{k=i+1}^{N}\sqrt{\sigma_i\sigma_k}\cos\left(\frac{4\pi}{\lambda}(L_i-L_k)\cos\theta\right) \tag{4-2}$$

由式(4-2)可见,目标总的RCS由两部分组成,第一项是 N 个散射中心RCS的代数和,第二项为不同散射中心相乘产生的交叉项,它随目标姿态变化而变化,使得目标总的RCS随目标姿态变化而变化。

对于正常工作的卫星而言,一般按一定规律在预定轨道上运动,卫星上的传感器、天线及太阳能电池帆板等部件指向稳定,从这一角度上看,卫星RCS具有非随机性;另一方面,空间目标RCS的测量值又具有随机性,因为影响空间目标RCS测量值变化的因素很多,包括空间目标的形状结构(包括星体、天线、太阳能电池帆板和星载传感器等)的变化、雷达观测角的变化、空间目标轨道的变化、空间目标姿态的变化等。卫星的太阳能电池多为半导体材料,底板为钛合金或其他高强度、轻质材料,低轨道三轴稳定卫星的太阳能电池帆板一般情况下为长方形(长度为2～5 m),宽度与星体宽度相当。在每个雷达观测周期内,太阳能电池帆板可能随太阳位置变化而改变指向,故每个观测周期内卫星的RCS值都会有一定的差异,具有随机性。当雷达入射方向接近垂直于太阳能电池帆板表面时,空间目标RCS的变化将非常剧烈;在其他角度下太阳能电池帆板的镜面反射消失,使得RCS变化不太敏感于姿态角。当雷达入射方向接近垂直于圆柱体空间目标的中心轴线时,空间目标RCS的变化也将非常剧烈,但是在其他角度下不太敏感于姿态角。

所有这些因素导致卫星等空间目标的RCS变化非常复杂。一方面目标RCS包含了丰富的目标信息,另一方面目标RCS可以看作许多参量的复杂函数,使得利用目标RCS来研究目标特性非常困难。由于目标RCS包含了丰富的目标信息,而且是几乎所有特征测量雷达都可利用的信息,为了充分挖掘雷达的目标识别能力,对目标RCS特征的研究一直是雷达目标识别领域的一个难点和热点。

3.空间目标动力学特征对RCS的影响

空间目标在轨道上的运动是无动力惯性飞行,本质上空间目标与自然天体的运动是一致的,故研究空间目标的运动可以用天体力学的方法。空间目标除了受到地球引力的作用外,所受到的其他作用力统称为摄动力,摄动力包括月球引力、太阳及其他星体引力、大气阻力和太阳光压等。不同轨道高度上的空间目标所受的摄动力大小不同,在近地轨道(轨道高度2 000 km以下)上运行的空间目标所受到的摄动力主要是地球的非球形引力和大气阻力;对于轨道高度300 km以下的空间目标,大气阻力为主要的摄动力;对于在较高轨道上运行的空间目标,太阳和月球引力成为主要摄动力。这些摄动力的存在导致空间目标在轨道运动和姿态运动。

空间目标的轨道摄动有两种形态,一种为长期摄动,轨道参数总是朝同一方向变化;另一种为周期摄动,轨道参数的数值有时增加、有时减小,在某一平均值附近波动。周期摄动又分为短周期摄动和长周期摄动,短周期摄动的周期很短,为几个小时;长周期摄动的周期很长,约数10天甚至一年以上。地球是一个两极略扁的椭球体,地球扁率引起的摄动使得当轨道倾角小于90°时,升交点向西漂移;当轨道倾角大于90°时,升交点向东漂移。大气阻力摄动使得轨道的远地点降低,长轴缩短,偏心率变小,轨道越来越小、越来越圆。空间目标轨道的摄动会引起目标相对雷达视线角度的变化，对于长周期摄动来说，在每圈的 RCS 测量中不会有大的变化，可以忽略，但对于短周期摄动，其对 RCS 测量影响是比较大的，它会引起姿态角的变化，从而改变 RCS 数据。一方面，轨道的摄动引起 RCS 测量的不确定性，不利于空间 RCS 特征提取，另一方面，由于轨道摄动一般可以通过动力学进行测量和预报，因此，可以利用这些信息从多个角度测量，丰富 RCS 的所含目标信息量，进一步提取特征。

空间目标姿态运动的摄动：姿态控制是获取和保持卫星在空间中定向的过程，例如通信卫星的定向天线要指向地面特定区域。根据是否需要消耗卫星上的能源，卫星姿态控制可分为主动姿态控制和被动姿态控制两大类，以及介于二者之间的半主动姿态控制和半被动姿态控制，不同的姿态控制采用的控制原理、基准、敏感器和控制力各不相同，主动姿态控制系统通常由姿态敏感器、姿态控制器和姿态控制执行器三个子系统组成。目前姿态控制方式主要有自旋稳定姿态控制、重力梯度稳定姿态控制、磁力稳定姿态控制和三轴稳定姿态控制等，其中自旋稳定姿态控制和三轴稳定姿态控制是应用最广泛的两种姿态控制方式。空间碎片没有姿态控制和轨道控制能力，其运动表现为不规则的翻滚运动。空间目标姿态的变化会表现在 RCS 时间序列的起伏上，尤其是三轴稳定、自旋和翻转直接表现为 RCS 的周期性的变化，可以用于空间目标 RCS 特征参数提取。

4.1.1.2　空间目标 RCS 的理论计算

1. 简单形状目标的 RCS

几何形状比较简单的目标，如球体、圆板、锥体等，它们的雷达散射截面积可以计算出来，其中球是最简单的目标。在光学区，球体截面积等于其几何投影面积 πr^2，与视角无关，也与波长 λ 无关。

对于其他形状简单的目标，当反射面的曲率半径大于波长时，也可以应用几何光学的方法来计算它们在光学区的雷达散射截面积。一般情况下，其反射面在“亮斑”附近不是旋转对称的，可通过“亮斑”并包含视线作相互垂直的两个平面，这两个切面上的曲率半径分别为 ρ_1 和 ρ_2，则雷达截面积为

$$\sigma = \pi\rho_1\rho_2$$

空间目标随观测角变化的 RCS 反射图的变化规律是由目标的几何形状及外形确定的。对于圆柱体目标，定义雷达入射方向与垂直于圆柱体轴线的直线之间的夹角为入射角 θ，则圆柱体目标的单站 RCS 的物理光学解为

$$\sigma = krL^2 \left| \cos\theta \frac{\sin(kL\sin\theta)}{kL\sin\theta} \right|^2$$

式中，r，L 分别为圆柱体目标的半径和长度。

对于长方体、四面体等外形由平板构成的目标，定义雷达入射方向与平板方向之间的夹角为入射角 φ，则平板的单站 RCS 的物理光学解为

$$\sigma = \frac{64\pi}{\lambda^2} a^2 b^2 \cos^2\varphi \left| \frac{\sin(2ka\sin\varphi)}{2ka\sin\varphi} \right|^2$$

2. 复杂形状空间目标的 RCS 预估

对于具有圆柱体、平板等特殊结构的散射体来说，如果能够得到其 RCS 的反射图，那么实现目标的特征提取和进行目标分类识别就比较简单了。但是对于绝大多数空间目标来说，其形状与尺寸都是很不规则的，它们的 RCS 反射图与这些简单形状的目标差异很大，要从中提

取特征参数比较困难。

获取复杂空间目标 RCS 特性主要有 3 种方法：①外场全尺寸测量；②微波暗室内的缩比测量；③根据目标几何外形描述而进行的理论建模预估。由于外场测量和微波暗室测量受到很多实际条件限制，可以采用目标电磁散射理论建模来实现 RCS 的预估，从而用来分析和提取空间目标的特征参量。在高频区电磁散射变成了局部效应，各散射单元间的相互作用明显降低。复杂目标的每一部分基本上是独立地散射能量，其上的感应场只取决于入射波，而与其他部分散射的能量无关。这样就相对简化了感应场的计算，同时也简化了为求得远区散射场和计算 RCS 所进行的物体表面散射场积分。预估目标的 RCS 通常采用一些高频近似散射场计算方法，如几何光学法（GO）、物理光学法（PO）、几何绕射理论（GTD）、物理绕射理论（PTD）和等效电磁流法（MEC）等。

几何光学法只是研究高频电磁波的直射、反射和折射，其计算简单，但是只是局限于处理镜面反射这种散射机理，当考虑来自边缘、尖顶、拐角的散射场和阴影区内的散射场时，几何光学法就失效了，而且几何光学法不能计算圆柱和平板的 RCS。

物理光学法通过对感应场的近似积分而求得散射场，克服了平表面和单弯曲表面 RCS 出现无限大的问题，可以计算表面曲率半径为无限大的柱体和平板，只要表面足够大而散射方向不太远离镜面反射方向，就能得到正确结果，但是它忽略了边缘、尖顶、拐角和阴影区内的散射场。

几何绕射理论推广了几何光学理论，消除了几何光学射线边界上场的不连续性，在这些边界之间的区域中，尤其在几何光学理论预估的零场区（即阴影区）中，引入适当的场来修正几何光学理论结果，其计算相对简单，但是它在计算阴影边界、反射边界和焦散区的散射场时失效。

物理绕射理论把散射场表示为表面的物理光学贡献和边缘的绕射贡献之和，利用尖劈散射等典型结构的严格解来确定其绕射系数，物理绕射理论只考虑了表面散射和边缘绕射这两种散射特性。

等效电磁流法的根据是，当任何有限电磁流分布的远区绕射场通过一个辐射积分来求和时，将得到一个有限的结果，如能找到这种适当的分布，则可避免 GTD 的发散问题。等效电磁流法可以方便地用于计算简单目标的散射场，但是对于由大量的小面元组成的复杂目标，绕射系数的复杂性也许会妨碍这种方法的实现。

在对空间目标进行 RCS 预估时，通常就采用几何光学法、物理光学法和物理绕射理论进行计算。预估空间目标的 RCS 时，首先需要建立空间目标的 3D 模型；然后采用大量三角形平板面元来表示目标的 3D 模型；最后应用几何光学法、物理光学法和物理绕射理论来预估空间目标的 RCS。采用面元模型可以取得比较高的建模精度。

图 4-1 所示北美移动通信卫星（MSAT）的 3D 模型，建立的直角坐标系如图所示，定义方位角为雷达电磁波入射方向在 xOy 平面上的投影与 x 轴正向的夹角，方位角范围为 $0°\sim360°$；定义俯仰角为入射方向与 xOz 平面的夹角，俯仰角范围为 $0°\sim180°$。

图 4-2 所示为 MSAT 卫星随俯仰角变化的 RCS 仿真图，分析 RCS 曲线，可以发现在 $90°$ 时其 RCS 最大，这是由于雷达视线恰好垂直于立方体的一个面造成强的镜面发射，而在 $40°$ 和 $130°$ 附近也形成了小的峰值，是由于雷达视线照射圆板形成的，对于起伏的旁瓣主要是平板的反射导致。对于一个特定的模型，其 RCS 一定含有能够充分表现其特征的丰富信息，通过 RCS 预估的方式也是提取 RCS 特征参数的一个有效方法，但对于大多数空间目标，其 RCS 测

量值变化比较复杂，而且一般情况下，不易建模。

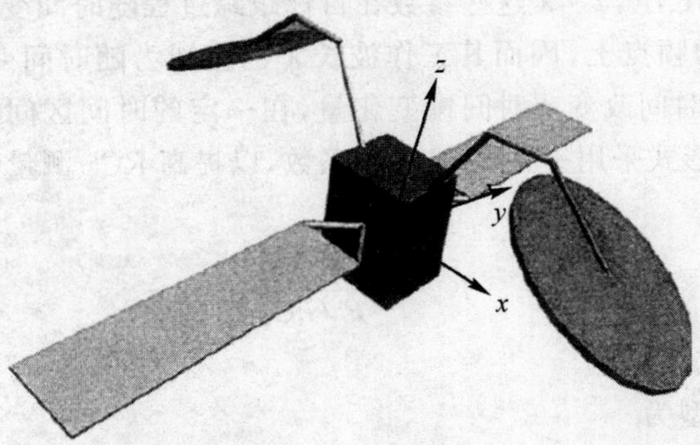

图 4-1　MSAT 卫星模型图

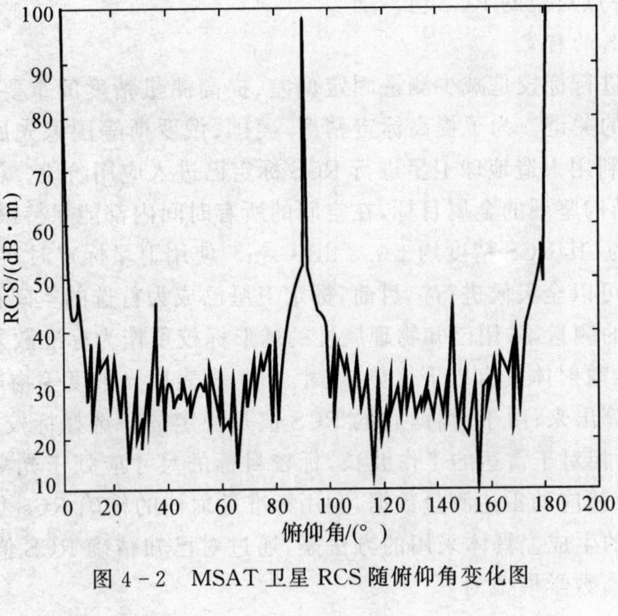

图 4-2　MSAT 卫星 RCS 随俯仰角变化图

4.1.1.3　空间目标 RCS 的实际解算

1. 基本原理

雷达散射截面测量分为缩比模型测量、全尺寸目标静态测量和目标动态测量 3 种方式。对空间目标 RCS 的测量属于目标动态测量。目标 RCS 动态测量目前普遍采用基于雷达方程的相对测量法。相对测量法较之绝对测量法的优点是相对稳定的项无须进行测量，从而降低了由于多项测量引入的测量误差。

在相控阵雷达测量条件下，根据雷达方程，空间目标的 RCS 可表示为

$$\sigma=\frac{\mathrm{SNR}\,(4\pi)^3R^4kT_sL}{P_tG_tG_r\cos^2\varphi_N\tau\lambda^2} \tag{4-3}$$

式中，SNR 为雷达接收机的信噪比；R 为目标距离；k 为玻尔兹曼常数；T_s 为系统噪声温度；L 为系统总损耗；P_t 为发射机输出功率；G_t 为发射天线增益；G_r 为接收天线增益；φ_N 为波束指向

与阵面法向的偏差(弧度);τ 为发射信号的脉冲宽度;λ 为雷达工作波长。

在式(4-3)中,SNR,R,φ_N,λ 这些参数在目标跟踪过程随时间变化(一般而言,相控阵雷达可工作在多个不同的频点上,因而其工作波长 λ 也应视为随时间变化的量);而 T_s,L,P_t,G_t,G_r 这几个参数不随时间改变或时间慢变化量,在一定的时间区间内可认为保持不变。因此,可对每种发射信号形式采用一种 RCS 标定系数,以提高 RCS 测量精度。定义 RCS 标定系数为

$$K_k = \frac{(4\pi)^3 k T_s L}{P_t G_t G_r \tau}$$

式中,τ 与发射信号形式相对应。

从而,RCS 测量模型为

$$\sigma = \frac{R^4 \mathrm{SNR}}{\cos^2 \varphi_N \tau \lambda^2} K_k \tag{4-4}$$

根据测量得到的 SNR,R,φ_N,λ 以及与发射信号形式相关的标定系数 K_k,根据式(4-4)即可求得观测弧段上各点对应的 RCS 值。

2. 空间目标 RCS 的标定

对 RCS 的测量进行标校是减少测量固定偏差、提高测量精度的重要手段,是获取空间目标高精度 RCS 数据的关键。为了提高标定精度,美国、俄罗斯等国家先后发射了多颗用于标定的人造地球卫星,利用人造地球卫星进行 RCS 标定已进入应用阶段。标定卫星一般都是形状规则、表面光滑、结构坚硬的金属目标,在空间的所有时间内都能保持最初的形状,可认为其 RCS 值是恒定不变的,其 RCS 精度约±0.3 dB·sm。使用卫星标定时,雷达标定状态和实际工作状态一致,而且可以全天候进行。目前,标定卫星已成为首选的空间目标 RCS 标定体。

为了校准 RCS 的测量,采用已知物理属性的球形标校星作为标准散射体,如 LCS-4。利用球形卫星作为标准散射体具有以下优势:尺寸、材料和表面光滑度等物理属性已知的球体目标的 RCS 可精确计算出来;由于对称,它的 RCS 值是稳定的。选择标校星时,为了避免标校星 RCS 起伏的影响,相对于雷达的工作波长,标校目标的尺寸应处于光学区。通过对标准散射体的定期跟踪获取相应的雷达测量数据,利用标准散射体的精确 RCS 得到 RCS 标定系数,用于一般目标 RCS 的生成。具体采用的方法是,通过对已知精确 RCS 值的标准散射体的跟踪,求解标定系数 K_k,数学模型为

$$K_k = \frac{\lambda^2 \cos^2 \phi}{R^4 \mathrm{SNR}} \sigma$$

对于相控阵雷达空间碎片的 RCS 动态测量而言,RCS 的测量精度受多种因素的影响:测量动态范围内的系统线性度、目标的位置测量精度、雷达波束随不同扫描角的展宽效应、发射分系统功率稳定度与频率稳定度、接收分系统的热噪声、大气衰减因子。从长期看,由于雷达系统本身及环境等方面的原因,上述影响 RCS 测量精度的因素都是随时间变化的,因此标定校准过程需要定期进行,从而为 RCS 的生成提供定期更新的 RCS 标定系数。

4.1.2 复杂目标电磁散射分析方法

雷达散射截面理论分析实际上就是要计算出目标对给定入射波所产生的散射场,因此原则上所有求解电磁散射的理论和方法都可能用于目标 RCS 的分析计算。这些方法主要包括严格的经典解法、积分方程的矩量解法,以及各种高频近似方法,如几何光学法(GO)、物理光

学法(PO)、几何绕射理论(GTD)、物理绕射理论(PTD)等。复杂目标电磁特性分析中,较多地采用物理光学和物理绕射理论,尤其是在基于计算机图形学的电磁散射计算中,因此下面将重点介绍有关方法,在此基础上分析计算机图形电磁散射预估的面元和尖劈的散射问题。

4.1.2.1　物理光学近似与 Gordon 面元积分

物理光学法通过对表面感应场的近似和积分而求得散射场,克服了几何光学的平表面和单曲表面出现无穷大的问题。应用 Stratton - Chu 公式可得

$$\boldsymbol{E}_s = jk\psi_0 \int_s \hat{\boldsymbol{s}} \times [\hat{\boldsymbol{n}} \times \hat{\boldsymbol{E}} - Z_0 \hat{\boldsymbol{s}} \times (\hat{\boldsymbol{n}} \times \hat{H})] \exp\ [jk\boldsymbol{r}(\hat{\boldsymbol{i}} - \hat{\boldsymbol{s}})]\, ds$$

$$\boldsymbol{H}_s = jk\psi_0 \int_s \hat{\boldsymbol{s}} \times [\hat{\boldsymbol{n}} \times \boldsymbol{H} - Y_0 \hat{\boldsymbol{s}} \times (\hat{\boldsymbol{n}} \times \hat{\boldsymbol{E}})] \exp\ [jk\boldsymbol{r}(\hat{\boldsymbol{i}} - \hat{\boldsymbol{s}})]\, ds$$

式中,$Y_0 = 1/Z_0$ 为自由空间导纳;$\psi_0 = \exp\,(jkR)/(4\pi R)$ 为远场格林函数;$\hat{\boldsymbol{i}}$ 和 $\hat{\boldsymbol{s}}$ 分别为入射和散射方向单位矢量;积分号下标 s 表示散射体表面的被照亮部分。对于理想导体,根据文献[8]知 RCS 平方根的物理光学表达式为

$$\sqrt{\sigma} = -j\frac{k}{\sqrt{\pi}} \int_s \hat{\boldsymbol{n}} \hat{\boldsymbol{e}}_r \times \hat{\boldsymbol{h}}_i \exp\ [jk\boldsymbol{r}(\hat{\boldsymbol{i}} - \hat{\boldsymbol{s}})]\, ds$$

如图 4-3 和图 4-4 所示,建立局部坐标系 $O'x_1x_2x_3$,使 $O'x_3$ 轴沿小平面的外法线方向 $\hat{\boldsymbol{n}}$,$O'x_2x_3$ 位于小平面内,原点 O' 不妨取在小平面的中心处。

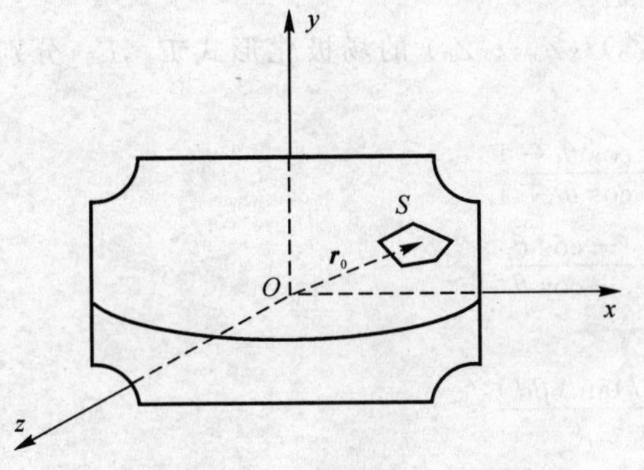

图 4-3　平板面元 S 在目标上的几何位置

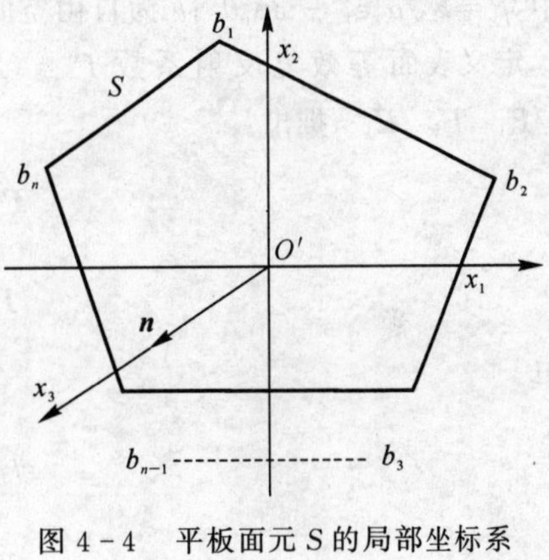

图 4-4　平板面元 S 的局部坐标系

由文献[9]知,对于单站散射,$\hat{\boldsymbol{s}} = -\hat{\boldsymbol{i}}$,反射波的极化方向 $\hat{\boldsymbol{e}}_r$ 满足 $\hat{\boldsymbol{e}}_r \cdot \hat{\boldsymbol{s}} = 0$,由此可以推导得小平面单站 RCS 平方根的物理光学公式为

$$\sqrt{\sigma} = -\frac{\exp\,(j2k\hat{\boldsymbol{i}} \cdot \boldsymbol{r}_0)}{2\sqrt{\pi}\tan\theta} \sum_{n=1}^{N} (\hat{p} \cdot \boldsymbol{a}_n) \exp\,(j2k\hat{\boldsymbol{i}} \cdot \boldsymbol{r}_n)\, \frac{\sin\,(k\hat{\boldsymbol{i}} \cdot \boldsymbol{a}_n)}{k\hat{\boldsymbol{i}} \cdot \boldsymbol{a}_n}$$

式中,θ 为小平面外法线 $\hat{\boldsymbol{n}}$ 与入射波 $\hat{\boldsymbol{i}}$ 之间的夹角($0° < \theta < 90°$);$\hat{\boldsymbol{p}} = (\hat{\boldsymbol{i}} \times \hat{\boldsymbol{n}})/|\hat{\boldsymbol{i}} \times \hat{\boldsymbol{n}}|$;$\boldsymbol{a}_n$ 为平板面元第 n 条边的长度和矢量方向。当入射方向、散射方向与小平面外法线方向重合,即 $\theta = 0°$ 时,单站散射的表达式为

$$\sqrt{\sigma} = -\frac{jkA}{\sqrt{\pi}} \exp\,(jk\boldsymbol{r}_0 \cdot \hat{\boldsymbol{i}})$$

这样,只要求出每一块理想导体平板面元的含有相位信息的 RCS 平方根,然后再直接相加,取模平方,就可以得到目标的 RCS,即

$$\sigma = \left| \sum_{i=1}^{m} (\sqrt{\sigma})_i \right|^2$$

此外，应当看到，对于用物理光学方法计算的目标单站 RCS，入射波和反射波的极化信息被消除了，它计算出的结果并不能表示出不同极化状态下的差异。这也是物理光学的一个缺点。对于单纯介质物体的散射，电磁波有透射分量，需考虑的仅是反射分量，下面讨论一下更复杂的涂覆介质平板面元的散射情况，这在未来卫星隐身技术中将常出现；另外，对于卫星太阳能电池帆板，由于其材料构件具有相似性，亦主要采用与下面类似方法进行分析。

4.1.2.2 涂覆介质平板面元散射

为了减小目标的雷达散射截面，人们常常采用雷达吸收体，其中 Salisbury 屏幕和 Dallenbach 层是最古老和最简单的吸收体。Salisbury 屏幕是一种谐振式吸收体，它的结构是在金属板前方的低介电常数隔离层上放置一块电阻片。Dallenbach 层则是由金属底板上的均匀损耗层构成的。

均匀涂覆各向同性 RAM(Radar Absorbing Material)介质层的金属平板，结构上就相当于 Dallenbach 层。假设 RAM 涂覆层的厚度为 d，相对介电常数为 ε_r，相对磁导率为 μ_r，入射角为 θ_i。根据传输线理论，可以得到表面的归一化输入阻抗为

$$Z_{in} = \sqrt{\mu_r/\varepsilon_r} \tan(\beta d)$$

式中，$\beta = k\sqrt{\mu_r \varepsilon_r - \sin^2\theta_i}$；$k$ 为自由空间的波数。

定义表面等效复反射系数 $\Gamma = (Z_{in} - Z_0)/(Z_{in} + Z_0)$ 的场极化形式 $\Gamma_\perp$，$\Gamma_\parallel$ 分别为 $E_r^\perp / E_i^\perp$，$E_r^\parallel / E_i^\parallel$，推出：

$$\boldsymbol{\Gamma}_\perp = \frac{\eta_\perp \cos\theta_i - 1}{\eta_\perp \cos\theta_i + 1}$$

$$\boldsymbol{\Gamma}_\parallel = \frac{\eta_\parallel - \cos\theta_i}{\eta_\parallel + \cos\theta_i}$$

这里

$$\eta_\perp = \mathrm{j}\,\frac{\mu_r k \tan(\beta d)}{\beta}$$

$$\eta_\parallel = \mathrm{j}\,\frac{\beta \tan(\beta d)}{\varepsilon_r k}$$

是等效表面阻抗参数的场极化形式。

求散射电场的关键是要给出积分表面上电磁场的分布。如果 $\hat{\boldsymbol{e}}_i$ 表示入射电场方向，则入射平面波可表示为

$$\boldsymbol{E}^i = \hat{\boldsymbol{e}}_i E_0 \exp(\mathrm{j}k\boldsymbol{r} \cdot \hat{\boldsymbol{i}}) = \hat{\boldsymbol{e}}_i E^i$$

$$\boldsymbol{H}^i = \hat{\boldsymbol{i}} \times \hat{\boldsymbol{e}}_i E^i / Z$$

如图 4-5 所示，引入局部坐标系，则得到关系式为

$$\hat{\boldsymbol{e}}_\perp = \hat{\boldsymbol{i}} \times \hat{\boldsymbol{n}} / |\hat{\boldsymbol{i}} \times \hat{\boldsymbol{n}}|$$

$$\hat{\boldsymbol{e}}_\parallel = \hat{\boldsymbol{i}} \times \hat{\boldsymbol{e}}_\perp$$

$$\hat{\boldsymbol{i}} = \hat{\boldsymbol{e}}_\perp \times \hat{\boldsymbol{e}}_\parallel$$

在推出涂层表面上的切向电磁场后，采用曲面-曲线积分变换方法，最终可得到涂覆小面元的后向 RCS 平方根表达式为

$$\sqrt{\sigma}=-\frac{\exp\ (\mathrm{j}2k\hat{\boldsymbol{i}}\cdot\boldsymbol{r}_0)}{2\sqrt{\pi}\tan\theta}[(\hat{\boldsymbol{e}}_\perp\cdot\hat{\boldsymbol{e}}_\mathrm{i})^2\Gamma_\perp+(\hat{\boldsymbol{e}}_\parallel\cdot\hat{\boldsymbol{e}}_i)^2\Gamma_\parallel]\cdot\sum_{n=1}^{N}(\hat{\boldsymbol{e}}_\perp\cdot\boldsymbol{a}_n)\exp\ (\mathrm{j}2k\hat{\boldsymbol{i}}\cdot\boldsymbol{r}_n)\ \frac{\sin\ (k\hat{\boldsymbol{i}}\cdot\boldsymbol{a}_n)}{k\hat{\boldsymbol{i}}\cdot\boldsymbol{a}_n}$$

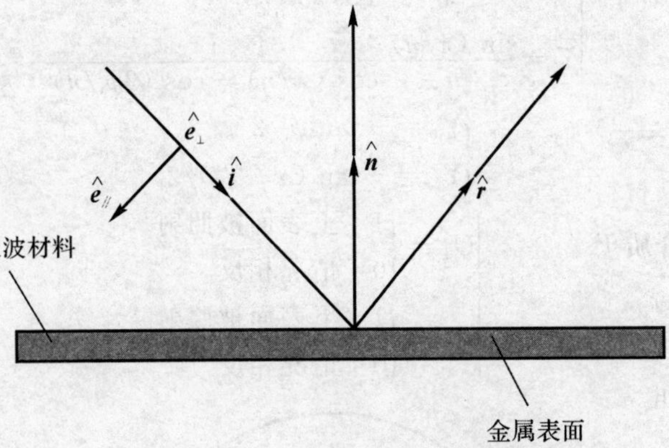

图 4-5　局部坐标系

特别地，当垂直入射涂覆平板时，$\theta=0°$，$\Gamma_\perp=\Gamma_\parallel=\Gamma$，则后向雷达散射截面的平方根就简化为

$$\sqrt{\sigma}=-\frac{\mathrm{j}kA}{\sqrt{\pi}}\exp\ (2\mathrm{j}k\boldsymbol{r}_0\cdot\hat{\boldsymbol{i}})\Gamma$$

式中，A 为涂覆平板的面积。

$$\Gamma=\frac{\sqrt{\mu_\mathrm{r}/\varepsilon_\mathrm{r}}\tan\ (\sqrt{\mu_\mathrm{r}\varepsilon_\mathrm{r}}\,kd)-1}{\sqrt{\mu_\mathrm{r}/\varepsilon_\mathrm{r}}\tan\ (\sqrt{\mu_\mathrm{r}\varepsilon_\mathrm{r}}\,kd)+1}$$

由此，就可以运用面元法来求解涂覆目标的后向雷达散射截面。

4.1.2.3　尖劈的物理绕射解

对于复杂目标，除去面元外还会有尖劈，而且当用小面元对曲面进行拟合时，会产生“人工”尖劈，尖劈的内角大小取决于两相邻小平面的夹角，即取决于表面的曲率半径和分块的多少。在计算散射场时，无论是真实的尖劈还是“人工”的尖劈，都应把它的散射场加到总的散射场中。在高频近似方法中，无论是几何光学方法还是物理光学方法，最初都是从表面积分出发，得到目标的高频近似解的。GTD 和一致性绕射理论（UTD）为了克服只能计算 Keller 锥上散射场的缺点，则在口径绕射场研究的基础上提出了等效电流和等效磁流的概念。物理绕射理论也是为了解决边缘绕射场而提出的高频近似理论。

金属导体劈的物理绕射理论由 P. Ya. Ufimtsev（尤费赛夫）于 1962 年提出，由物理绕射理论可推得，接收机接收的散射场为

$$\boldsymbol{E}_\mathrm{sw}\cdot\hat{\boldsymbol{e}}_\mathrm{r}=\frac{L}{2\pi}\frac{\exp\ (\mathrm{j}kR)}{R}E_0\frac{(\hat{\boldsymbol{e}}_\mathrm{i}\cdot\hat{\boldsymbol{t}})(\hat{\boldsymbol{e}}_\mathrm{s}\cdot\hat{\boldsymbol{t}})f+(\hat{\boldsymbol{h}}_\mathrm{i}\cdot\hat{\boldsymbol{t}})(\hat{\boldsymbol{h}}_\mathrm{s}\cdot\hat{\boldsymbol{t}})g}{\sin^2\beta}\frac{\sin\ (kL\cos\beta)}{kL\cos\beta}\exp\ (\mathrm{j}k\hat{\boldsymbol{i}}\cdot\hat{\boldsymbol{r}}_c)$$

式中，$\hat{\boldsymbol{r}}_\mathrm{c}$ 为全局坐标系原点到尖劈边缘中心的位置矢量；$\hat{\boldsymbol{t}}$ 为沿尖劈边缘的单位矢量；L 为尖劈边缘的长度；$\beta=\cos^{-1}(\hat{\boldsymbol{i}}\cdot\hat{\boldsymbol{t}})$；$\hat{\boldsymbol{e}}_\mathrm{r}=\hat{\boldsymbol{e}}_\mathrm{s}$；$f$ 和 g 为尤费赛夫物理绕射系数，当计算后向散射场时 f 和 g 分别为

$$\begin{cases}f=X-Y+U_1Y_1+U_2Y_2\\g=X+Y-U_1Y_1-U_2Y_2\end{cases}$$

式中

$$\begin{cases} X = \dfrac{\sin(\pi/n)}{n} \dfrac{1}{\cos(\pi/n) - 1} \\ Y = \dfrac{\sin(\pi/n)}{n} \dfrac{1}{\cos(\pi/n) - \cos(2\psi_i/n)} \end{cases}$$

$$\begin{cases} Y_1 = -\tan\psi_i/2 \\ Y_2 = -\tan(\alpha - \psi_i)/2 \end{cases}$$

$$\begin{cases} U_1 = \begin{cases} 1 & \text{上表面被照射} \\ 0 & \text{情况相反} \end{cases} \\ U_2 = \begin{cases} 1 & \text{下表面被照射} \\ 0 & \text{情况相反} \end{cases} \end{cases}$$

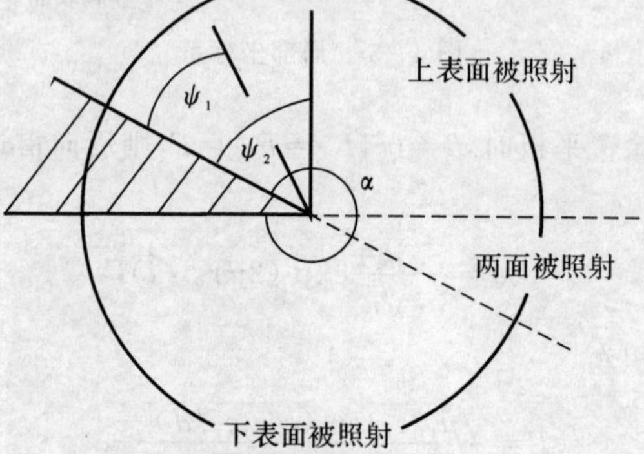

图 4-6　尖劈散射的几何关系

n 为尖劈外角 α 对 π 归一化的外劈角，即 $n=\alpha/\pi$；ψ_i 为入射波单位矢量 $\hat{\boldsymbol{i}}$ 的横向分量与上表面之间的夹角，如图 4-6 所示。把尖劈散射场带入 RCS 平方根定义式得到尖劈散射的后向 RCS 平方根公式为

$$\sqrt{\sigma_s} = \frac{L}{\sqrt{\pi}} \exp(\mathrm{j}k\hat{\boldsymbol{i}} \cdot \hat{\boldsymbol{r}}_c) \frac{(\hat{\boldsymbol{e}}_i \cdot \hat{\boldsymbol{t}})(\hat{\boldsymbol{e}}_s \cdot \hat{\boldsymbol{t}}) f + (\hat{\boldsymbol{h}}_i \cdot \hat{\boldsymbol{t}})(\hat{\boldsymbol{h}}_s \cdot \hat{\boldsymbol{t}}) g}{\sin^2\beta} \frac{\sin(kL\cos\beta)}{kL\cos\beta}$$

假定目标共分了 m 块小平面和 n 个尖劈，复杂目标的总 RCS 可以由下式确定为

$$\sigma = \left| \sum_{i=1}^{m} (\sqrt{\sigma_f})_i + \sum_{i=1}^{n} (\sqrt{\sigma_s})_j \right|^2$$

上述给出了计算一次散射和绕射的方法。对于高频区，目标各散射体之间的耦合较弱，因此一般情况下可以忽略多次散射的影响。但是对于某些特殊结构的目标来说，这种多次散射可能比较强，如雷达回波在某些特殊方向并不主要取决于一阶物理光学场的贡献，而是主要由多次散射贡献，典型的是二面角及凹形腔体的散射，可以归结二次散射为下列的 3 种类型：平板之间的二次散射、边缘绕射后由平板反射和平板反射后由边缘绕射。

一般情况下二次散射的影响较小，而且处理这一部分工作常采用射线跟踪法，由于要进行大量的射线跟踪工作，对于复杂目标来说，这一工作很繁重，因此现在多数的电磁散射分析软件中不包含二次散射的计算，即使具有此功能，也仅仅对特殊的结构才考虑二次散射的贡献。

4.1.2.4　复杂目标的计算机图形电磁散射技术

RCS 的计算是获取空间目标雷达散射特性的有效手段，当今复杂目标电磁散射计算常采用的方法是与计算机图形学精确建模相结合，完成从模型设计到电气特性的分析，最终利用科学计算可视化技术实现复杂目标电磁散射的三维仿真。一个复杂目标 RCS 的理论建模，核心是两部分工作，即

目标 RCS＝目标几何外形模型＋电磁散射模型

目标的几何建模是复杂目标 RCS 预估的基础，几何建模过程就是把实际目标在计算机上用图形学方法重建的过程，这也是可视化技术研究的主要内容之一。计算机图形学中对复杂目标进行数字成像的一般过程包括：

· 建立模拟对象的几何模型，按照需要的逼近精度将模型简化为平面多面体；

· 将单个物体进行组装，施加平移、旋转和比例变换，形成整个模拟环境；

· 确定观察点位置，做出显示对象的透视变换；

· 确定显示范围，相当于对照相中的取景，窗口的有效范围用上下、左右、前后 6 个平面规定，将所有准备输出的图元都与窗口范围进行比较，裁剪出落在窗口有效边界以内的部分；

· 确定图形显示屏上的显示范围，将用户定义的三维空间(称作世界坐标系)内的物体映射到显示屏的坐标系中；

· 计算各单元三角形的法向矢量，根据光照模型确定可见三角形表面的亮度和色度；

· 显示所有可见的三角面元。

计算机图形学中已经发展了许多成熟的算法，完成计算机内物体的生成、修改、拼装等功能，复杂目标预估系统可以充分地吸收这些现有的算法，达到实际物体的真实、准确再现。高频散射研究中总是假定局部性原理成立，故首先须确定散射体上被电磁波照亮区域与遮挡区，其过程与图形学的消隐处理十分类似，遮挡处理是提高散射计算精度的关键。

PO 和 PTD 是计算复杂目标 RCS 的常用的高频近似法，常将 PO，PTD 与上述可视技术结合，完成动态 RCS 计算，通用系统框图如图 4－7 所示(NURBS：No—Uniform Rational B－Spline)。进行复杂目标 RCS 计算可归纳为：

· 首先对复杂目标进行部件分解，并进行各分部件的准确的三维曲面拟合；后用几何造型软件，以三角形或四角形面元以及尖劈建立分部件的三维几何模型；最后组合完成整个目标的几何造型。

· 应用 Z－buffer 等算法，实现部件面元间及各部件间的遮挡处理。

· 提取像素几何信息并计算。

· 对于凹形体、腔体等特殊部件需用专门的散射算法，并将其结果计入总散射场中。

图 4－7 所示像素法，类似于西班牙 Cantabria 大学于 20 世纪 90 年代初开发的 GRECO (Graphical electromagnetic computing for RCS prediction in real time)系统，它是以图形电磁学为基础的预估方法，第一次将计算机的硬件优势融入电磁分析中，将计算机图形学的成果与当代电磁学分析方法结合，利用了图形加速硬件快速实现复杂目标物体的遮挡处理和数据提取工作，使目标散射的实时预估成为可能。在实施过程中通过设定特殊参量的 Phone 氏模型，用硬件完成繁重的遮挡处理工作，并提取几何表面的法矢信息，完成散射计算。此系统有下述不足之处：

· 所能计算物体的最大尺寸不仅与 Z－buffer 深度有关，还与显示器的尺寸和分辨率有

关,另外显示器的分辨率还与物体的复杂度有关,当屏幕无法显示物体细节时,也就无法得到满意结果;

· 虽然在几何造型上采用高精度的 NURBS 曲面法,但后面的 RCS 计算却在面片级上进行,原因是遮挡处理过程中的离散化使本来高精度曲面模型变成粗糙的面片组拟合;

· 硬件 Z－buffer 仅保留可视部分的信息,因而无法处理多次散射。

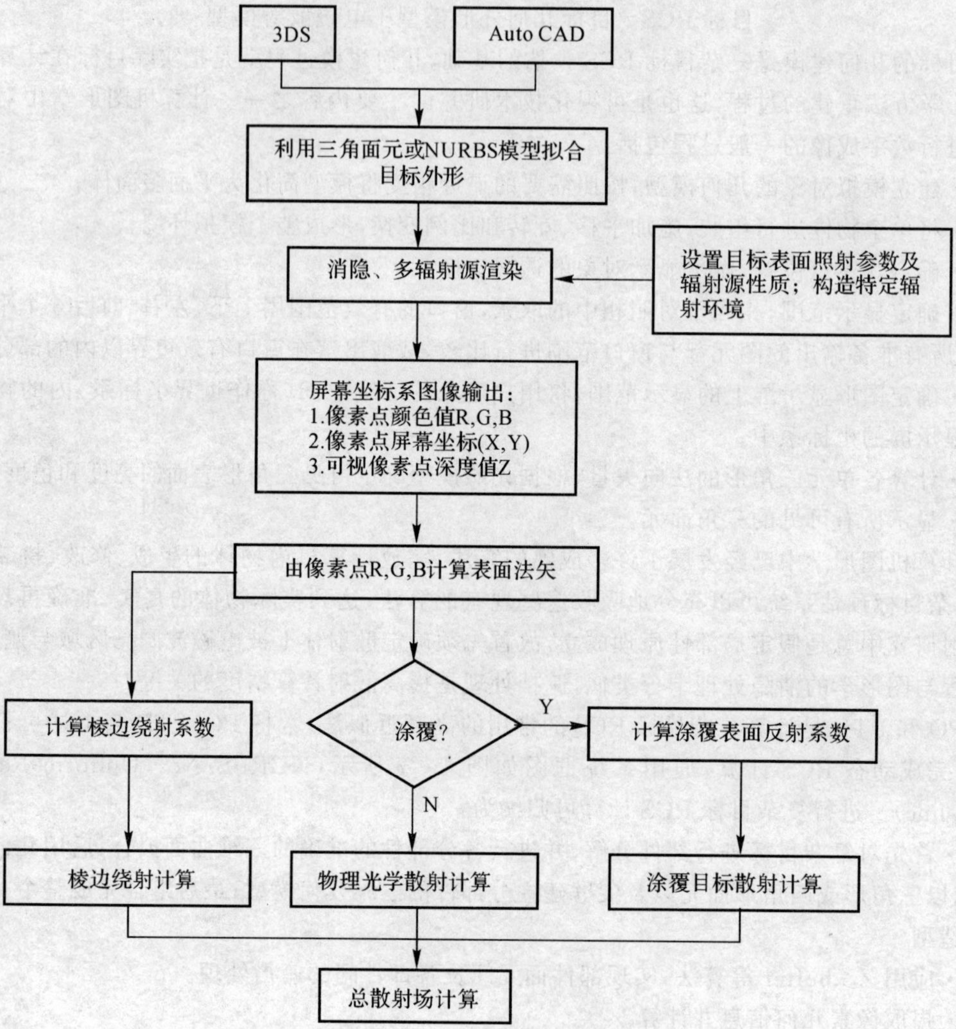

图 4－7　复杂目标 RCS 的像素法计算方框图

4.1.3　简单的和复杂的窄带信号照射雷达目标时的电磁波散射

边缘波对于除镜面之外的目标的散射场做出了重要贡献。产生边缘波的地方通常称为散射中心(见图 4－8)。因此,根据边缘波法,带边缘和棱角的足够大的凸形理想导电目标的散射场可称之为"闪烁点"(散射中心)所散射的球面波之和,这些"闪烁点"局限于目标的几何不均匀表面上。

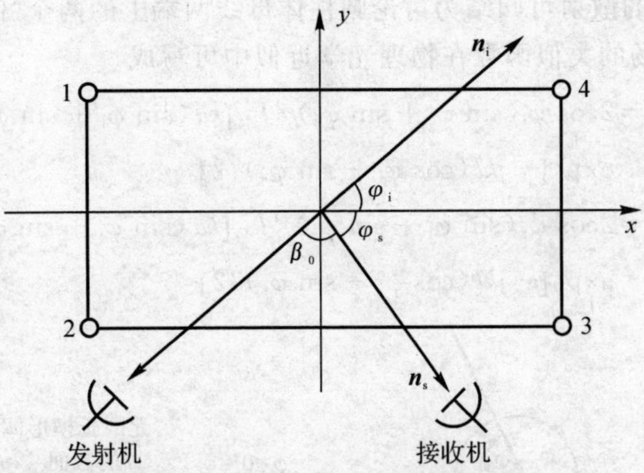

图 4-8　有限尺寸直圆柱体的散射中心

现在通过边缘波近似法讨论有限长度为 l、半径为 a_1 的导体圆柱上平面波的绕射。假设在上面选定的球面坐标系中(见图 4-8),与入射波波阵面垂直的波向量为 $\boldsymbol{n}_r$,即

$$E_r = E_0 \exp\ [jk(y\sin\varphi_i + x\cos\varphi_i)]$$

在 $\vartheta=\pi/2$ 半平面上,且与 x 轴夹角为 $\varphi_i=\pi-\varphi_0$,而波向量 $\boldsymbol{n}_s$ 与 x 轴的夹角为 φ_s,这样,就构成双基底观测角 $\beta_0=\varphi_0-\varphi_s$。

我们仅限于讨论入射波的两种极化情况。任意准单色线极化波的绕射问题总可以归结为这两种情况。第一种情况对应于 E 极化(入射波向量 $\boldsymbol{E}_0$ 与平面 xOy 正交),第二种情况对应于 H 极化(向量 $\boldsymbol{H}_0$ 与平面 xOy 正交)。

散射场可表示为目标几何单元的散射场的总和,这些单元是侧面(柱面)、端面(圆盘面)和楔形边缘状的棱角等等。这时应该考虑个别单元在不同照射和接收缩图时的阴影。所谓阴影是指两种散射体:被入射波照射但在接收处看不见的散射体和未被照射的散射体。

现在讨论 $\beta_0<\pi/2$ 和 $0<\varphi<\pi/2-\beta_0$ 时的一般情况。这时圆柱表面的一些单元,如柱面,被照射的端面和棱角 1,2,3 都对中心 1,2,3 所散射的球面波的形成做出了贡献。

由圆柱表面形成的远区场在 E 极化时,在物理光学近似中等于:

$$E_\theta = -H_\varphi = \frac{\mathrm{i}a_1}{2R_0}E_0\mathrm{e}^{\mathrm{j}kR_0}\ \overline{\sum u\cdot o(\varphi_i,\varphi_s)}$$

在 H 极化时等于:

$$E_\theta = H_\varphi = \frac{\mathrm{i}a_1}{2R_0}H_0\mathrm{e}^{\mathrm{j}kR_0}\ \overline{\sum u\cdot o(\varphi_i,\varphi_s)}$$

式中

$$\overline{\sum u\cdot o} = G_0\sin\varphi_i,\quad \overline{\sum u\cdot o} = -G_0\sin\varphi_s$$

$$G_0 = 2\sqrt{2}\ [\pi k a_1(\sin\varphi_i+\sin\varphi_s)]^{-1/2}\times(\cos\varphi_i-\cos\varphi_s)^{-1}\cdot$$
$$\sin\ [0.5kl(\cos\varphi_i-\cos\varphi_s)]\exp\ [-\mathrm{j}ka_1(\sin\varphi_i+\sin\varphi_s)^{-\pi}/4] \qquad (4-5)$$

利用适应于 $ka_1\sin\varphi_s\gg 1$ 的贝塞尔函数渐近表达式,可将式(4-5)改写成

$$G_0=(\cos\varphi_i-\cos\varphi_s)^{-1}\times[J_1(\xi)-\mathrm{i}J_2(\xi)]\times$$
$$[\exp\ (-\mathrm{j}kl(\cos\varphi_i-\cos\varphi_s))/2-\exp\ (-\mathrm{j}kl(\cos\varphi_i-\sin\varphi_s))/2] \qquad (4-6)$$

式中,$\xi=ka_1(\sin\varphi_s+\sin\varphi_0)$;$J_1$ 和 J_2 分别为第一类和第二类贝塞尔函数。

显然，圆柱体表面的散射可归结为讨论圆柱体母线两端上的两个“闪烁点”。

圆柱（圆面）散射场的类似函数在物理光学近似中可写成

$$\sum u\cdot o=2\cos\varphi_i(\sin\varphi_i+\sin\varphi_s)^{-\prime}J_1[k\alpha(\sin\varphi_i+\sin\varphi_s)]\times \exp[-jkl(\cos\varphi_i-\sin\varphi_s)/2] \tag{4-7}$$

$$\sum u\cdot o=2\cos\varphi_s(\sin\varphi_i+\sin\varphi_s)^{-\prime}J_1[k\alpha(\sin\varphi_i+\sin\varphi_s)]\times \exp[-jkl(\cos\varphi_i-\sin\varphi_s)/2] \tag{4-8}$$

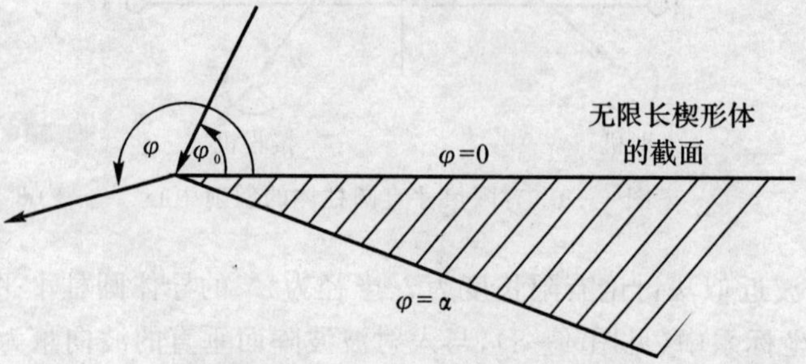

图 4-9　边缘效应所引起的电流不均匀部分的散射场的计算

不均匀电流部分的场具有由边缘 1,2,3（散射中心）散射的球面波的形式，并由下式决定：

$$\overline{\sum}=f_1[J_1(\xi)+iJ_2(\xi)]e^{j\chi}-f_2[J_1(\xi)-iJ_2(\xi)]e^{j\chi}-f_3[J_1(\xi)-iJ_2(\xi)]e^{-j\chi} \tag{4-9}$$

$$\sum=g_1[J_1(\xi)+iJ_2(\xi)]e^{j\chi}-g'_2[J_1(\xi)-iJ_2(\xi)]e^{-j\chi}-g'_3[J_1(\xi)-iJ_2(\xi)]e^{-j\chi} \tag{4-10}$$

式中

$$\chi=kl(\cos\varphi_s+\cos\varphi_0)/2$$

函数 f'_n 和 g'_n 可由下式决定，该关系式是在解无限长楔形体（见图 4-9）绕射问题而得到的：

$$f'_n=f_n-f'_{n0},\quad g'_n=g_n-g'_{n0} \tag{4-11}$$

$$\left.\begin{matrix}f_n\\g_n\end{matrix}\right\}=\sin\frac{\pi}{m_\alpha}m_\alpha^{-1}\left[\left(\cos\frac{\pi}{m_\alpha}-\cos\frac{\varphi-\varphi_0}{m_\alpha}\right)^{-1}\mp\left(\cos\frac{\pi}{m_\alpha}-\cos\frac{\varphi+\varphi_0}{m_\alpha}\right)^{-1}\right] \tag{4-12}$$

式中，$m_\alpha=\alpha_n/\pi$，α_n 为楔形的外角。

当楔的一个边缘被照射时（$0\leqslant\varphi_0\leqslant\alpha_n-\pi$），函数 f_{n0} 和 g_{n0} 有下列形式：

$$\left.\begin{aligned}f_{n0}&=\sin\varphi_0\ (\cos\varphi+\cos\varphi_0)^{-1}\\g_{n0}&=-\sin\varphi\ (\cos\varphi+\cos\varphi_0)^{-1}\end{aligned}\right\} \tag{4-13}$$

当楔形体的两个边缘被照射时（$\alpha_n-\pi\leqslant\varphi_0\leqslant\pi$），函数 f_{n0} 和 g_{n0} 为

$$\begin{aligned}f_{n0}&=\sin\varphi_0\ (\cos\varphi+\cos\varphi_0)^{-1}+\sin(\alpha_n-\varphi'_0)\ [\cos(\alpha_n-\varphi)+\cos(\alpha_n-\varphi_0)]^{-1}\\g_{n0}&=-\sin\varphi\ (\cos\varphi+\cos\varphi_0)^{-1}-\sin(\alpha_n-\varphi)\ [\cos(\alpha_n-\varphi)+\cos(\alpha_n-\varphi_0)]^{-1}\end{aligned} \tag{4-14}$$

关系式（4-6）～式（4-10）在 $ka_1\sin\varphi_s\gg1$ 的条件下，即对不同于镜面反射方向的缩图在高频近似下可认为是正确的。

如果将圆柱体各个单元所形成的分量加起来，我们就可以得到 E 极化和 H 极化的总散射场为

$$E_{\theta}=\frac{\mathrm{i}\alpha_1}{2R_0}E_{0Z}\mathrm{e}^{\mathrm{j}kR_0}\overline{\sum}(\varphi_{\mathrm{s}},\varphi_0) \tag{4-15}$$

$$E_{\varphi}=\frac{\mathrm{i}\alpha_1}{2R_0}H_{0Z}\mathrm{e}^{\mathrm{j}kR_0}\overline{\sum}(\varphi_{\mathrm{s}},\varphi_0) \tag{4-16}$$

式中

$$\overline{\sum}(\varphi_{\mathrm{s}},\varphi_0)=\overline{\sum}_1(\varphi_{\mathrm{s}},\varphi_0)+\overline{\sum}_2(\varphi_{\mathrm{s}},\varphi_0)+\overline{\sum}_3(\varphi_{\mathrm{s}},\varphi_0) \tag{4-17}$$

$$\sum(\varphi_{\mathrm{s}},\varphi_0)=\sum_1(\varphi_{\mathrm{s}},\varphi_0)+\sum_2(\varphi_{\mathrm{s}},\varphi_0)+\sum_3(\varphi_{\mathrm{s}},\varphi_0) \tag{4-18}$$

$$\overline{\sum}_1(\varphi_{\mathrm{s}},\varphi_0)=f_1\left[J_1(\xi)+\mathrm{i}J_2(\xi)\right]\mathrm{e}^{\mathrm{j}kl(\cos\varphi_{\mathrm{s}}+\cos\varphi_0)/2} \tag{4-19}$$

$$\overline{\sum}_2(\varphi_{\mathrm{s}},\varphi_0)=f_2\left[-J_1(\xi)+\mathrm{i}J_2(\xi)\right]\mathrm{e}^{\mathrm{j}kl(\cos\varphi_{\mathrm{s}}+\cos\varphi_0)/2} \tag{4-20}$$

$$\overline{\sum}_3(\varphi_{\mathrm{s}},\varphi_0)=f_3\left[-J_1(\xi)+\mathrm{i}J_2(\xi)\right]\mathrm{e}^{-\mathrm{j}kl(\cos\varphi_{\mathrm{s}}+\cos\varphi_0)/2} \tag{4-21}$$

角函数 $\overline{\sum}_n(\varphi_{\mathrm{s}},\varphi_0)$（下标 $n=1,2,3$ 对应于圆柱体的 3 个散射中心）表示 E 极化情况下目标的散射特性。在 H 极化情况下，对于函数 $\sum_n(\varphi_{\mathrm{s}},\varphi_0)$ 可以得到类似式(4-14)～式(4-21)的公式，这时将函数 f_n 变为 $g_n(n=1,2,3)$，f_n 和 g_n 相应地可由下列公式表示：

$$\left.\begin{matrix}f_1\\g_1\end{matrix}\right\}=\sin\frac{\pi}{m_\alpha}m_\alpha^{-1}\left[\left(\cos\frac{\pi}{m_\alpha}-\cos\frac{\varphi_{\mathrm{s}}-\varphi_0}{m_\alpha}\right)^{-1}\mp\left(\cos\frac{\pi}{m_\alpha}-\cos\frac{\pi-\varphi_{\mathrm{s}}-\varphi_0}{m_\alpha}\right)^{-1}\right] \tag{4-22}$$

$$\left.\begin{matrix}f_2\\g_2\end{matrix}\right\}=\sin\frac{\pi}{m_\alpha}m_\alpha^{-1}\left[\left(\cos\frac{\pi}{m_\alpha}-\cos\frac{\varphi_{\mathrm{s}}-\varphi_0}{m_\alpha}\right)^{-1}\mp\left(\cos\frac{\pi}{m_\alpha}-\cos\frac{\varphi_{\mathrm{s}}+\varphi_0}{m_\alpha}\right)^{-1}\right] \tag{4-23}$$

$$\left.\begin{matrix}f_3\\g_3\end{matrix}\right\}=\sin\frac{\pi}{m_\alpha}m_\alpha^{-1}\left[\left(\cos\frac{\pi}{m_\alpha}-\cos\frac{\varphi_{\mathrm{s}}-\varphi_0}{m_\alpha}\right)^{-1}\mp\left(\cos\frac{\pi}{m_\alpha}-\cos\frac{2\pi-\varphi_{\mathrm{s}}-\varphi_0}{m_\alpha}\right)^{-1}\right] \tag{4-24}$$

函数 f_n 和 g_n，决定照射方向和目标观测方向以及限定散射中心位置的那些边缘的几何结构。式(4-22)～式(4-24)中的贝塞尔函数和指数通过其自变量给出目标散射中心的相互位置。这样，边缘散射现象可利用单元反射体或散射中心的概念来研究。这种方法是建立在散射波的局部性的基础之上的。散射中心通常局限在目标的边缘(棱角)，它对散射场做出主要的贡献。最后应该指出，入射波直接照射时产生的“闪烁”称为“简单中心”，其中包含“镜面”点和边缘波的散射中心。简单中心具有很小的“同相”表面，其散射图甚宽。“同相”表面这个术语是指靠近散射中心那部分目标表面，它对中心的散射场做出了总的贡献。

“爬行”波是表面波的一个变种，它与上述现象一起，也对散射场做出了贡献。这些波发生在阴影外缘的各个点上，使目标的阴影部分按大地测量线弯曲，而后向观测点方向辐射。向反方向辐射时，“爬行”波的场可以看作是阴影外缘各点上的辐射。当从其余分量贡献较小(如镜面、边缘等)的方向照射目标时，“爬行”波可能对逆向散射做出一定的贡献。利用现有的测量方法可将“爬行”波与散射场的其他分量区分开来。当波从接近于轴向的方向入射时，在旋转体平面和母线的边缘产生“行波”现象。“行波”是由于边缘和母线端点不均匀性而反射的表面

波的变种。只在水平极化时才产生“行波”现象，这时向量 $\boldsymbol{E}_r$ 在物体轴线与入射方向所决定的平面内。在准光学散射区，“爬行”波和“行波”只在确定的缩图和极化时才有贡献。总的来说，它们对散射场的贡献是微不足道的。然而，一旦过渡到谐振散射区，这个贡献就会显著增大。

当由凹区段散射无线电波时，入射波在这些区段不同点上经过一次反射或多次反射之后返回来。多次反射产生的散射中心称为“反射中心”，其同相表面比简单中心要大得多，而散射图却变窄了。如果凹段是直角，这类中心就特别明显。

现在简单谈一谈当目标缩图变化时，“镜面”点（线）和散射中心的位移特性。根据这个特征可进一步进行下列分类：

(1)“镜面”型“闪烁”点，它在目标旋转情况下的两次测量中，在其目标表面上改变自己的位置。这种类型的点与物体表面的具体区段没有多大关系。在一般情况下，当平滑反射段在缩图变化平面上有一定曲率时，“镜面”点发生移动。阴影外缘点（“爬行”波）的位置也有类似的位置变化。

(2)与目标质心有部分连接的“闪烁”点。当缩图变化时，这种散射中心沿某些与目标轮廓有关的空间曲线“滑动”。这种类型的点有边缘、棱角的散射中心。这些点较之第一类散射体在目标运动时可提供更多的目标形状的信息。

(3)与目标质心有刚性连接的“闪烁”点（如锥面的顶点，光滑表面的微小凸出部分以及“反射”的散射中心）。当目标缩图改变时，分析这些点的位移就可以决定目标绕质心运动的特性。

上述分析表明，在高频范围内，集中目标可以看作是由一定数量的相互独立的单元反射体（散射中心）所组成的。总的散射场取决于散射中心所反射的信号的相对相位和振幅。如果各中心间的距离与波长相比甚大（在高频范围内，这个条件通常是可以满足的），那么当观测的缩图比改变时，各个信号的相位也有很大变化。此外，缩图变化使得一些“闪烁”点变“暗”，而另一些“闪烁”点离开暗区。由于上述各因素的综合作用形成了总的具有多波瓣结构的散射场。

现在讨论在谐振区（$k\alpha \approx 1$）和雷列区（$k\alpha \ll 1$）引起无线电波散射的物理现象。研究证明，在谐振区可推广在准光学区已经得到应用的高频方法。这种方法是假设各表面单元的散射相互无关。谐振区散射场的基本分量是镜面反射、边缘波和表面波（“爬行”波和“行”波）。这种情况下，“爬行”波起着重要的作用，特别在谐振区（$k\alpha \approx 1$）的左边缘，它的贡献尤为显著。譬如，当从镜面散射和边缘散射小的方向照射目标时，“爬行”波可对后向散射做出决定性的贡献。这时，由绕射的“爬行”波的场和镜面散射波的场之间的干涉结果形成了总场。在谐振区不用物理光学法，而采用改进的广义的物理光学法。根据这种方法，感应电流沿整个散射体表面分布。

这样一来，复反射系数 $\rho_1(p_i)$ 应写成

$$\rho_1(p_i)=\frac{i}{2\sqrt{\pi}}\oint_S \rho_1 n \mathrm{e}^{-\mathrm{j}p_i r}\,\mathrm{d}s \tag{4-25}$$

式中，积分是沿整个目标表面 S 进行的。

上述研究说明，物理光学法不仅用于谐振区，还可用于雷列区。通过这种方法得到的解与实验颇为一致。上例证明，集中目标（如球体、锥球体）在大部分谐振区不能明显地表现出“谐振”作用，局部特性是主要的散射源。同准光学区相比较，散射图与目标缩图的关系不大。但它是多波瓣的。然而，对于某些反射体（如偶极子或细导线），当 $l=\lambda_1/2,3\lambda_1/2$（$l$ 为反射体长度）时将引起感应电流谐振，在这些频率上散射场具有明显的极大值。在雷列散射区，目标上

的感应电流在整个表面(阴影区除外)被同相激励。该情况下,散射场的复振幅可按波数的正升幂展成收敛级数。雷列区作为一个波段是比较窄的,在此波段范围内,傅里叶级数不仅收敛,而且还可以很好地用第一项逼近。展开式第一项的复反射系数可由方程式(4-25)很容易求得。利用高斯-奥斯特洛格拉得斯基定理得

$$\rho_1(p_i)=\frac{i}{2\sqrt{\pi}}\int_{V_0}\nabla(\rho_1 n\mathrm{e}^{-\mathrm{j}p_i r})\mathrm{d}V_0\approx\frac{2K^2}{\sqrt{\pi}}\oint_S \mathrm{d}V_0=2K^2V_0/\sqrt{\pi} \tag{4-26}$$

式中,V_0 为目标的体积。

还有更有效的近似方法:

$$\rho_1(p_i)=2K^2V_0k_\phi/\sqrt{\pi} \tag{4-27}$$

$$k_\phi=1+\mathrm{e}^{-y}/(\pi y)$$

式中,k_ϕ 为目标的形状系效;$y=l/a$ 为目标长度 l 与其宽度 a 之比。

由式(4-26)、式(4-27)可知,在雷列区决定散射场的雷达目标的主要参数是它的体积。该区的散射图接近于各向同性,它不适于确定目标的形状。雷列区散射的特点是反射信号的初始相位对于目标缩图及其形状均无变化,并且等于 0。上述情况适用于测量反射信号的绝对相位。

现在讨论复杂信号的散射问题。假设这种信号在频域内可表示成傅里叶变换:

$$a_2(t)=\frac{1}{2\pi}\int_{-\infty}^{\infty}A(\omega)\mathrm{e}^{\mathrm{j}\omega t}\mathrm{d}\omega \tag{4-28}$$

$$A(\omega)=\int_{-\infty}^{\infty}a(t)\mathrm{e}^{-\mathrm{j}\omega t}\mathrm{d}t \tag{4-29}$$

式中,$A(\omega)$ 为信号的频谱。为简单起见,我们认为散射场完全取决于复反射系数 $\rho_1(p_i)$。信号频谱在载频 $\omega=\omega_0$ 附近的频带内,反射系数可写成

$$\rho_i[p_i(\omega-\omega_0)]=\rho_i[-2K(\omega-\omega_0)/c] \tag{4-30}$$

信号 $a_2(t)$ 的频谱 $A(\omega)$ 可通过复数包络的频谱 $A_F(\omega)$ 表示为

$$A(\omega)=\frac{1}{2}[A_F(\omega-\omega_0)+A_F^*(-\omega-\omega_0)] \tag{4-31}$$

式中,* 为共轭复数的符号;$\omega=2\pi\mathrm{j}$ 为无线电信号载频的角频率。

如果目标在 $\omega=\omega_0$ 近旁的频带中散射信号,则解析响应可由下式求得:

$$v(t)=\frac{1}{2\pi}\int_{-\infty}^{\infty}A_F(\omega-\omega_0)\rho_1[p_i(\omega-\omega_0)]\mathrm{e}^{\mathrm{j}\omega t}\mathrm{d}\omega=\Gamma(t)\mathrm{e}^{\mathrm{j}\omega_0 t} \tag{4-32}$$

式中,复数包络为

$$\Gamma(t)=\frac{1}{2\pi}\int_{-\infty}^{\infty}A_F(\omega)\rho_i[p_i(\omega_0)]\mathrm{e}^{\mathrm{j}\omega t}\mathrm{d}\omega \tag{4-33}$$

目标响应可写成

$$\mathrm{Re}\ v(t)=E_s(t) \tag{4-34}$$

方程式(4-32)将探测信号的频谱与目标的复数反射系数 $\rho_i(p_i)$ 联系起来。当散射每个频谱分量时,物理现象的性质不变。但是利用其具有不同频谱宽度的信号时,研究总的散射场可以弄清两种基本散射状态。

第一种状态对应于利用单色的或复杂的窄带信号,其频谱宽度不足以识别复杂集中目标的散射中心。这时,在式(4-34)中,$\rho_i[p_i(\omega_0)+\omega_0]\approx\rho_i[p_i(\omega_0)]$,而且散射信号的形状与探

测信号形状无法区分。散射中心响应的相位关系随目标的缩图有变化，它决定了目标的散射图。

在第二种情况下，由于应用相应的调制参数，复杂或简单探测脉冲信号的频率宽度足以分辨复杂集中目标和分散目标的各个散射中心。该情况下，反射信号的形成是各单独散射中心的独立反射的叠加，把这种状态称为超分辨状态。利用这种状态消除了由目标相位中心变化而引起的效应，同时还有助于解决分类问题，因为它给出了目标尺寸及形状的信息。

4.1.4 超宽带信号照射目标时电磁波的散射特性

在经典的绕射理论中，研究的是电磁波在理想导体板边缘上的散射。有趣的是，它在数学上有严格的解（卓米尔费问题）。分析这个解就会弄清散射电磁场的局部特性，在采用具有高时间分辨率的超宽带无线电信号条件下，它可通过局部散射中心的雷达特性的叠加来模拟复杂形状目标的雷达特性。研究超宽带无线电信号在板（半平面）边缘上的散射规律的目的就在于求出雷达特性，再用这些特性确定散射信号的参数和形状，而在方法上激活了由绕射的物理理论方法而获得的某些结果，这是对宽带指数大（$\Delta\omega/\omega_0 \approx 1$）的动态无线电信号而言的。在许多情况下，它对散射场的形成过程给出了新的解释。

半平面情况的卓米尔费问题的解（鲍利公式）决定了极坐标单色标量场 $u_0 e^{-i\omega t}$ 的复振幅 u（见图 4-10）。

$$u = u_1 + u_2 = u_0 e^{jkr\cos(\varphi-\varphi_0)} F\left(\sqrt{2kr}\cos\frac{\varphi-\varphi_0}{2}\right) \pm u_0 e^{-jkr\cos(\varphi-\varphi_0)} F\left(\sqrt{2kr}\cos\frac{\varphi+\varphi_0}{2}\right) \tag{4-35}$$

这里 $u_1 + u_2$ 的符号相应地按纽曼或狄里赫莱边界条件选择。夫雷涅耳积分 $F(\xi)$ 可通过函数 $C(\xi)$ 和 $S(\xi)$ 表示为

$$F(\omega) = \frac{1}{\sqrt{\pi i}}\int_{-\infty}^{\infty} e^{tv^2}\,dv = \frac{1}{\sqrt{2i}}\left\{\frac{1}{2} + C\left(\sqrt{\frac{2}{\pi}}\xi + i\left[\frac{1}{2} + C\left(\sqrt{\frac{2}{\pi}}\xi\right)\right]\right)\right\} \tag{4-36}$$

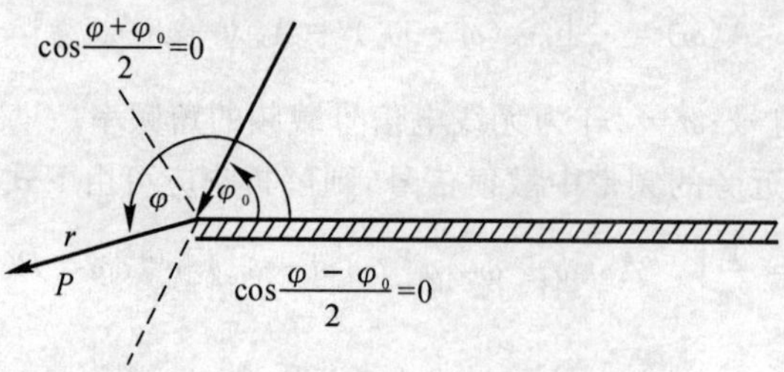

图 4-10　半平面上亮区和阴影区的边界

在求板边缘亮区 — 阴影区几何边界附近总单色场的复数振幅时，一般采用这种形式。根据图 4-10，入射波和镜面反射波的边界对应于条件 $\cos((\varphi \mp \varphi_0)/2) = 0$，该情况下公式 (4-36) 中函数 $C(\xi)$ 的自变量变为 0 的亮区 — 阴影区边界（半阴影区或边界区）近旁单色散射场的强度 $u(\xi)$ 与几何光学有所不同，它以平滑的关系式来表示，并在亮区有所波动。波动（绕射带）的产生是由于平面波和半平面边缘波的相互干涉作用而引起的。这些波在任意点 P（见图 4-10）上有不同的时间延迟，在利用超宽带无线电短脉冲时可以单独把它们记录下来。从公式(4-36)的场中将平面波分量和边缘波分量分出来。为此，考虑函数 $C(\xi)$ 和 $S(\xi)$

的奇偶性，并把它们表示成间断函数之和，有

$$C(\xi)=\frac{1}{2}\text{sign}\xi+C_R(\xi),S(\xi)=\frac{1}{2}\text{sign}\xi+S_R(\xi)$$

式中，$\text{sign}\xi=\text{sign}\left(\cos\dfrac{\varphi-\varphi_0}{2}\right)=\pm1$ 分别为亮区和阴影区的符号函数。这时总场式(4-35)可写成

$$\begin{aligned}u=&u_0\text{e}^{\text{j}kr\cos(\varphi-\varphi_0)}\left[\frac{1}{2}+\frac{1}{2}\text{sign}\left(\cos\frac{\varphi-\varphi_0}{2}\right)+\right.\\&u_0\text{e}^{-\text{j}kr\cos(\varphi-\varphi_0)}\frac{1}{\sqrt{2\text{i}}}\left[C_R\left(\sqrt{\frac{2}{\pi}}\sqrt{2kr}\cos\frac{(\varphi-\varphi_0)}{2}\right)+\text{j}S_R\left(\sqrt{\frac{2}{\pi}}\sqrt{2kr}\cos\frac{(\varphi-\varphi_0)}{2}\right)\right]\pm\\&\left.u_0\text{e}^{-\text{j}kr\cos(\varphi+\varphi_0)}\frac{1}{\sqrt{2\text{i}}}\left[C_R\left(\sqrt{\frac{2}{\pi}}\sqrt{2kr}\cos\frac{(\varphi+\varphi_0)}{2}\right)+\text{j}S_R\left(\sqrt{\frac{2}{\pi}}\sqrt{2kr}\cos\frac{(\varphi+\varphi_0)}{2}\right)\right]\right]\end{aligned}$$

在此表达式中，第一和第三项可以几何光学近似地表示平面入射场和反射场；场的振幅在亮区等于 u_0，在阴影区等于 0；第二和第四项是板边缘上的平面波 u_{kp} 绕射的结果，而根据局部性原理可用带延迟因子的函数来表示，此延迟与距板边缘的距离 r 成正比。入射和反射的平面波的场 u_{kp1} 和 u_{kp2} 只是余弦自变量的符号不同。绕射时入射场的变化可以看作是由二维空间 $\{r,\varphi\}$ 和板边缘所形成的线性滤波器的作用。下面求这种滤波器的频率特性，它是某一点 P 的场分量的复振幅与 $r\equiv0$ 时入射场复振幅之比 $K(\omega)=u(\omega)/u_0$。

这种滤波器的脉冲特性为

$$h(t)=\frac{1}{2}*\text{Re}*\frac{1}{2\pi}\int_0^{\infty}K(\omega)\text{e}^{\text{j}\omega t}\text{d}\omega$$

对于平面入射波和反射波，有

$$K(\omega)=\text{e}^{-\text{j}\omega^{*}-1r\cos(\varphi\mp\varphi_0)}\left[\frac{1}{2}+\frac{1}{2}\text{sign}\left(\cos\frac{\varphi\mp\varphi_0}{2}\right)\right]$$

相应的脉冲特性可表示为 δ 函数，有

$$h_{an}(t)=\delta\left[t+\frac{r}{c}\cos(\varphi\mp\varphi_0)\left[\frac{1}{2}+\frac{1}{2}\text{sign}\left(\cos\frac{\varphi\mp\varphi_0}{2}\right)\right]\right]$$

因而，当平面入射波和反射波传播时，其形状不变，且与频谱分量无关，而半平面的频率特性和脉冲特性只决定这些波的时差。下面从边缘波中分出延迟因子 $\text{e}^{\text{j}kr}$。

$$u_{kp1*2}=u_0\text{e}^{\text{j}kr\cos^2\frac{(\varphi\mp\varphi_0)}{2}}\cdot\frac{1}{\sqrt{2\text{i}}}\left[C_R\left(\sqrt{\frac{2}{\pi}}\sqrt{2kr}\cos\frac{(\varphi\mp\varphi_0)}{2}\right)+\text{j}S_R\left(\sqrt{\frac{2}{\pi}}\sqrt{2kr}\cos\frac{(\varphi\mp\varphi_0)}{2}\right)\right]$$

在该表达式中，与边缘波有关的频率特性成分（不考虑延迟）可由唯一的空间频率自变量的函数所给定，这个自变量是点上平面波和边缘波延迟之差，即这些波的光程函数之差为

$$kr+kr\cos(\varphi\mp\varphi_0)=2kr\cos^2[(\varphi\mp\varphi_0)/2]=\rho^2$$

在频率特性的公式中，有

$$K_R\rho(\omega)=\text{e}^{-\text{j}\rho^2}\frac{1}{\sqrt{2\text{i}}}\left[C_R\left(\sqrt{\frac{2}{\pi}}\rho\right)+\text{i}S_R\left(\sqrt{\frac{2}{\pi}}\rho\right)\right]$$

函数自变量 C_k 和 S_k 的符号对于几何光学波的亮区和阴影区是不同的，它由 $\cos\left(\phi\mp\dfrac{\varphi_0}{2}\right)$ 的符号而定。板边缘频率特性的模和相位为

$$U(\rho)=(1/\sqrt{2})\sqrt{C_R^2(\sqrt{2/\pi}\rho)+\mathrm{j}S_R^2(\sqrt{2/\pi}\rho)}$$

$$\varphi(\rho)=\arctan\frac{S_R(\sqrt{2/\pi}\rho)}{C_R(\sqrt{2/\pi}\rho)}-\rho^2-\frac{\pi}{4}$$

4.2 空间目标对窄带信号的雷达特性

在我们所熟知的描述雷达散射特性的各种方法中，最适合分析整个雷达信道的是矩阵表示法。当辐射信号有任意形式和散射场在空间任意分布时，用这种方法可将散射目标的能量特性、相位特性和极化特性以统一、紧凑、直观而方便的形式表达出来。

本节介绍空间目标静态雷达特性的矩阵表示法，其中包括单基底和双基底散射矩阵。严格说来，这些矩阵是只对单色振荡而言的，但实际上它可适用于一切窄带信号，而这些窄带信号的频谱宽度与载频之比远小于1。

上述单基底和双基底散射矩阵，当改变其表示方法时，可以按各种准则确定最佳的照射信号参数，这些参数对给定的目标缩图都是不变的。

通过上述矩阵方法描述目标散射能力的主要特点是一切散射特性均与雷达的参数无关。单基底和双基底散射矩阵及其特征曲线只是目标本身物理特性的某些函数，这种方法的重要作用是可以按照射信号的已知参数和目标缩图来计算反射信号参数。

4.2.1 坐标系和极化基底

在多数情况下(特别在雷达的脉冲工作状态下，这时照射信号和反射信号在时间上是分开的)，目标反射的雷达信号只是目标周围总电磁场的散射部分。当照射场的特性给定时，反射信号决定于照射场在目标表面上感应的电流之和(确切地说是积分)。这些电流又与目标材料的电气物理特性(介电常数、磁导率和电导率)、目标形状、相对尺寸(与照射场的波长相比较)及照射信号的特性有关。这样一来，为了确定目标的散射特性，在给定的初始和边界条件下，要么在理论上解决照射信号的散射(绕射)和电动力学问题，要么通过试验确定散射场。在讨论雷达目标的散射特性时均采用上述两种方法。这时，最重要的是将理论计算和物理试验结果进行比较，这里有一个如何在同一坐标系中表示出各种结果的问题。

球坐标系在研究空间目标雷达特性时是最方便的，它的原点与目标质心重合，而角度由与目标几何尺寸联系着的基准平面来计算。基准面利用所研究物体的对称平面，这种坐标系称为目标的固有坐标系。

固有坐标系的原点与目标质心重合，无论对理论计算(譬如对球或圆柱这类物体)，还是对于试验研究都很方便。在第一种情况下，质心与物体对称中心重合，这就便于解决电动力学问题。在第二种情况下，质心通常是支撑点(悬挂点)和实际目标或其模型的旋转中心。角 θ_i 和 φ_i 对应于单位向量 $\boldsymbol{n}_r$，它们表示目标上照射的平面电磁波的入射方向，而角 θ_s，φ_s 和单位向量 $\boldsymbol{n}_s$ 则代表反射波的一个选定的传播方向，此反射波在远区(相对于目标)亦可看做是平面波。

因为电磁波是横向振荡，且具有明显的向量特性(具有一定极化)，于是有一个选定的球坐标系与通常处于电磁波极化状态的坐标系相结合的问题。

用雷达观测目标时，可以认为目标的入射波和散射波都是平面波，并可用两个分量来描述。如果入射波和散射波给定为固有坐标系单位向量 $\boldsymbol{\varphi}$ 和 $\boldsymbol{\theta}$ 上的投影，这就很容易描述。如果这些波不是平面波，那么将它们展开，就可以把问题归结为将目标的入射平面波参数变换为散射平面波参数的问题。

在上述假设下，由各分量的列矩阵 $\boldsymbol{E}_s=[\boldsymbol{E}_{s1}\quad \boldsymbol{E}_{s2}]^T$（T 为转置符号）所决定的散射场可用下列入射波列矩阵的线性变换求得：

$$\begin{bmatrix}\boldsymbol{E}_{s1}\\ \boldsymbol{E}_{s2}\end{bmatrix}=\begin{bmatrix}S_{11} & S_{12}\\ S_{21} & S_{22}\end{bmatrix}\cdot\begin{bmatrix}E_{r1}\\ E_{r2}\end{bmatrix}$$

或者写成紧凑形式 $\boldsymbol{E}_s=\boldsymbol{S}\boldsymbol{E}_r$。散前矩阵 $\boldsymbol{S}_{ij}(i,j=1,2)$，全面描述反射能力就在于通过这个矩阵由照射场给定参数确定散射波每个频谱分量的振幅、相位和极化。散射矩阵元素的复数特性指出，要考虑由照射波正交极化分量散射而引起的相位变化。矩阵 $\boldsymbol{S}$ 所有元素的幅角绝对值还决定于雷达与目标间的距离。当距离改变时，一切 $\boldsymbol{S}_{ij}$ 的幅角都有同样的变化，故这个相位因子可以拿到矩阵外面，因此，可引入绝对散射矩阵和相对散射矩阵的概念。前者包含与目标观测线移动有关的绝对相位，而后者只包括其一切元素各个幅角之差的信息，该情况下要求有一个元素选为正实数。由互易性原理可知，用接收天线代替发射天线，或者用发射天线代替接收天线将引起散射矩阵的转置，即

$$\boldsymbol{S}(\boldsymbol{n}_r,\boldsymbol{n}_s)=\boldsymbol{S}^T(-\boldsymbol{n}_r,-\boldsymbol{n}_s) \tag{4-37}$$

现在讨论目标散射矩阵是怎样根据极化基底的选择而变化的。极化基底是由两个正交极化波所形成的，具有单位模值的复振根 e_1 和 e_2，它们在所分析波的方向传播。对于极化基底，引入符号：

$$[e_1\quad e_2]^T=\boldsymbol{b} \tag{4-38}$$

对于窄带信号，电磁场的横向可分为

$$E(\omega t-kr)=(E_\varphi e^{j\Phi_\varphi^0}\varphi+E_\theta e^{j\Phi_\theta^0})e^{j(\omega t-kr)} \tag{4-39}$$

该式对应于椭圆极化波。极化椭圆的基本参数是，波的振幅 $A=\sqrt{E_\varphi^2+E_\theta^2}$、椭圆系数 r_3、圆率的角度 a_3、极化关系角 γ_3 和场分量的相位差 $\Phi_{\varphi\theta}$，这里 β_3 决定椭圆长轴相对于散射表面的方向，且 $0\leqslant\beta_3\leqslant\pi$，$r_3$ 等于椭圆短轴 b_3 与长轴 a_3 之比，由关系式 $|a_3|=\arctan r_3$ 来确定，而 $\gamma_3=\arctan E_\theta E_\varphi$

对于右旋极化波，a_3 角是正的，对于左旋极化波则是负的（$-\pi/4\leqslant a_3\leqslant\pi/4$）。式(4-39)的极化结构完全取决于列向量：

$$[E_\varphi e^{j\Phi_\varphi},E_\theta e^{j\Phi_\theta}]^T=[\boldsymbol{E}_\varphi,\boldsymbol{E}_\theta]^T=\boldsymbol{E}$$

该情况下，方程式(4-39)可写成

$$E(\omega t-kr)=\boldsymbol{E}^T\begin{bmatrix}0 & 0\\ \varphi & \theta\end{bmatrix}T e^{j(\omega t-kr)}$$

椭圆极化波还可以通过参数组 α_3,β_3,η 或 $\gamma_3,\Phi_{\varphi\theta},\eta$ 来表示。

在第一种情况下，有

$$\boldsymbol{E}(A,\alpha_3,\beta_3,\eta)=\boldsymbol{A}\boldsymbol{Q}_\beta\boldsymbol{Q}_\alpha\boldsymbol{Q}_\eta[1,0]^T=\boldsymbol{A}\begin{bmatrix}\cos\beta_3 & -\sin\beta_3\\ \sin\beta_3 & \cos\beta_3\end{bmatrix}\begin{bmatrix}\cos\alpha_3 & -i\sin\alpha_3\\ i\sin\alpha_3 & \cos\alpha_3\end{bmatrix}\begin{bmatrix}e^{j\eta} & 0\\ 0 & e^{j\eta}\end{bmatrix}\begin{bmatrix}1\\ 0\end{bmatrix} \tag{4-40}$$

式中，η 为角度，它决定被观测的极化基底单位向量可能发生的相位移。

在第二种情况下，向量 $\boldsymbol{E}(\cdot)$ 由下式求得：

$$E(A,\gamma_3,\Phi_{\varphi\theta},\eta)=A\begin{bmatrix}\cos\gamma_3 e^{j\eta} & \sin\gamma_3 e^{i\eta}e^{j\Phi_{\varphi\theta}}\\ \sin\gamma_3 e^{j\eta}e^{j\Phi_{\varphi\theta}} & \cos\gamma_3 e^{j\eta}\end{bmatrix}$$

式(4-40)中的矩阵 $\boldsymbol{Q}_\alpha$,$\boldsymbol{Q}_\beta$ 和 $\boldsymbol{Q}_\eta$ 对于矩阵四元量 $\boldsymbol{\Lambda}_1$,$\boldsymbol{\Lambda}_2$,$\boldsymbol{\Lambda}_3$,$\boldsymbol{\Lambda}_4$,可用欧拉公式写成指数形式,它们按下列的关系相互联系着:

$$\boldsymbol{\Lambda}_2^2=\boldsymbol{\Lambda}_3^2=\boldsymbol{\Lambda}_4^2=-\boldsymbol{\Lambda}_1^2=-\boldsymbol{\Lambda}_1,\quad \boldsymbol{\Lambda}_2\boldsymbol{\Lambda}_1=\boldsymbol{\Lambda}_1\boldsymbol{\Lambda}_2=\boldsymbol{\Lambda}_2,$$
$$\boldsymbol{\Lambda}_3\boldsymbol{\Lambda}_1=\boldsymbol{\Lambda}_1\boldsymbol{\Lambda}_3=\boldsymbol{\Lambda}_3,\quad \boldsymbol{\Lambda}_4\boldsymbol{\Lambda}_1=\boldsymbol{\Lambda}_1\boldsymbol{\Lambda}_4=\boldsymbol{\Lambda}_4,$$
$$\boldsymbol{\Lambda}_4\boldsymbol{\Lambda}_2=\boldsymbol{\Lambda}_3=-\boldsymbol{\Lambda}_2\boldsymbol{\Lambda}_4$$

对于 2×2 阶的矩阵,这四元素可写成

$$\boldsymbol{\Lambda}_1=\begin{bmatrix}1&0\\0&1\end{bmatrix},\quad \boldsymbol{\Lambda}_2=\begin{bmatrix}0&-1\\i&0\end{bmatrix},\quad \boldsymbol{\Lambda}_3=\begin{bmatrix}0&j\\j&0\end{bmatrix},\quad \boldsymbol{\Lambda}_4=\begin{bmatrix}-i&0\\0&i\end{bmatrix} \tag{4-41}$$

通过矩阵公式(4-41),矩阵的 $\boldsymbol{Q}_\beta$ 和 $\boldsymbol{Q}_\alpha$ 方程可写成

$$\boldsymbol{Q}_\beta=\boldsymbol{\Lambda}_1\cos\beta_3+\boldsymbol{\Lambda}_2\sin\beta_3=\exp(\beta_3\boldsymbol{\Lambda}_2)$$
$$\boldsymbol{Q}_\alpha=\boldsymbol{\Lambda}_1\cos\alpha_3+\boldsymbol{\Lambda}_3\sin\alpha_3=\exp(\alpha_3\boldsymbol{\Lambda}_3)$$
$$\boldsymbol{Q}_\eta=\boldsymbol{\Lambda}_1\cos\eta+\boldsymbol{\Lambda}_4\sin\eta=\exp(\eta\boldsymbol{\Lambda}_4)$$

与公式(4-41)类似,两个复数向量 $\boldsymbol{E}_1$ 和 $\boldsymbol{E}_2$ 的标量积可写成

$$(\boldsymbol{E}_1\boldsymbol{E}_2)=\boldsymbol{E}_{\varphi 1}\boldsymbol{E}_{\varphi_2}+\boldsymbol{E}_{\theta 1}\boldsymbol{E}_{\theta 2}$$

如果满足条件($\boldsymbol{E}\boldsymbol{E}_\perp$)=0,就可以应用正交极化 $\boldsymbol{E}$ 和 $\boldsymbol{E}_\perp$。该情况下,与向量 $\boldsymbol{E}(A,\alpha_3,\beta_3,\eta)$ 正交的极化可写成 $\boldsymbol{E}_\perp(A,-\alpha_3,\beta_3\pm\pi/2,\eta)$ 的形式。在应用参数组 γ_3 和 $\Phi_{\varphi\mu}$ 时,与 $\boldsymbol{E}(A,\gamma_3,\Phi_{\varphi\mu},\eta)$ 正交的向量等于 $\boldsymbol{E}_\perp(A,\gamma_3\pm\pi/2,-\Phi_{\varphi\mu},\eta)$,与式(4-35)中向量正交的极化相应地等于

$$\boldsymbol{E}_\perp=A e^{\beta_3\boldsymbol{\Lambda}_2}e^{\alpha_3\boldsymbol{\Lambda}_4}e^{\eta\boldsymbol{\Lambda}_4}[0,1]^{\mathrm{T}}$$
$$\boldsymbol{E}_\perp=A\boldsymbol{Q}'^{\mathrm{T}}$$

平行极化 $\boldsymbol{E}$ 和 $\boldsymbol{E}_\parallel$ 是由条件 $\boldsymbol{E}_\parallel=k_3\boldsymbol{E}$ 决定的,k_3 是复数因子,其幅角表征极化椭圆之间的异相性。

因为极化基底对应于正交向量,故向另一基底的过渡取决于酉变换

$$\begin{bmatrix}e_{1H}\\e_{2H}\end{bmatrix}=\boldsymbol{Q}\begin{bmatrix}e_{1c}\\e_{2c}\end{bmatrix}=\begin{bmatrix}q_{11}&q_{21}\\q_{21}&q_{22}\end{bmatrix}\cdot\begin{bmatrix}e_{1c}\\e_{2c}\end{bmatrix} \tag{4-42}$$

式中,$q_{ij}(i,j=1,2)$ 为酉矩阵 $\boldsymbol{Q}$ 的元素,酉矩阵满足关系式 $\boldsymbol{Q}\boldsymbol{Q}'=1$;$[e_{1H},e_{2H}]$ 和 $[e_{1c},e_{2c}]$ 分别为新、老极化基底(符号+代表艾尔密特共轭)。酉矩阵 $\boldsymbol{Q}$ 亦可表示成

$$\boldsymbol{Q}=e^{j\Phi_{\varphi\mu}}e^{\beta_3\boldsymbol{\Lambda}_2}e^{a_0\boldsymbol{\Lambda}_3}e^{\eta\boldsymbol{\Lambda}_4}\quad 和\quad \boldsymbol{Q}=\exp(i\Phi_{\varphi s}\boldsymbol{Q}') \tag{4-43}$$

方程式(4-42)中的角 $\Phi_{\varphi\mu}$ 和 η 的组合确定了椭圆极化基底单位向量之间的异相性。如果极化基底的单位向量具有不同的初始相位,则单位向量的正交性不被破坏。由方程式(4-42)可知,这些相位相应地等于 $\Phi_{\varphi\mu}+\eta$ 和 $\Phi_{\varphi\mu}-\eta$,也就是说它们都是任意的。$a_\alpha=0$ 时的极化基底称为线极化,反之叫椭圆极化;$a_\alpha=\pi/4$ 时的椭圆基底称为圆极化。为了区别目标入射波和散射波极化基底的变换,对于入射波的变换矩阵式(4-43)可利用符号 $\boldsymbol{Q}(\hat{b}_{Hr},\hat{b}_{cr})$,而对于散射波则利用 $\boldsymbol{Q}(\hat{b}_{Hs},\hat{b}_{cs})$。

4.2.2 单基底散射矩阵

我们从最简单,而在实际中又最常见的逆向散射的情况来着手研究雷达特性。这种情况

相当于单基底(或称单静态)雷达,这时照射目标和接收反射信号时共用同一根天线。

该情况 $n_s = -n_r$ 下,由等式(4-37)得

$$\boldsymbol{S}(n_r, n_s) = \boldsymbol{S}^{\tau}(n_r, n_s)$$

因此,$S_{12}=S_{11}$。由此可知,在单基底雷达情况下,目标可用 3 个复数来表征:S_{11},S_{12},S_{22}。散射矩阵对称的主要结果是由极化基底变化时矩阵 $\boldsymbol{S}$ 的变化而得来的。如果向量 $\boldsymbol{E}$ 各个分量的变化为已知,比如写成

$$\begin{bmatrix} E_{1H} \\ E_{2H} \end{bmatrix} = \begin{bmatrix} q_{11}^* & q_{12}^* \\ q_{21}^* & q_{22}^* \end{bmatrix} \cdot \begin{bmatrix} E_{1C} \\ E_{2C} \end{bmatrix}$$

或

$$\boldsymbol{E}_H = \boldsymbol{Q} * (\hat{b}_H, \hat{b}_C) \boldsymbol{E}_C$$

就可以求出上述变换。

对于单基底雷达,基底 $\hat{b}_C$ 上照射波和散射波的列矩阵之间的联系可写成

$$\boldsymbol{E}_s(\hat{b}_C) = \boldsymbol{S}(\hat{b}_C) \boldsymbol{E}_r(\hat{b}_C) \tag{4-44}$$

式中,符号 $\boldsymbol{S}(\hat{b}_C)$ 强调散射矩阵在"旧"基底上变换为

$$\begin{aligned} \boldsymbol{E}_s(\hat{b}_H) = \boldsymbol{Q}(\hat{b}_H, \hat{b}_C) \boldsymbol{S}(\hat{b}_C) \boldsymbol{Q}^*(\hat{b}_H, \hat{b}_C) E_r(\hat{b}_H) = \\ \boldsymbol{Q}(\hat{b}_H, \hat{b}_C) \boldsymbol{S}(\hat{b}_C) \boldsymbol{Q}^{\mathrm{T}}(\hat{b}_H, \hat{b}_C) \boldsymbol{E}_r(\hat{b}_H) = \boldsymbol{S}(\hat{b}_H) \boldsymbol{E}_r(\hat{b}_H) \end{aligned}$$

由此可知,当极化基底变化时,单基底散射矩阵按下列规则变化:

$$\boldsymbol{S}(\hat{b}_H) = \boldsymbol{Q}(\hat{b}_H, \hat{b}_C) \boldsymbol{S}(\hat{b}_C) \ [\boldsymbol{Q}(\hat{b}_H, \hat{b}_C)]^{\mathrm{T}} \tag{4-45}$$

这相当于所谓的同余变换。

在某一极化基底上(目标本身的基底上)散射矩阵有对角线形式,即对于交叉分量散射系数等于 0($S_{12}=S_{21}=0$)。该情况下,对于散射矩阵元素 S_{11} 和 S_{22},利用符号 λ_{c1} 和 λ_{c2}(这些复数称为矩阵的特征值)。

特征极化基底决定了在反射波中无交叉分量的照射波的两个正交极化(目标的特征极化)。对于极化基底旋转的特性是散射矩阵特征值 λ_{c1} 和 λ_{c2} 的重要特性。从物理意义上说,这意味着,当目标极化旋转时这些系数的大小不变。

还有单基底散射矩阵的两个不变量 —— 零信号极化。零信号极化对应于目标的反射波与入射波正交时雷达天线的极化,在特征基底上有以下形式:

$$[E_{1r}, E_{2r}] \begin{bmatrix} \lambda_{c1} & 0 \\ 0 & \lambda_{c2} \end{bmatrix} \cdot \begin{bmatrix} E_{1r} \\ E_{2r} \end{bmatrix} = \lambda_{c1} \ (E_{1r})^2 + \lambda_{c2} \ (E_{2r})^2 = 0$$

由此可知,对于零极化,有

$$\frac{E_{2r}}{E_{1r}} = \pm \mathrm{i} \sqrt{\lambda_2 / \lambda_1}$$

在利用异相极化基底时 $[\eta \neq 0]$,散射矩阵的特征值可变换为正实数 λ_{c1} 和 λ_{c2}。

如果 $\lambda_{c1}=\lambda_{c2}$,则目标按特性来说属于各向同性极化目标,如果 $\lambda_{c2}=0$,则目标称为简并目标。下项将处处假设 $|\lambda_{c1}| \geqslant |\lambda_{c2}|$。

对于雷达目标的极化特性,最好利用各向异性极化程度的概念

$$\mu_q = |\lambda_{c1}|^2 - |\lambda_{c2}|^2 / |\lambda_{c1}|^2 + |\lambda_{c2}|^2$$

散射矩阵的行列式

$$\det \boldsymbol{S} = S_{11}S_{12} - (S_{12})^2 = \lambda_{c1}\lambda_{c2}$$

及其各元素模的二次方和

$$|S_{11}|^2 + 2|S_{12}|^2 + |S_{22}|^2 = |\lambda_{c1}|^2 + |\lambda_{c2}|^2$$

均属于极化不变量。

在厘米波段和毫米波段，实际上所有目标都是起伏的。该情况下，散射矩阵元素是时间的随机函数。如果这些函数的统计特性是已知的，那么目标可用统计散射矩阵 $\boldsymbol{S}(t)$ 来描述。分析起伏目标的极化特性就要求统计散射矩阵的平均值。

当建立格列夫斯平均能量矩阵时，一般都需要这样的均值。格列夫斯矩阵可由下式确定（式中的横线表示时间的平均值）：

$$\bar{\boldsymbol{G}} = \overline{[\boldsymbol{s}(t)]^{+}\boldsymbol{s}(t)}$$

通过矩阵 $\bar{\boldsymbol{G}}$ 可以求出散射场平均功率的大小为

$$\boldsymbol{P}_s = \boldsymbol{E}_r^{+}\bar{\boldsymbol{G}}\boldsymbol{E}_r$$

当极化基底变化时，矩阵 $\bar{\boldsymbol{G}}$ 通过相似变换（散射矩阵按同余变换式(4-55)而变化），有

$$\bar{\boldsymbol{G}}(\hat{b}_H) = \boldsymbol{Q}^*(\hat{b}_H,\hat{b}_C)\boldsymbol{G}(\hat{b}_C)\,[\boldsymbol{Q}^{\mathrm{T}}(\hat{b}_H,\hat{b}_C)]$$

分析起伏目标的特性要求对入射波和散射波的极化结构进行统计描述。这可以通过引进相关性矩阵的概念来实现，即

$$\boldsymbol{R} = \boldsymbol{E}(t)\ [\boldsymbol{E}(t)]^{+} = \begin{Bmatrix} \overline{|E_1(t)|^2} & \overline{E_1(t)E_2^*(t)} \\ \overline{|E_2(t)|^2} & \overline{E_2(t)E_1^*(t)} \end{Bmatrix}$$

当基底变化时，矩阵 $\boldsymbol{R}$ 和矩阵 $\boldsymbol{G}$ 一样，得到相似变换

$$\boldsymbol{R}(\hat{b}_H) = \boldsymbol{Q}^*(\hat{b}_H,\hat{b}_C)\boldsymbol{R}(\hat{b}_C)\ [\boldsymbol{Q}(\hat{b}_H,\hat{b}_C)]^{\mathrm{T}}$$

相关性矩阵有两个不变量，即行列式 $\det \boldsymbol{R}$ 和矩阵的迹 $\mathrm{Tr}\boldsymbol{R}$。入射波 R_r 和散射波 R_t 的相关性矩阵与格列夫斯能量矩阵有单值联系

$$\overline{\boldsymbol{R}_s\boldsymbol{R}_r^{-1}} = \overline{\boldsymbol{s}(t)\boldsymbol{s}^*(t)} = \bar{\boldsymbol{G}}$$

在分析波场时，最好将波分为 3 组，即完全极化波、部分极化波和完全非极化波。起伏电磁波的这种分法是相对而言的，因为它与平均时间有关。对于完全极化波，相关性矩阵有下列形式：

$$\boldsymbol{R}_{\Pi\Pi B} = \bar{\boldsymbol{P}}\begin{bmatrix} 1 & 0 \\ 0 & 1 \end{bmatrix}$$

式中，$\bar{\boldsymbol{P}}$ 为场的平均功率。

完全非极化波的类似关系可写成 $\boldsymbol{R}_{\Pi B \Pi B} = \dfrac{\bar{\boldsymbol{P}}}{2}\begin{bmatrix} 1 & 0 \\ 0 & 1 \end{bmatrix}$。部分极化波可单值地写成完全极化波与完全非极化波之和。

$$\text{比值 } m = \frac{\bar{\boldsymbol{P}}_{\Pi\Pi B}}{\bar{\boldsymbol{P}}_{\Pi\Pi B} + \bar{\boldsymbol{P}}_{\Pi H \Pi B}} = \frac{\mathrm{Tr}\boldsymbol{R}_{\Pi\Pi B}}{\mathrm{Tr}\boldsymbol{R}_{\varphi\Pi B}} = \sqrt{1 - \frac{4\det \boldsymbol{R}_{\varphi\Pi B}}{\mathrm{Tr}\boldsymbol{R}_{\varphi\Pi B}^2}} \qquad (4-46)$$

称为极化波的极化程度。式中 $\bar{\boldsymbol{P}}_{\prod\prod B}$ 和 $\bar{\boldsymbol{P}}_{\prod H\prod B}$ 分别为完全极化波和完全非极化波的平均功率；Tr 为矩阵的迹，等于 $\mathrm{Tr}\boldsymbol{R}=r_{11}+r_{22}$。

由式(4-46)可知，对于完全极化波 $m=1$，对于部分极化波 $0<m<1$，对于完全非极化波 $m=0$。

利用相关性矩阵可以求出部分极化波的一个特性，它成为斯托克斯向量 $\boldsymbol{S}=[S_4,S_1,S_2,S_3]^{\mathrm{T}}$，该向量的各个分量可通过保利矩阵 $\prod_i(i=0,1,2,3)$，求得 $\boldsymbol{S}_i=\mathrm{Tr}\prod_i R$，式中 $\prod_0=1$；$\prod_1=\mathrm{j}A_4$；$\prod_2=-\mathrm{i}A_3$；$\prod_3=\mathrm{j}A_2$。

如果相关性矩阵由线极化基底决定，则斯托克斯向量的各个分量为

$$\boldsymbol{S}_0=\boldsymbol{I}=\overline{|\boldsymbol{E}_1(t)|^2}+\overline{|\boldsymbol{E}_2(t)|^2},\quad \boldsymbol{S}_1=\boldsymbol{Q}=\overline{|\boldsymbol{E}_1(t)|^2}=\overline{|\boldsymbol{E}_2(t)|^2}$$

$$\boldsymbol{S}_2=\boldsymbol{U}=\overline{\boldsymbol{E}_1(t)\boldsymbol{E}_2^*(t)+\boldsymbol{E}_1^*(t)\boldsymbol{E}_2(t)},\quad \boldsymbol{S}_3=\boldsymbol{V}=\overline{\boldsymbol{E}_1(t)\boldsymbol{E}_2^*(t)-\boldsymbol{E}_1^*(t)\boldsymbol{E}_2(t)}$$

该情况下，相关性矩阵的表达式为

$$\boldsymbol{R}=\frac{1}{2}\begin{Vmatrix}\boldsymbol{I}+\boldsymbol{Q} & \boldsymbol{U}-\mathrm{i}\boldsymbol{V}\\ \boldsymbol{U}+\mathrm{i}\boldsymbol{V} & \boldsymbol{I}-\boldsymbol{Q}\end{Vmatrix}$$

当若干相互无关的波叠加时，斯托克斯参数被加了起来，这种情况就可以将目标的散射特性描述为 $\boldsymbol{S}_{\mathrm{s}}=\boldsymbol{M}\boldsymbol{S}_{\mathrm{r}}$，其中 $\boldsymbol{M}$ 为 4×4 阶的矩阵，它称为缪列尔矩阵，向量 $\boldsymbol{S}_{\mathrm{s}}$ 和 $\boldsymbol{S}_{\mathrm{r}}$ 分别为目标散射波和入射波的斯托克斯向量。

缪列尔矩阵与散射矩阵有下列关系：

$\boldsymbol{M}=\boldsymbol{T}(\boldsymbol{S}^*\otimes\boldsymbol{S})\boldsymbol{T}^{-1}$，$\otimes$ 是克罗内克尔积的符号。矩阵 $\boldsymbol{T}$ 及其逆矩阵 $\boldsymbol{T}^{-1}$ 都是正的，可写成

$$\boldsymbol{T}=\begin{bmatrix}1&0&0&1\\1&0&0&-1\\0&1&1&0\\0&-j&j&0\end{bmatrix},\quad \boldsymbol{T}^{-1}=\begin{bmatrix}1&0&0&1\\0&0&1&-i\\1&-1&0&0\\0&-j&j&0\end{bmatrix}$$

正如向量 $\boldsymbol{S}$ 一样，矩阵 $\boldsymbol{M}$ 是实矩阵，只在记录二次相对场强的参数时才用它。上述情况对于用参数方法决定场的极化结构和描述目标散射特性时是很典型的。

4.2.3　双基底散射矩阵

在进行双基底观测时，散射矩阵在与目标有联系的球坐标系中是两个方向的函数。双基底散射矩阵公式有下列形式：

$$\boldsymbol{S}=\boldsymbol{S}(\boldsymbol{\theta}_{\mathrm{i}},\boldsymbol{\varphi}_{\mathrm{i}};\boldsymbol{\theta}_{\mathrm{s}},\boldsymbol{\varphi}_{\mathrm{s}})$$

上述矩阵与照射和散射方向的关系最好用双基底角 β_0 决定。双基底散射的重要特点是照射波和散射波的极化基底处在不同平面上。因此分析入射波和散射波时的极化基底是不一致的。甚至在相同线性极化基底上讨论入射波和散射波，也要在单位向量 $\boldsymbol{\varphi}_{\mathrm{i}}$ 和 $\boldsymbol{\varphi}_{\mathrm{s}}$ 以及 $\boldsymbol{\theta}_{\mathrm{i}}$ 和 $\boldsymbol{\theta}_{\mathrm{s}}$ 共线时，区分四种情况：① 单位向量 $\boldsymbol{\varphi}_{\mathrm{i}}$ 和 $\boldsymbol{\varphi}_{\mathrm{s}}$ 以及 $\boldsymbol{\theta}_{\mathrm{i}}$ 和 $\boldsymbol{\theta}_{\mathrm{s}}$ 平行；② 单位向量 $\boldsymbol{\theta}_{\mathrm{i}}$ 和 $\boldsymbol{\theta}_{\mathrm{s}}$ 两两反平行；③ 单位向量 $\boldsymbol{\theta}_{\mathrm{i}}$ 和 $\boldsymbol{\theta}_{\mathrm{s}}$ 平行，而 $\boldsymbol{\varphi}_{\mathrm{i}}$ 和 $\boldsymbol{\varphi}_{\mathrm{s}}$ 反平行；④ 单位向量 $\boldsymbol{\varphi}_{\mathrm{i}}$ 和 $\boldsymbol{\varphi}_{\mathrm{s}}$ 平行，而 $\boldsymbol{\theta}_{\mathrm{i}}$ 和 $\boldsymbol{\theta}_{\mathrm{s}}$ 反平行。如果第三个单位向量 $\boldsymbol{r}_{\mathrm{i}}$ 和 $\boldsymbol{r}_{\mathrm{s}}$ 总是选择与波的传播方向一致，则在①，② 情况下，3 个单位向量属于不同类型的坐标(一个为右坐标，一个为左坐标)；在 ③，④ 情况下，入射波在同一类

型坐标系上(两个都是右坐标,或者都是左坐标)加以分析。相应地,可以说是在不同类型和相同类型极化基底上来描述入射波和散射波的。在任意极化基底的情况下最好也保持这样的分类。

这样一来,对于双基底散射矩阵可采用符号 $\boldsymbol{S}=\boldsymbol{S}(\beta_0,b_s,b_i)$,以表示入射波 b_i 和散射波 $\boldsymbol{b}_s$ 极化基底的区别。当入射波(输入基底)和散射波(输出基底)极化基底的类型不同时,在初始基底上测得的散射矩阵按下列规则变换:

$$\boldsymbol{S}=\boldsymbol{S}(\beta_0,b_{Hr},b_{Hs})=\boldsymbol{Q}_1(b_{Cs},b_{Hs})\boldsymbol{S}(\beta_0,b_{Cr},b_{Cs})\boldsymbol{Q}_1^{\mathrm{T}}(b_{Cr},b_{Cs}) \tag{4-47}$$

对于同一类型的极化基底,这类公式可写成

$$\boldsymbol{S}=\boldsymbol{S}(\beta_0,b_{Hr},b_{Hs})=\boldsymbol{Q}_1^*(b_{Cs},b_{Hs})\boldsymbol{S}(\beta_0,b_{Cr},b_{Cs})\boldsymbol{Q}_2^{\mathrm{T}}(b_{Cr},b_{Cs}) \tag{4-48}$$

在式(4-47)和式(4-48)中,$\boldsymbol{Q}_1(b_{Cs},b_{Hs})$ 和 $\boldsymbol{Q}_2(b_{Cs},b_{Hs})$ 相应地是输出、输入极化基底的量变换矩阵,两者的区别是在第二个式子里散射波的矩阵 $\boldsymbol{Q}$ 是复数共轭的,因为在坐标系改变之后散射波向量的旋转有了变化。该情况下,对于极化基底,公式 $\boldsymbol{e}_H^*=\boldsymbol{Q}_2^*(b_C,b_H)\boldsymbol{e}_C$ 是适用的,相应地对于极化向量 $\boldsymbol{E}_H=\boldsymbol{Q}_2(b_C,b_H)\boldsymbol{E}_C$ 也适用。当输出和输入基底重合时(即 $\boldsymbol{Q}_1=\boldsymbol{Q}_2$),式(4-47)的变换称为同余变换,而式(4-48)的变换称为相似变换。对于基底不重合的情况也应该保持这些名称。同余变换主要用于双基底角 β_0 小于 $\pi/2$ 的时候,而相似变换则用于角度 β_0 不满足 $\pi/2\leqslant\beta_0\leqslant\pi$ 的时候。

双基底散射矩阵通过相似变化为三角形的形式。从物理上,这说明在双基底观测情况下照射波散射时,其极化参数不变。与单基底情况不同,双基底矩阵散射矩阵的对角线化只在不同输入、输出极化基底 $\boldsymbol{Q}_1\neq\boldsymbol{Q}_2$ 上进行。

此外,当改变照射波和散射波的传播方向时,要把双基底矩阵转置。这种特性可由公式表示为

$$\boldsymbol{S}=\boldsymbol{S}(\theta_i,\varphi_i;\theta_s,\varphi_s)=\boldsymbol{S}^{\mathrm{T}}(\theta_i,\varphi_i;\theta_s,\varphi_s)$$

对于具有对称平面的目标,如果对称平面与散射平面重合的话,双基底散射矩阵是对角线矩阵。矩阵的对角性是由目标上激励的电流的对称性和散射场的记录条件决定的。该情况下,交叉激励的电流分量是相互补偿的。

同样的,可以在不同输入、输出基底上研究单基底散射矩阵。不管对单基底还是对双基底情况,每对基底 b_r 和 b_s 都对应于有确定含义的散射矩阵元素。研究由一个基底过渡到另一个基底的过渡情况,我们可以得到这些元素的新值。这时,矩阵可能的表达方法和可能形式是个无穷集合。但是我们研究的是稳定雷达目标在散射情况下波极化的同一物理变换过程,这与基底选择无关。因此在讨论中引进目标相对于基底变换的某些恒定的极化特性是有意义的,称它为散射算子,用 $\hat{\boldsymbol{S}}$ 来表示。在具体选定的每一对基底 b_r 和 b_s 中,散射算子就是四个系数 $S_{ij}\,(i,j=1,2)$ 的总和,即散射矩阵。

对起伏雷达目标亦可求出双基底散射矩阵。这时,雷达信道的描述在许多情况下与单基底雷达是一样的,因此这里就不再赘述了。

4.3　天线电磁散射分析方法

由于卫星对地观测、通信等的需要。一般都装有微波天线，本节将单独对天线电磁散射分析方法进行简要的说明。

空间目标上的高增益天线在某些角度范围内要产生很强的散射，由于天线是一个导行波和自由空间波的换能器，它的散射机理比普通散射体更为复杂。天线的散射过程可用发射天线 T、散射天线 S 和接收天线 R 构成的线性三端口网络系统来描述，并通过网络分析方法导出接收天线 R 处散射场 E_s 的表达式。天线的散射通常包括两个部分：一部分是与散射天线负载情况无关的结构项散射场，它是由于入射平面波在天线结构上的感应电流或位移电流所产生的散射场，其散射机理与普通散射体的散射机理相同；另一部分则是随天线负载情况而变化的天线模式项散射场，它是由于负载与天线不匹配而反射的功率经天线再辐射而产生的散射场，这是天线作为一个加载散射体而特有的散射。天线总的散射场可表示为

$$E_s(Z_1) = E_s(Z_a^*) - \Gamma I(Z_a^*) E_s^0$$

式中，$E_s(Z_1)$ 为散射天线接收任意负载 Z_1 时在接收天线 R 处产生的总散射场；$E_s(Z_a^*)$ 为散射天线接共轭匹配负载 Z_a^* 时的散射场，即结构项散射场；$I(Z_a^*)$ 表示共轭匹配时在天线上激励的电流；Γ 为散射天线负载失配时的电压反射系数，有

$$\Gamma = (Z_1 - Z_a^*)/(Z_1 + Z_a)$$

式中，Z_a 为散射天线的阻抗。当入射雷达波频率在天线和馈电系统工作频带以内时，天线系统有良好的匹配性能，$\Gamma \approx 0$，因而由天线再辐射引起的模式项可以忽略不计，此时构成天线 RCS 的主要贡献来自于天线被动散射引起的结构项，如图 4-11 所示。

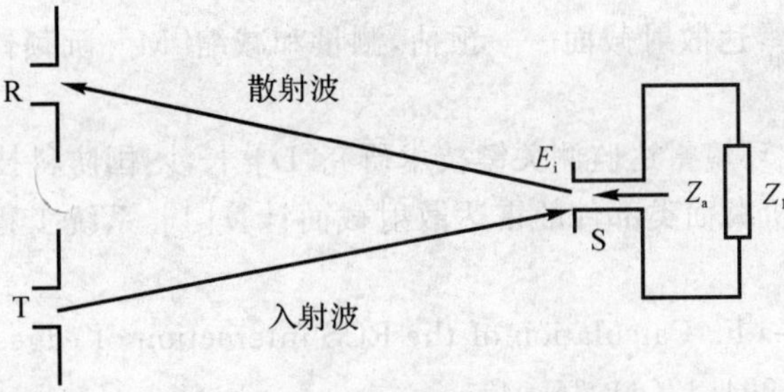

图 4-11　由发射、散射和接收天线构成的三端口网络

文献[4]中分析了几种常用天线（如抛物面天线、阵子天线、缝隙天线、微带天线等）的散射特性，并给出了有关计算公式。

习　　题

4.1　简述电磁波极化的定义，当改变雷达发射的电磁波的极化方式时，能否改变目标的电磁波散射特性？进而提高对目标的识别能力？

4.2　什么是物质的本构关系？通常由哪些物理量描述物质的本构关系？

4.3　设某型地基雷达的工作频率 $\omega = 3\pi \times 10^8$ (rad/s)，当雷达辐射的电磁波以入射角

$\theta_i = 60°$ 穿过空间两种不同介质时(设 $\mu_1 = \mu_2 = \mu_0, \varepsilon_1 = \varepsilon_0, \varepsilon_2 = 4\varepsilon_0$),在介质交界面上的入射电场强度为 $E_{im} = 1$ V/m,为垂直极化入射,试求出反射波和透射波电场分量的表达式(见图4-12)。

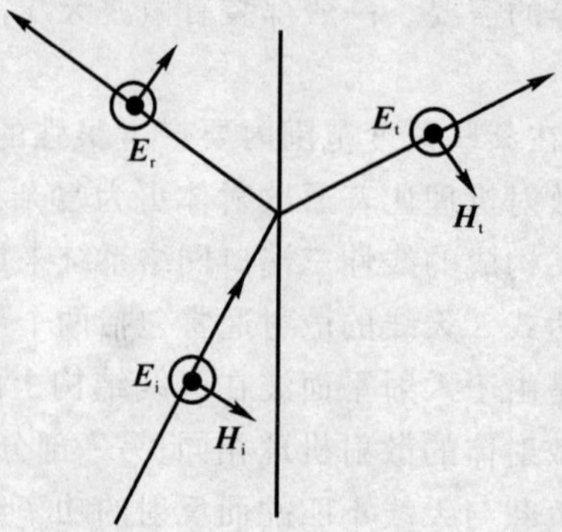

图 4-12

参考文献

[1] 黄培康.雷达目标特征信号[M].北京:宇航出版社,1993.

[2] 黄小红.空间目标雷达成像理论及其在目标识别中的应用研究[D].长沙:国防科技大学,2005.

[3] 刘延柱.航天器姿态动力学[M].北京:国防工业出版社,1995.

[4] 阮颖铮.雷达截面与隐身技术[M].北京:国防工业出版社,2000.

[5] 克拉特 E F,等.雷达散射截面——预估,测量和减缩[M].阮颖铮,等,译.北京:电子工业出版社,1998.

[6] 宋正鑫.空间碎片环境雷达监测关键技术研究[D].长沙:国防科技大学,2008.

[7] 马东立,武哲.飞机翼面类部件的雷达散射截面计算[J].系统工程与电子技术,1994,16(6):33-40.

[8] Domingo M,Rivas F. Calculation of the RCS interaction of edges and facets [J]. IEEE Trans. on AP, 1994,42(6):36-47.

[9] 唐荣锡,等.计算机图形学教程[M].北京:科学出版社,1994.

[10] 文森特·L·皮塞卡.空间环境及其对航天器的影响[M].张育林,等,译.北京:中国宇航出版社,2011.

[11] 杜晓光.粗糙面电磁散射及其应用[D].西安:西安电子科技大学,2006.

[12] 陈博韬.低空目标与环境复合电磁散射特性研究[D].西安:西安电子科技大学,2012.

[13] 张春媛.目标与粗糙面电磁散射的时域积分方程法[D].西安:西安电子科技大学,2006.

[14] 黄家贵.空间目标 RCS 特性的分形分析[J].飞行器测控学报,2009,28(2):90-94.

第 5 章　特征提取和选择

模式识别的最终目的是实现对观察对象的分类，而分类的基础是模式类的数学表达。在模式识别理论中，模式类是通过特征来表示的，特征选择的好坏，直接影响分类器的性能。在模式识别系统设计中，特征的确定往往是一个反复的过程，是其中的难点和关键。特征选择往往有赖于对识别问题的了解，对领域知识有较强的依赖性。

本章抛开具体的领域专门知识，讨论特征提取和选择，主要包括基本概念、类的可分性判据、基于可分性判据的特征提取及基于主成分分析的特征提取等。

5.1　基本概念

5.1.1　特征的特点

模式识别的主要功能在于利用计算机实现人类的识别能力，它是一个与领域专门知识有关的问题。在模式识别过程中，特征的确定比较复杂。研究领域不同，选择的特征也不同，但不论采用什么样的特征，都应该满足下述条件。

(1)特征是可获取的。因为模式识别系统的主要处理设备是计算机，所以作为观察对象的数字化表达，观察对象应该是可以通过数据采集设备输入到计算机的。目前，市场上有各种传感设备和数字化设备，如采集图像信息的图像卡和采集语音信息的声卡等。作为特征，既可以是数字化表达的结果，也可以是在数字化表达基础上形成的参数性质的值，如图像分割后的子目标特性表达。

(2)类内稳定。选择的特征对同一类应具有稳定性。由于模式类是由具有相似特性的若干个模式构成的，因此它们同属一类模式，其首要前提是特性相似，反映在取值上，就应该有较好的稳定性。

(3)类间差异。选择的特征对不同的类应该有差异。若不同类的模式的特征值差异很小，则说明所选择的特征对于不同的类没有什么差异，作为分类的依据时，容易使不同的类产生混淆，使误识率增大。一般来讲，特征的类间差异应该大于类内差异。

5.1.2　特征的类别

特征是用于描述模式性质的一种量，从形式上看可以分为下述 3 类。

1. 物理特征

物理特征是比较直接、人们容易感知的特征，一般在设计模式识别系统时容易被选用。如为了描述指定班级中的某个学生，可以用以下物理特征：性别、身高、胖瘦、肤色等外在特征。物理特征虽然容易感知，却未必能非常有效地表征分类对象。

2. 结构特征

结构特征的表达能力一般要高于物理特征，如汉字识别的成功实现离不开结构特征的选择。结构特征的表达是先将观察对象分割成若干个基本构成要素，再确定基本要素间的相互连接关系。

通过要素和相互连接关系表达对象，可以较好地表达复杂的图像图形信息，在实际中已经有较多的成功应用，如指纹的识别就是基于结构信息完成的。结构信息对对象的尺寸往往不太敏感，如汉字识别时，识别系统对汉字大小不敏感，只对笔画结构信息敏感。

结构特征比物理特征要抽象一些，但仍属比较容易感知的特征，如人的指纹特征、人脸的五官结构信息等，是认定人的身份的重要参数。

3. 数字特征

一般来说，数字特征是为了表征观察对象而设立的特征，如给每个学生设立一个学号，作为标志每个学生的特征。由于学号是人为设定的，可以保证唯一性；但这种特征是抽象的，不容易被人感知。数字特征有时和观察对象的固有特性没有任何联系，有时则是物理或结构特征的计算结果。

5.1.3 特征的形成

在设计一个具体的模式识别系统时，往往是先接触一些训练样本，由领域专家和系统联合研究模式类所包含的特征信息，并给出相应的表述方法。这一阶段的主要目标是提取尽可能多的表述特征。在这些特征中，有些可能满足类内稳定、类间离散的要求，有的则可能不满足，不能作为分类的依据。根据样本分析得到一组表述观察对象的特征，而不论特征是否实用，称这一步为特征形成，得到的特征称为原始特征。

在这些原始特征中，有的特征对分类有效，有的则不起什么作用。若在得到一组原始特征后，不加筛选，全部用于分类函数确定，则有可能存在无效特征，这既增加了分类决策的复杂度，又不能明显改善分类器的性能。为此，需要对原始特征集进行处理，去除对分类作用不大的特征，从而可以在保证性能的条件下，通过降低特征空间的维数来减少分类方法的复杂度。

实现上述目的的方法有两种：特征提取和特征选择。特征提取和特征选择都不考虑针对具体应用需求的原始特征形成过程，而是假设原始特征形成工作已经完成。然而在实际工作中，原始特征的获得并不容易，因为人具有非常直观的识别能力，有时很难明确描述用于分类的特性依据。如人脸的判定，人识别脸部特征非常容易，若用计算机来识别人脸，则需要得到多达上千个特征，难度很大。可以说，特征形成是模式识别过程中的重点和难点之一。

5.1.4 特征提取和选择的作用

特征提取是指通过映射(或变换)的方法获取最有效的特征，实现特征空间的维数从高维到低维的变换。经过映射后的特征称为二次特征，它们是原始特征的某种组合，最常用的是线性组合。

特征选择是指从一组特征中挑选出对分类最有利的特征，从而达到降低特征空间维数的目的。

从定义可以看出，实现特征选择的前提是确定特征是否有效的标准，在这种标准下，寻找最有效的特征子集。用于特征选择的特征既可以是原始特征，也可以是经数学变换后得到的二次特征。需要注意，特征提取一定要进行数学变换，但数学变换未必就是特征提取。

特征提取和特征选择的主要目的都是，在不降低或很少降低分类结果性能的情况下，降低特征空间的维数，其主要有以下作用。

(1)简化计算。特征空间的维数越高，需占用的计算机资源越多，设计和计算也就越复杂。

(2)简化特征空间结构。由于特征提取和选择是去除类间差别小的特征，保留类间差别大的特征，因此，在特征空间中，每类所占据的子空间结构可分离性更强，从而也简化了类间分界面形状的复杂度。

5.2　类的可分性判据

在特征提取与选择的过程中，高维特征变为低维特征的方法很多，究竟哪种方法最有效，需要通过某种标准来衡量，在数学上就是要构造某种准则（或判据）。这些准则应能很好地反映各类间的可分性以及各特征在分类识别中的重要性或贡献，因此人们希望可分性判据满足以下要求：

(1)与错误概率（或是错误概率的上、下界）有单调关系，使判据的极大值对应错误概率的最小值或较小值。

(2) 非负性，即

$$\left.\begin{aligned} J_{ij} &> 0 \quad (i \neq j) \\ J_{ij} &= 0 \quad (i = j) \end{aligned}\right\} \tag{5-1}$$

式中，J_{ij} 表示第 i，j 两类间的可分性判据。

(3) 对称性，即

$$J_{ij} = J_{ji} \tag{5-2}$$

该特性表明有效性判据对类别号没有方向性，而只强调对区分两类的贡献。

(4) 当特征独立时，判据应具有可加性，即

$$J_{ij}(\boldsymbol{x}_1, \boldsymbol{x}_2, \cdots, \boldsymbol{x}_d) = \sum_{k=1}^{d} J_{ij}(\boldsymbol{x}_k) \tag{5-3}$$

(5) 单调性。对于特征向量而言，加入新的特征分量不会减少判据值，即

$$J_{ij}(\boldsymbol{x}_1, \boldsymbol{x}_2, \cdots, \boldsymbol{x}_d) \leqslant J_{ij}(\boldsymbol{x}_1, \boldsymbol{x}_2, \cdots, \boldsymbol{x}_d, \boldsymbol{x}_{d+1}) \tag{5-4}$$

5.2.1　基于距离的可分性判据

模式识别的结果实际上是将特征空间划分为不同类的决策区域。为了有利于分类，我们总是希望不同类之间的距离大一些，而同类的样本较集中，这样类别的可分性才越好。因此，利用类间距离构造类别的可分性判据是可行的。

5.2.1.1　两类之间的距离

设两类为 ω_i，ω_j，分别有 N_i，N_j 个样本，即

$$\omega_i = \{\boldsymbol{x}_1^i, \boldsymbol{x}_2^i, \cdots, \boldsymbol{x}_{N_i}^i\} \tag{5-5}$$

$$\omega_j = \{\boldsymbol{x}_1^j, \boldsymbol{x}_2^j, \cdots, \boldsymbol{x}_{N_j}^j\} \tag{5-6}$$

两类的距离 $D_{\omega_i\omega_j}$ 可由下式给出：

$$D_{\omega_i\omega_j}=\frac{1}{N_iN_j}\sum_{r=1}^{N_i}\sum_{s=1}^{N_j}D(\boldsymbol{x}_r^i,\boldsymbol{x}_s^j) \tag{5-7}$$

式中，$D(\boldsymbol{x}_r^i,\boldsymbol{x}_s^j)$ 为向量 $\boldsymbol{x}_r^i,\boldsymbol{x}_s^j$ 间的距离。由点距离的对称性可知，类间距离也具有对称性。

常用的点间距离有以下几种。

(1) 欧几里德(Euclidean) 距离：

$$D(\boldsymbol{x},\boldsymbol{y})=\left[\sum_{i=1}^{d}(x_i-y_i)^2\right]^{\frac{1}{2}} \tag{5-8}$$

式中，d 为向量的维数。

(2) 加权欧几里德距离：

$$D(\boldsymbol{x},\boldsymbol{y})=\left[\sum_{i=1}^{d}w_i(x_i-y_i)^2\right]^{\frac{1}{2}} \tag{5-9}$$

(3) 汉明(Hamming) 距离：

$$D(\boldsymbol{x},\boldsymbol{y})=\sum_{i=1}^{d}|x_i-y_i| \tag{5-10}$$

(4) 马氏(Mahalanobis) 距离：

$$D^2(\boldsymbol{x},\boldsymbol{y})=(\boldsymbol{x}-\boldsymbol{y})^{\mathrm{T}}\boldsymbol{M}^{-1}(\boldsymbol{x}-\boldsymbol{y})=\sum_{i=1}^{d}\sum_{j=1}^{d}w_{ij}(x_i-y_i)(x_j-y_j) \tag{5-11}$$

式中，$\boldsymbol{M}$ 为一正定矩阵；w_{ij} 为矩阵 $\boldsymbol{M}^{-1}$ 的元素。

(5) 明可夫斯基(Minkowsky) 距离：

$$D(\boldsymbol{x},\boldsymbol{y})=\left(\sum_{i=1}^{d}|x_i-y_i|^q\right)^{\frac{1}{q}} \tag{5-12}$$

式中，当 $q=1$ 时，$D(\boldsymbol{x},\boldsymbol{y})$ 为汉氏距离；当 $q=2$ 时，$D(\boldsymbol{x},\boldsymbol{y})$ 为欧氏距离。

(6) 切比雪夫(Chebyshev) 距离：

$$D(\boldsymbol{x},\boldsymbol{y})=\max_{1\leqslant i\leqslant d}|x_i-y_i| \tag{5-13}$$

5.2.1.2 各类样本之间的平均距离

设 N 个样本分别属于 m 类，$\omega_i=\{\boldsymbol{x}_k^i,k=1,2,\cdots,N_i\}$，$i=1,2,\cdots,m$，各类之间的平均距离为

$$J(x)=\frac{1}{2}\sum_{i=1}^{m}\widetilde{P}(\omega_i)\sum_{j=1}^{m}\widetilde{P}(\omega_j)\frac{1}{N_iN_j}\sum_{r=1}^{N_i}\sum_{s=1}^{N_j}D(\boldsymbol{x}_r^i,\boldsymbol{x}_s^j) \tag{5-14}$$

式中，$\widetilde{P}(\omega_i)$ 是先验概率 $P(\omega_i)$ 的估计，即

$$\widetilde{P}(\omega_i)=N_i/N\quad(i=1,2,\cdots,m)$$

式中，N 为样本总数，即

$$N=\sum_{i=1}^{m}N_i$$

若点间距离取欧氏距离的二次方，以 $\widetilde{\boldsymbol{\mu}}_i$ 表示第 i 类的向量平均值，以 $\widetilde{\boldsymbol{\mu}}$ 表示 $\widetilde{\boldsymbol{\mu}}_i$ 的统计平均值，即

$$D(\boldsymbol{x},\boldsymbol{y})=(\boldsymbol{x}-\boldsymbol{y})^{\mathrm{T}}(\boldsymbol{x}-\boldsymbol{y}) \tag{5-15}$$

$$\widetilde{\boldsymbol{\mu}}_i=\frac{1}{N_i}\sum_{l=1}^{N_i}\boldsymbol{x}_l^i \tag{5-16}$$

$$\tilde{\boldsymbol{\mu}}=\sum_{i=1}^{m}\tilde{P}(\omega_i)\tilde{\boldsymbol{\mu}}=\frac{1}{N}\sum_{i=1}^{m}\sum_{l=1}^{N_i}\boldsymbol{x}_l^i \tag{5-17}$$

则式(5-14)可化为

$$J(\boldsymbol{x})=\frac{1}{2}\sum_{i=1}^{m}\tilde{P}(\omega_i)\sum_{j=1}^{m}\tilde{P}(\omega_j)\frac{1}{N_iN_j}\sum_{r=1}^{N_i}\sum_{s=1}^{N_j}D(\boldsymbol{x}_r^i,\boldsymbol{x}_s^j)=$$

$$\sum_{i=1}^{m}\tilde{P}(\omega_i)\left[\frac{1}{N_i}\sum_{r=1}^{N}(\boldsymbol{x}_r^i-\tilde{\boldsymbol{\mu}}_i)^{\mathrm{T}}(\boldsymbol{x}_r^i-\tilde{\boldsymbol{\mu}}_i)+(\tilde{\boldsymbol{\mu}}_i-\tilde{\boldsymbol{\mu}})^{\mathrm{T}}(\tilde{\boldsymbol{\mu}}_i-\tilde{\boldsymbol{\mu}})\right] \tag{5-18}$$

且有关系式

$$\frac{1}{2}\sum_{i=1}^{m}\tilde{P}(\omega_i)\sum_{j=1}^{m}\tilde{P}(\omega_j)(\tilde{\boldsymbol{\mu}}_i-\tilde{\boldsymbol{\mu}}_j)^{\mathrm{T}}(\tilde{\boldsymbol{\mu}}_i-\tilde{\boldsymbol{\mu}}_j)=\sum_{i=1}^{m}\tilde{P}(\omega_i)(\tilde{\boldsymbol{\mu}}_i-\tilde{\boldsymbol{\mu}})^{\mathrm{T}}(\tilde{\boldsymbol{\mu}}_i-\tilde{\boldsymbol{\mu}}) \tag{5-19}$$

令

$$\tilde{S}_b=\sum_{i=1}^{m}\tilde{P}(\omega_i)(\tilde{\boldsymbol{\mu}}_i-\tilde{\boldsymbol{\mu}})^{\mathrm{T}}(\tilde{\boldsymbol{\mu}}_i-\tilde{\boldsymbol{\mu}})=\frac{1}{N}\sum_{i=1}^{m}N_i(\tilde{\boldsymbol{\mu}}_i-\tilde{\boldsymbol{\mu}})(\tilde{\boldsymbol{\mu}}_i-\tilde{\boldsymbol{\mu}})^{\mathrm{T}} \tag{5-20}$$

$$\tilde{S}_w=\sum_{i=1}^{m}\tilde{P}(\omega_i)\frac{1}{N_i}\sum_{k=1}^{N_i}(\boldsymbol{x}_k^i-\tilde{\boldsymbol{\mu}}_i)(\boldsymbol{x}_k^i-\tilde{\boldsymbol{\mu}}_i)^{\mathrm{T}}=\frac{1}{N}\sum_{i=1}^{m}\sum_{k=1}^{N_i}(\boldsymbol{x}_k^i-\tilde{\boldsymbol{\mu}}_i)(\boldsymbol{x}_k^i-\tilde{\boldsymbol{\mu}}_i)^{\mathrm{T}} \tag{5-21}$$

则

$$J(\boldsymbol{x})=\mathrm{Tr}(\tilde{\boldsymbol{S}}_w+\tilde{\boldsymbol{S}}_b) \tag{5-22}$$

式(5-20)、式(5-21)和式(5-22)中的$\tilde{\boldsymbol{\mu}}_i$,$\tilde{\boldsymbol{\mu}}$,$\tilde{\boldsymbol{S}}_b$,$\tilde{\boldsymbol{S}}_w$分别是利用有限样本集得到的类均值$\boldsymbol{\mu}_i$、总体均值$\boldsymbol{\mu}$、类内离散度矩阵$\boldsymbol{S}_w$和类间离散度矩阵$\boldsymbol{S}_b$的估计值,$\boldsymbol{\mu}_i$,$\boldsymbol{\mu}$,$\boldsymbol{S}_w$,$\boldsymbol{S}_b$的定义如下:

$$\boldsymbol{\mu}_i=\int\boldsymbol{x}p(\boldsymbol{x}\mid\omega_i)\,\mathrm{d}\boldsymbol{x} \tag{5-23}$$

$$\boldsymbol{\mu}=E(\boldsymbol{x}) \tag{5-24}$$

$$S_b=\sum_{i=1}^{m}P(\omega_i)(\boldsymbol{\mu}_i-\boldsymbol{\mu})(\boldsymbol{\mu}_i-\boldsymbol{\mu})^{\mathrm{T}} \tag{5-25}$$

$$S_w=\sum_{i=1}^{m}P(\omega_i)E_i[(\boldsymbol{x}-\boldsymbol{\mu}_i)(\boldsymbol{x}-\boldsymbol{\mu}_i)^{\mathrm{T}}]=\sum_{i=1}^{m}P(\omega_i)\int(\boldsymbol{x}-\boldsymbol{\mu}_i)(\boldsymbol{x}-\boldsymbol{\mu}_i)^{\mathrm{T}}p(\boldsymbol{x}\mid\omega_i)\,\mathrm{d}x \tag{5-26}$$

为了使所使用的特征能够有效地进行分类,我们希望类间离散度尽量大,同时类内离散度尽量小,从直观上看可以构造以下各种判据:

$$J_1=\frac{|\boldsymbol{S}_b|}{|\boldsymbol{S}_w|} \tag{5-27}$$

$$J_2=\mathrm{tr}(\boldsymbol{S}_w^{-1}\boldsymbol{S}_b) \tag{5-28}$$

$$J_3=\ln\left(\frac{|\boldsymbol{S}_b|}{|\boldsymbol{S}_w|}\right) \tag{5-29}$$

$$J_4=\frac{\mathrm{tr}(\boldsymbol{S}_b)}{\mathrm{tr}(\boldsymbol{S}_w)} \tag{5-30}$$

$$J_5=\frac{|\boldsymbol{S}_w+\boldsymbol{S}_b|}{|\boldsymbol{S}_w|} \tag{5-31}$$

为了有效地分类,它们的值越大越好。

基于距离的可分性判据虽然简单直观,但只是对于类间无重叠的情况效果较好,若类间存在重叠,则效果会受到影响。基于概率的可分性判据能够较好地解决类间有重叠的问题。

5.2.2 基于概率密度函数的可分性判据

基于概率密度函数的可分性判据主要考虑的是两类的概率分布情况。考虑如图5-1所示的两种极端情况,容易看出,图5-1(a)中两类是完全可分的,图5-1(b)中两类是完全不可分的,两类概率密度函数的重叠程度反映了两类的可分性,因此,可以利用类条件概率密度函数构造可分性判据。

基于类条件概率密度函数 $p(\boldsymbol{x}\mid\omega_1)$, $p(\boldsymbol{x}\mid\omega_2)$ 的可分性判据 J_p 应满足以下3个条件:

(1) 非负性

$$J_p \geqslant 0 \tag{5-32}$$

(2) 对称性

$$J_p[p(\boldsymbol{x}|\omega_1),p(\boldsymbol{x}|\omega_2)]=J_p[p(\boldsymbol{x}|\omega_2),p(\boldsymbol{x}|\omega_1)] \tag{5-33}$$

(3) 最大值和最小值

当两类完全可分时,J_p 具有最大值;当两类完全不可分时,J_p 具有最小值,即 $J_p=0$。

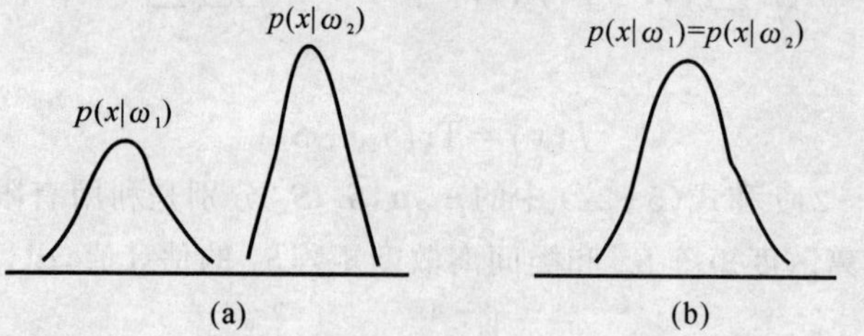

图5-1 一维情况下两类类条件概率密度分布情况

(a) 两类概率密度函数完全分开; (b) 两类概率密度函数完全重叠

现在介绍3种典型的基于概率密度函数的可分性判据。

1. 巴氏(Bhattacharyya)距离

Bhattacharyya距离的定义式为

$$J_{\mathrm{B}}=-\ln\int[p(\boldsymbol{x}\mid\omega_1)\,p(\boldsymbol{x}\mid\omega_2)]^{\frac{1}{2}}\mathrm{d}\boldsymbol{x} \tag{5-34}$$

它与最小错误概率判决准则的错误概率 P_{e} 具有关系式

$$P_{\mathrm{e}}\leqslant-[p(\omega_1)\,p(\omega_2)]^{\frac{1}{2}}\exp(-J_{\mathrm{B}}) \tag{5-35}$$

证明过程:

$$\begin{aligned}P_{\mathrm{e}}&=p(\omega_1)\int_{R_2}p(\boldsymbol{x}|\omega_1)\,\mathrm{d}\boldsymbol{x}+p(\omega_2)\int_{R_1}p(\boldsymbol{x}|\omega_2)\,\mathrm{d}x=\\&\int\min\{p(\omega_1)\,p(\boldsymbol{x}|\omega_1),p(\omega_2)\,p(\boldsymbol{x}|\omega_2)\}\,\mathrm{d}x\leqslant\\&\int[p(\omega_1)\,p(\boldsymbol{x}|\omega_1)\,p(\omega_2)\,p(\boldsymbol{x}|\omega_2)]^{\frac{1}{2}}=[p(\omega_1)\,p(\omega_2)]^{\frac{1}{2}}\exp(-J_{\mathrm{B}})\end{aligned}$$

2. 切诺夫(Chernoff)界限距离

Chernoff界限距离的定义式为

$$J_{\mathrm{C}}=-\ln\int p^{s}(\boldsymbol{x}|\omega_1)\,p^{1-s}(\boldsymbol{x}|\omega_2)\,\mathrm{d}\boldsymbol{x}\quad(s\in[0,1]) \tag{5-36}$$

由定义式可见，当 $s=1/2$ 时，Chernoff 界限距离就是 Bhattacharyya 距离。

一般情况下 J_C 的计算比较困难，当 ω_1,ω_2 的类条件概率密度函数分别为正态分布密度函数 $(\boldsymbol{\mu}_i,\Sigma_i)$ 和 $(\boldsymbol{\mu}_j,\Sigma_j)$ 时，可以推导出

$$J_C=\frac{1}{2}s(1-s)(\boldsymbol{\mu}_i-\boldsymbol{\mu}_j)^{\mathrm{T}}\left[(1-s)\Sigma_i+s\Sigma_j\right]^{-1}+\frac{1}{2}\ln\left|\frac{|(1-s)\Sigma_i+s\Sigma_j|}{|\Sigma_i|^{1-s}|\Sigma_j|^{s}}\right| \tag{5-37}$$

3. 散度

对于两类的分类问题，最大后验概率判决准则可以通过似然比某个阈值的比较实现，显然似然比对于分类来说是一个重要的度量。对于给定某个阈值，$P(\omega_1|\boldsymbol{x})/P(\omega_2|\boldsymbol{x})$ 越大，对类 ω_1 来讲可分性越好，该比值反映了两类类条件概率密度函数的重叠程度。为了保证概率密度函数完全重叠时判据为零，应对该比值取对数。因为具有不同的值，应该考虑类 ω_1 的均值。定义类 ω_1 相对于类 ω_2 的平均可分性信息为

$$I_{12}=E\left[\ln\frac{p(\boldsymbol{x}\mid\omega_1)}{p(\boldsymbol{x}\mid\omega_2)}\right]=\int p(\boldsymbol{x}\mid\omega_1)\ln\frac{p(\boldsymbol{x}\mid\omega_1)}{p(\boldsymbol{x}\mid\omega_2)}\mathrm{d}\boldsymbol{x} \tag{5-38}$$

类 ω_2 相对于类 ω_1 的平均可分性信息为

$$I_{21}=E\left[\ln\frac{p(\boldsymbol{x}\mid\omega_2)}{p(\boldsymbol{x}\mid\omega_1)}\right]=\int p(\boldsymbol{x}\mid\omega_2)\ln\frac{p(\boldsymbol{x}\mid\omega_2)}{p(\boldsymbol{x}\mid\omega_1)}\mathrm{d}\boldsymbol{x} \tag{5-39}$$

对于 ω_1 和 ω_2 两类总的平均可分性信息称为散度，其定义为

$$J_D=I_{12}+I_{21} \tag{5-40}$$

将式(5-38)、式(5-39) 代入式(5-40) 可得

$$J_D=\int\left[p(\boldsymbol{x}\mid\omega_1)-p(\boldsymbol{x}\mid\omega_2)\right]\ln\frac{p(\boldsymbol{x}\mid\omega_1)}{p(\boldsymbol{x}\mid\omega_2)}\mathrm{d}\boldsymbol{x} \tag{5-41}$$

5.2.3　基于熵函数的可分性判据

由信息论可知，对于一组概率分布而言，分布越均匀，平均信息量越大，分类的错误概率越大；分布越接近 0-1 分布，平均信息量越小，分类的错误概率越小，可分性越好。因此，可以建立基于熵函数的可分性判据，其中熵函数表征平均信息量。

对于后验概率 $P(\omega_i\mid\boldsymbol{x})$ 而言，分类效果最不好的情形为 m 类分布等概率的情形，即

$$P(\omega_i\mid\boldsymbol{x})=\frac{1}{m}\quad(i=1,2,\cdots,m) \tag{5-42}$$

分类时任取一类判决，正确率为 $1/m$，错误率为 $(m-1)/m$。

若后验概率为 0-1 分布，即

$$P(\omega_i\mid\boldsymbol{x})=1,\text{且 }P(\omega_j\mid\boldsymbol{x})=0,\quad j\neq i \tag{5-43}$$

则应判 $\boldsymbol{x}$ 对应的模式属于第 i 类，错误概率等于 0。

从特征选择与提取的角度看，人们希望采用具有最小不确定性的那些特征进行分类，也就是保留熵函数小的特征。为此可定义基于熵函数的可分性判据为

$$H=f(P(\omega_1\mid\boldsymbol{x}),\cdots,P(\omega_m\mid\boldsymbol{x})) \tag{5-44}$$

由上式可知，H 是 $P(\omega_1\mid\boldsymbol{x}),P(\omega_2\mid\boldsymbol{x}),\cdots,P(\omega_m\mid\boldsymbol{x})$ 的函数，它满足以下条件。

1. 非负性

$$H\geqslant 0 \tag{5-45}$$

2. 对称性

$$H=f(P(\omega_1 \mid \boldsymbol{x}),P(\omega_2 \mid \boldsymbol{x}),\cdots,P(\omega_m \mid \boldsymbol{x}))=$$
$$f(P(\omega_2 \mid \boldsymbol{x}),P(\omega_1 \mid \boldsymbol{x}),\cdots,P(\omega_m \mid \boldsymbol{x}))=\cdots=$$
$$f(P(\omega_m \mid \boldsymbol{x}),\cdots,P(\omega_1 \mid \boldsymbol{x})) \tag{5-46}$$

3. 最小值

完全可分出现在后验概率为 0-1 分布的情形

$$\begin{cases}P(\omega_i \mid \boldsymbol{x})=1 & (i=i_0)\\ P(\omega_i \mid \boldsymbol{x})=0 & (i\neq i_0)\end{cases} \tag{5-47}$$

此时信息熵具有最小值。

4. 最大值

最大值对应分类效果最不好的情形。在多类情况下，分类效果最差的出现条件是各后验概率相等，即

$$H=f(P(\omega_1 \mid \boldsymbol{x}),P(\omega_2 \mid \boldsymbol{x}),\cdots,P(\omega_m \mid \boldsymbol{x}))\leqslant f\left(\frac{1}{m},\frac{1}{m},\cdots,\frac{1}{m}\right) \tag{5-48}$$

满足上述性质的广义熵表达式很多，作为一个广义熵的表述，其定义为

$$H^{\alpha}(P(\omega_1 \mid \boldsymbol{x}),P(\omega_2 \mid \boldsymbol{x}),\cdots,P(\omega_m \mid \boldsymbol{x}))=(2^{1-\alpha}-1)^{-1}\left[\sum_{i=1}^{m}P^{\alpha}(\omega_i \mid \boldsymbol{x})-1\right] \tag{5-49}$$

式中，α 是一实的正参数，$\alpha\neq 1$。对应不同的 α 值可得到不同的可分性判据。

当 $\alpha\to 1$ 时，根据洛必达法则可得 Shannon 熵为

$$H^{1}(P)=-\sum_{i=1}^{m}P(\omega_i \mid \boldsymbol{x})P(\omega_i \mid \boldsymbol{x}) \tag{5-50}$$

当 $\alpha=2$ 时，可以得到平方熵为

$$H^{2}(P)=2\left[1-\sum_{i=1}^{m}P^{2}(\omega_i \mid \boldsymbol{x})\right] \tag{5-51}$$

由于需要考虑到特征空间中每个样本点的熵函数，因此用熵函数在整个特征空间的统计平均：

$$J_H=E[H^{\alpha}P(\omega_1 \mid \boldsymbol{x}),P(\omega_2 \mid \boldsymbol{x}),\cdots,P(\omega_m \mid \boldsymbol{x})] \tag{5-52}$$

作为可分性判据。

5.3　基于可分性判据的特征提取

特征提取作为一种特征空间维数压缩方法，其主要特点在于通过变换的方法实现对原始特征的计算，使变换后的二次特征可以去掉一些分量。从数学上看，任何定义在原始特征空间上的任何数学计算都是一种变换。本节主要讨论线性变换。

对于任何一种给定的线性变换而言，变换后的特征是否对分类有效，决定了变换方法的有效性。考虑到特征的有效性是由可分性判据来表征的，因此，变换方法的有效性可以借助于变换结果的有效性表达。可分性判据的基础主要有 3 类：距离、概率密度函数和熵函数，因此，基于可分性判据的特征提取方法也有相应的 3 种：基于距离可分性判据的特征提取方法、基于概

率密度函数可分性判据的特征提取方法和基于熵函数可分性判据的特征提取方法。上述方法的基本思路如下：

对于 n 个原始特征构成的特征向量 $\boldsymbol{x}=[x_1 \quad x_2 \quad \cdots \quad x_n]^{\mathrm{T}}$，特征提取就是对 $\boldsymbol{x}$ 作线性变换，产生 d 维向量 $\boldsymbol{y}=[y_1 \quad y_2 \quad \cdots \quad y_d]^{\mathrm{T}}, d \leqslant n$，即

$$\boldsymbol{y}=\boldsymbol{W}^{\mathrm{T}}\boldsymbol{x} \tag{5-53}$$

式中，$\boldsymbol{W}=\boldsymbol{W}_{n\times d}$ 称为特征提取矩阵或简称变换矩阵。基于可分性判据的特征提取就是在一定的可分性判据下，如何求最优的变换矩阵 $\boldsymbol{W}$。

5.3.1　基于距离可分性判据的特征提取方法

前面介绍了基于距离的可分性判据，得到了相应判据，它们都反映了一个基本思想，即类内距离小和类间距离大的要求。下面以 J_2 准则为例讨论特征提取的方法。

设 $\boldsymbol{S}_w$ 和 $\boldsymbol{S}_b$ 为原始特征空间的类内离散度矩阵和类间离散度矩阵，$\boldsymbol{S}_w^*$ 和 $\boldsymbol{S}_b^*$ 为变换后特征空间的类内离散度矩阵和类间离散度矩阵，$\boldsymbol{W}$ 为变换矩阵。则有

$$\boldsymbol{S}_w^*=\boldsymbol{W}^{\mathrm{T}}\boldsymbol{S}_w\boldsymbol{W} \tag{5-54}$$

$$\boldsymbol{S}_b^*=\boldsymbol{W}^{\mathrm{T}}\boldsymbol{S}_b\boldsymbol{W} \tag{5-55}$$

在变换域中，有

$$J_2(\boldsymbol{W})=\mathrm{Tr}[(\boldsymbol{S}_w^*)^{-1}\boldsymbol{S}_b^*]=\mathrm{Tr}[(\boldsymbol{W}^{\mathrm{T}}\boldsymbol{S}_w\boldsymbol{W})^{-1}\boldsymbol{W}^{\mathrm{T}}\boldsymbol{S}_b\boldsymbol{W}] \tag{5-56}$$

为了求使 $J_2(\boldsymbol{W})$ 最大的变换，就要求 $J_2(\boldsymbol{W})$ 对 $\boldsymbol{W}$ 的各分量的偏导数为零。这里我们不做详细的推导，只给出求解变换矩阵的解析解法。

设矩阵 $\boldsymbol{S}_w^{-1}\boldsymbol{S}_b$ 的特征值为 $\lambda_1,\lambda_2,\cdots,\lambda_n$，按大小顺序排列为

$$\lambda_1 \geqslant \lambda_2 \geqslant \cdots \geqslant \lambda_n$$

相应的正交化、归一化的特征向量为

$$\boldsymbol{\mu}_1,\boldsymbol{\mu}_2,\cdots,\boldsymbol{\mu}_n$$

选前 d 个特征向量作为变换矩阵，有

$$\boldsymbol{W}=[\boldsymbol{\mu}_1,\boldsymbol{\mu}_2,\cdots,\boldsymbol{\mu}_d]_{n\times d}$$

此结论对于 J_4 判据也适用。

5.3.2　基于概率密度函数可分性判据的特征提取方法

基于概率密度函数的可分性判据的方法需要知道各类的概率密度函数的解析形式，难度较大，计算量也较大。一般地，只有当概率密度函数为某些特殊的函数形式时才便于使用，这里只研究多元正态分布的两类问题。

对于基于概率密度函数可分性判据的特征提取方法而言，通常选用的变换仍为线性变换，设 n 维原始特征向量 $\boldsymbol{x}$ 经线性变换后的二次特征向量为 $\boldsymbol{y}$，即

$$\boldsymbol{y}=\boldsymbol{W}^{\mathrm{T}}\boldsymbol{x} \tag{5-57}$$

在映射后的特征空间内建立某种准则函数，使得它为变换矩阵 $\boldsymbol{W}$ 的函数，有

$$J_c=J_c(\boldsymbol{W}) \tag{5-58}$$

式中，J_c 为基于概率密度函数的可分性判据，如前面介绍的 Bhattacharyya 距离和 Chernoff 距离等可分性判据。通过求解判据的极值点即可得到使映射后的特征组可分性最好的变换矩阵。在 $J_c(W)$ 可微的情况下，就是求解偏微分方程：

$$\frac{\partial J_c(\boldsymbol{W})}{\partial \boldsymbol{W}}=0 \tag{5-59}$$

现在以 Chernoff 距离为例，分析特征提取方法。当两类都是正态分布时，两类的分布函数分别为

$$p(\boldsymbol{x} \mid \omega_1)=\frac{1}{(2\pi)^{n/2}\,|\Sigma_1|^{1/2}}\exp\left[-\frac{1}{2}(\boldsymbol{x}-\boldsymbol{\mu}_1)^{\mathrm{T}}\Sigma_1^{-1}(\boldsymbol{x}-\boldsymbol{\mu}_1)\right] \tag{5-60}$$

$$p(\boldsymbol{x} \mid \omega_2)=\frac{1}{(2\pi)^{n/2}\,|\Sigma_2|^{1/2}}\exp\left[-\frac{1}{2}(\boldsymbol{x}-\boldsymbol{\mu}_2)^{\mathrm{T}}\Sigma_2^{-1}(\boldsymbol{x}-\boldsymbol{\mu}_2)\right] \tag{5-61}$$

变换后的判据 J_c 是 $\boldsymbol{W}$ 的函数，记为 $J_c(\boldsymbol{W})$。

$$\begin{aligned}J_c(\boldsymbol{W})=&\frac{1}{2}s(1-s)\,\mathrm{Tr}\{\boldsymbol{W}^{\mathrm{T}}\boldsymbol{MW}\,[(1-s)\boldsymbol{W}^{\mathrm{T}}\Sigma_1\boldsymbol{W}+s\boldsymbol{W}^{\mathrm{T}}\Sigma_2\boldsymbol{W}]^{-1}\}+\\&\frac{1}{2}\ln\,|(1-s)\boldsymbol{W}^{\mathrm{T}}\Sigma_1\boldsymbol{W}+s\boldsymbol{W}^{\mathrm{T}}\Sigma_2\boldsymbol{W}|-\frac{1}{2}(1-s)\ln\,|\boldsymbol{W}^{\mathrm{T}}\Sigma_1\boldsymbol{W}|-\frac{1}{2}s\ln\,|s\boldsymbol{W}^{\mathrm{T}}\Sigma_2\boldsymbol{W}|\end{aligned} \tag{5-62}$$

式中，$M=(\boldsymbol{\mu}_1-\boldsymbol{\mu}_2)(\boldsymbol{\mu}_1-\boldsymbol{\mu}_2)^{\mathrm{T}}$。因为 $J_c(\boldsymbol{W})$ 是标量，可以对 $\boldsymbol{W}$ 的各个分量求偏导，并令其为零，简化后的矩阵方程为

$$\begin{aligned}&\boldsymbol{MW}-[(1-s)\Sigma_1\boldsymbol{W}+s\Sigma_2\boldsymbol{W}]\,[(1-s)\boldsymbol{W}^{\mathrm{T}}\Sigma_1\boldsymbol{W}+s\boldsymbol{W}^{\mathrm{T}}\Sigma_2\boldsymbol{W}]^{-1}+\\&\quad\Sigma_1 W\,[\boldsymbol{I}-(\boldsymbol{W}^{\mathrm{T}}\Sigma_1\boldsymbol{W})^{-1}\boldsymbol{W}^{\mathrm{T}}\Sigma_2\boldsymbol{W}]+\Sigma_2\boldsymbol{W}\,[\boldsymbol{I}-(\boldsymbol{W}^{\mathrm{T}}\Sigma_2\boldsymbol{W})^{-1}\boldsymbol{W}^{\mathrm{T}}\Sigma_1\boldsymbol{W}]=0\end{aligned} \tag{5-63}$$

上式是 $\boldsymbol{W}$ 的非线性函数，只能采用数值优化的方法得到近似最优解。但是在以下两种特殊情况下可以得到最优的解析解。

1. $\Sigma_1=\Sigma_2=\Sigma,\boldsymbol{\mu}_1\neq\boldsymbol{\mu}_2$

在此种情况下，最优特征提取矩阵是由 $\Sigma^{-1}\boldsymbol{M}$ 矩阵的特征向量构成的，又因为矩阵 $\boldsymbol{M}$ 的秩为 1，故 $\Sigma^{-1}\boldsymbol{M}$ 只有一个非零特征值，对应于特征值为零的那些特征向量对 $J_c(\boldsymbol{W})$ 没有影响，因此可以舍去，所以最优变换 $\boldsymbol{W}$ 是 $\Sigma^{-1}\boldsymbol{M}$ 的非零特征值对应的特征向量 $\boldsymbol{v}$，不难得到

$$\boldsymbol{W}=\boldsymbol{v}=\Sigma^{-1}(\boldsymbol{\mu}_1-\boldsymbol{\mu}) \tag{5-64}$$

这个结果与 Fisher 的线性判别式的解相同。

2. $\Sigma_1\neq\Sigma_2,\boldsymbol{\mu}_1=\boldsymbol{\mu}_2$

在此种情况下，最优特征矩阵是由 $\Sigma_2^{-1}\Sigma_1$ 满足关系式

$$(1-s)\lambda_1^s+s\lambda_1^{s-1}\geqslant(1-s)\lambda_2^s+s\lambda_2^{s-1}\geqslant\cdots\geqslant(1-s)\lambda_n^s+s\lambda_n^{s-1} \tag{5-65}$$

的前 d 个特征值所对应的特征向量构成的，此时 $J_c(\boldsymbol{W})$ 取最大值。

5.3.3 基于熵函数可分性判据的特征提取方法

基于熵函数的可分性判据的提出，主要是考虑不同分布特性对判决的影响。当多类的分布呈均匀分布时，信息熵为最大值，此时具有最差的可分性。当多类呈 0-1 分布时，信息熵达到最小值，此时，具有最好的可分性。基于信息熵的可分性判据和信息熵呈反比关系，为了提取出熵函数可分性判据意义上的最佳特征组，也是选择线性变换，可将变换矩阵带入判据表达式，有

$$\boldsymbol{y}_{d\times1}=\boldsymbol{W}_{d\times n}^{\mathrm{T}}\boldsymbol{x}_{n\times1} \tag{5-66}$$

$$J_H=J_H(\boldsymbol{W}) \tag{5-67}$$

通过求解判据的极值点即可得到使映射后的特征组可分性最好的变换矩阵。在

$J_H(\boldsymbol{W})$ 可微的情况下，就是求解偏微分方程

$$\frac{\partial J_H(\boldsymbol{W})}{\partial \boldsymbol{W}} \tag{5-68}$$

求出极值点即为所求的线性变换，在本书中不展开讨论，读者可参看有关文献。

5.4　基于主成分分析的特征提取

主成分分析法（Principal Component Analysis，PCA），又称主元分析、K－L 变换（Karhunen－Loeve Transform），是模式识别判别分析中最常用的一种线性映射方法。它是一种多元统计数据分析方法，它用数量不多的若干个线性无关的综合变量来描述多维空间的绝大部分动态信息，是基于目标统计特性的最佳正交变换，经过变换后产生的新的分量正交或者不相关，同时以部分新的分量表示原向量的均方误差最小。

作为线性的特征提取方法，PCA 的目的就是通过线性变换，将原多维变量组合成相互独立的少数几个能充分反映总体信息的新变量，从而在不丢失主要信息的条件下避开自变量之间的共线性问题，同时压缩自变量维数，以便于随后的分类分析。它基于数据的协方差矩阵进行分析，提取不相关的各个特征分量，消除数据间的二阶相关。

5.4.1　PCA 原理

PCA 的主要思想是找到一个投影映射，使得样本从 n 维空间降到 d 维子空间的同时保留尽可能多的方差（能量）。其本质上是一个降维过程，就是寻找、保留数据中最有效、最重要的“成分”，舍去一些冗余的、包含信息量很少的“成分”的过程。

设原始数据表中的变量为 $X_1, X_2, \cdots, X_n$，主成分分析的实质是对原始坐标系进行平移和旋转变换，使得新坐标的原点与数据群点的重心重合，新坐标系的第一轴与数据变异的最大方向对应，新坐标的第二轴与第一轴标准正交，并且对应于数据变异的第二大方向，……，依此类推。这些新轴分别被称为第一主轴 $\boldsymbol{u}_1$，第二主轴 $\boldsymbol{u}_2$，……，若经舍弃少量信息后，主轴 $\boldsymbol{u}_1, \boldsymbol{u}_2, \cdots, \boldsymbol{u}_d\ (d < n)$ 能够十分有效地表示原数据的变异情况，则原来的 n 维空间就被降至 d 维空间。生成的空间 $L(\boldsymbol{u}_1, \boldsymbol{u}_2, \cdots, \boldsymbol{u}_d)$ 被称为 d 维主超平面。可用样本原点在主超平面上的投影来近似表示原群点。

原群点在主超平面第一轴上的投影构成新数据表的第一个变量 $\boldsymbol{y}_1 \in \mathbf{R}^d$，称为第一主成分。一般地，$\boldsymbol{y}_i$ 被称为第 i 主成分，$i=1,2,\cdots,d$。若以 $\bar{\boldsymbol{\mu}}_i$ 表示 $\boldsymbol{y}_i$ 的均值，$V(\boldsymbol{y}_i)$ 表示 $\boldsymbol{y}_i$ 的方差，则主成分分析的结果为

$$\bar{\boldsymbol{\mu}}_i = 0, \quad i=1,2,\cdots,d \tag{5-69}$$

$$V(\boldsymbol{y}_1) \geqslant V(\boldsymbol{y}_2) \geqslant \cdots \geqslant V(\boldsymbol{y}_d) \tag{5-70}$$

按数据变异最大方向原则，$\boldsymbol{y}_1$ 是携带原数据信息最多的一维变量，而 d 维主超平面是保留原数据信息最大的 d 维子空间。按最小二乘原则，d 维主超平面是最接近原样本群点的 d 维超平面。

5.4.2　主成分的定义

主成分：设 $\boldsymbol{x} = [x_1 \quad x_2 \quad \cdots \quad x_p]^{\mathrm{T}}$ 为随机向量，其第 i 个主分量定义为 $\boldsymbol{y}_i = \boldsymbol{L}_i^{\mathrm{T}}\boldsymbol{x}$，其中 i

$=1,2,\cdots,p,\boldsymbol{L}_i\in \boldsymbol{l}=\{\boldsymbol{L}:\boldsymbol{L}^{\mathrm{T}}\boldsymbol{L}=\boldsymbol{I}\}$，且满足条件：

(1)$\boldsymbol{y}_1$ 是一切形如 $\boldsymbol{y}=\boldsymbol{L}^{\mathrm{T}}\boldsymbol{x}$ 中方差达到最大者($\boldsymbol{L}\in \boldsymbol{l}$)；

(2)$\boldsymbol{y}_2$ 是一切形如 $\boldsymbol{y}=\boldsymbol{L}^{\mathrm{T}}\boldsymbol{x}$ 中与 $\boldsymbol{y}_1$ 不相关的且方差达到最大者($\boldsymbol{L}\in \boldsymbol{l}$)；

(3)$\boldsymbol{y}_k$ 是一切形如 $\boldsymbol{y}=\boldsymbol{L}^{\mathrm{T}}\boldsymbol{x}$ 中与 $\boldsymbol{y}_1,\boldsymbol{y}_2,\cdots,\boldsymbol{y}_{k-1}(k=3,4,\cdots,p)$ 都不相关的且方差达到最大者($\boldsymbol{L}\in \boldsymbol{l}$)；而 $\boldsymbol{l}$ 称为 p 维正则化矢量集。

由主成分分析的基本思想可以看出，主成分分析是把 p 个随机变量的总方差分解为 p 个不相关的随机变量的方差之和 $\lambda_1+\lambda_2+\cdots+\lambda_p$。各个主成分的方差即相应的特征根 λ_k 表明了该主成分 $\boldsymbol{y}_k$ 的方差在全部方差中的比值，因此通常定义方差 λ_k 为第 k 个主成分 $\boldsymbol{y}_k$ 的贡献率，方差 λ_k 的值越大，表明主成分 $\boldsymbol{y}_k$ 综合原始变量的能力越强，或由 $\boldsymbol{y}_k$ 的差异来解释 $\boldsymbol{x}$ 这个随机向量的差异的能力越强。

方差贡献率：设 $\boldsymbol{x}=[x_1,x_2,\cdots,x_p]^{\mathrm{T}}$ 为随机向量，协方差矩阵 $\boldsymbol{S}=E[\boldsymbol{x}*\boldsymbol{x}^{\mathrm{T}}]$，设 $\boldsymbol{S}$ 的前 p 个由大至小的特征值为 $\lambda_1,\lambda_2,\cdots,\lambda_p$，称 η 为第 k 个主分量 $\boldsymbol{y}_k$ 的方差贡献率，η_k 为前 k 个主分量 y_k 的累积方差贡献率，其中：

$$\eta=\frac{\lambda_k}{\sum_{i=1}^{p}\lambda_i} \tag{5-71}$$

$$\eta_k=\frac{\sum_{i=1}^{k}\lambda_i}{\sum_{j=1}^{p}\lambda_j} \tag{5-72}$$

5.4.3　主成分的性质

PCA 是一种统计方法，其在分析中主要利用了所分析对象的内在统计特征，因而通过 PCA 变换使得提取的分类特征更加明显，使其能量向某些相对分量集中，增强随机矢量总体的确定性，分类效果也可更好。其核心思想就是从高维数据对象的 n 维特征中挑选 d 个子集，这些 d 维特征的线性组合可以产生较好的特征提取效果。它是一种隐式特征提取方法，可以根据累积方差贡献率来判断提取效果。其有下述优点。

(1) 最大化样本集在低维投影的方差，即在相同的维数下，使用主成分分析对原始数据进行变换所得的数据中将包含最多的原始数据的信息。样本集从 n 维降到 d 维保留的方差(能量) 比例为

$$r=\left(\sum\nolimits_{j=1}^{d}\lambda_j\right)/\left(\sum\nolimits_{i=1}^{n}\lambda_i\right)$$

(2) 去除特征之间的相关性(decorelation)，投影后的样本 $\boldsymbol{Y}=\boldsymbol{L}^{\mathrm{T}}\boldsymbol{X}$ 是不相关的，则有

$$E(\boldsymbol{YY}^{\mathrm{T}})=E((\boldsymbol{L}^{\mathrm{T}}\boldsymbol{X})(\boldsymbol{L}^{\mathrm{T}}\boldsymbol{X})^{\mathrm{T}})=\boldsymbol{L}^{\mathrm{T}}\boldsymbol{E}(\boldsymbol{XX}^{\mathrm{T}})\boldsymbol{L}=\boldsymbol{L}^{\mathrm{T}}\mathrm{cov}(\boldsymbol{X})\boldsymbol{L}=\boldsymbol{\Lambda} \tag{5-73}$$

式中，$\boldsymbol{\Lambda}$ 是特征值矩阵，是对角阵。可以看出投影后的样本之间的相关系数为零，即不相关。

(3) 最小化所有样本的重构误差。对于样本 $\boldsymbol{x}_i$，投影系数 $\boldsymbol{y}_i=\boldsymbol{L}^{\mathrm{T}}(\boldsymbol{x}_i-\boldsymbol{\mu})$，由于 $\boldsymbol{L}$ 是正交基，所以在原空间里的重构 $\hat{\boldsymbol{x}}_i=\boldsymbol{L}\boldsymbol{y}_i$。则由 PCA 重构的误差为 $e=\|(\boldsymbol{x}_i-\boldsymbol{\mu})-\hat{\boldsymbol{x}}_i\|^2=\sum_{j=m+1}^{n}\lambda_j$，可以看出 PCA 在最小重构误差的意义上是最优投影。

PCA 把高维样本投影到一个低维子空间，并且最大可能地保留方差，通过 PCA 变换后的

样本向量各成分之间是二阶不相关的，但是各成分之间还存在高阶相关，从信息冗余的角度看，PCA没有找到最优解。对于“降维”问题，当待处理的对象是具有很高维数的大型数据时，运算速度将会很慢。而且PCA没有考虑分类的概念，是一种非监督的特征提取方法，在PCA处理过程中，将全体样本视为一个整体，寻求最大散度方向，然而在大多情况下，散度最大方向与分类最有利方向是不一致的。PCA的本质是一种线性变换，处理非线性问题的能力弱，鲁棒性差，易受到孤立点的干扰，从而大大影响了运算的精度，而且PCA的前提是假设样本符合高斯分布，限制了其描述复杂问题的能力。上述不足使得PCA的适用性受到了限制。

5.4.4 算法实现

由主成分分析的基本思想和定义可知，主成分的求解可以通过求解样本的协方差矩阵的特征分解来实现，通过选取协方差矩阵的特征向量就可以构成一个低维子空间的正交基。由此，可以概括出主成分分析的计算步骤：

步骤1：平移坐标系，求出训练集样本总体的均值$\boldsymbol{\mu}$，并将其作为新坐标系的原点，则n维向量变换后的坐标为

$$(\boldsymbol{x}_m^i)'=\boldsymbol{x}_m^i-\boldsymbol{\mu},\quad i=1,2,\cdots,C,\quad m=1,2,\cdots,N_i \tag{5-74}$$

步骤2：计算总体离差矩阵$\boldsymbol{S}_T$，并求出其特征值和对应的特征向量，将特征值递减排序，取前d个大的特征值，使得这d个特征值之和与所有特征值之和的比值大于等于α，其中α为阈值，通常情况下，α取0.9至1之间的数值，这d个特征值所对应的特征向量构成变换矩阵$\boldsymbol{U}=[u_1,u_2,\cdots,u_d]$，$\boldsymbol{U}$即为特征提取器；

步骤3：（将n维原始向量变换成d维新向量）其他样本对这个特征子空间投影，求出其系数向量即为此样本的新特征，即

$$\boldsymbol{y}_m^i=\boldsymbol{U}^{\mathrm{T}}*(\boldsymbol{x}_m^i)',\quad i=1,2,\cdots,C,\quad m=1,2,\cdots,N_i \tag{5-75}$$

至此，$\boldsymbol{y}_m^i$的第一维分量就称为原始向量$\boldsymbol{x}_m^i$的第一主分量，它包含了原始向量中最多的信息，$\boldsymbol{y}_m^i$的第二维分量就称为原始向量$\boldsymbol{x}_m^i$的第二主分量，依此类推。

令$\boldsymbol{Y}=\boldsymbol{U}^{\mathrm{T}}\boldsymbol{X}$，即可把训练样本矩阵$\boldsymbol{X}$投影到特征子空间$\boldsymbol{U}$中。其中，$\boldsymbol{Y}$称为训练样本矩阵$\boldsymbol{X}$的PCA降维特征，也称为识别特征，且$\boldsymbol{Y}\in\mathbf{R}^{d*M}$。这样，$n$维的训练样本经过PCA算法后，得到了$d$维的降维特征，数据维数得到了大大压缩。

5.5 特征选择方法

根据特征选择的定义，要从n个特征分量中选出d个最有效的特征。一般情况下，原始特征向量的维数是已知的，在保证分类效果的前提下，压缩后的特征空间维数d未知。因此，特征选择的目的，不仅在于选出所要保留的特征，而且需要确定保留多少个特征，即需要解决两个问题：什么是有效特征组；寻找有效特征组的方法。

特征组可以通过上节介绍的各种可分性判据来判断其有效性。对于特征选择问题，由于选择后的特征维数未知，即d的选择范围为$1\sim n$之间的任一个自然数，因此有的特征组合为

$$\mathrm{C}_n^d=\frac{n!}{(n-d)!\ d!} \tag{5-76}$$

当$n=100,d=10$时，100个里面选10的组数为17 310 309 456 440。若d遍取$1\sim 99$，

则需计数的可分性判据的个数为

$$C_{100}^{1}+C_{100}^{2}+\cdots+C_{100}^{99}=2^{100}-2 \tag{5-77}$$

可见,选择范围是非常大的。因此人们提出了一系列搜索技术,其中一些是次优的,一些是最优的。

5.5.1 最优搜索算法

分支界定法是一种不包括穷举搜索的最优搜索方法,它的搜索过程可以用一个树结构来描述,它是一种自上而下的方法。这种方法主要利用了特征选择可分性判据的单调性,即对于两个特征子集 X 和 Y,有 $X\subset Y\Rightarrow J(X)\leqslant J(Y)$。

现在用一个例子来描述这种方法。假设希望从 5 个特征中选择最好的 3 个特征,整个搜索过程采用树结构表示出来,节点所标的数字是剩余特征的标号。每一级在上一级的基础上去掉一个特征。5 个特征中选 3 个,两级即可。为了使子集不重复,仅允许按增序删除特征,这样就避免了计算机中不必要的重复。

假定已获得树结构如图 5-2 所示,我们从分支数量不密集的部分到分支数量最密集的部分(图 5-2 中的从右到左)搜索树结构。搜索过程在总体上是由上至下,从右至左地进行。在这个过程中包含几个子过程:向下搜索、更新界值、向上回溯、停止回溯再向下搜索。

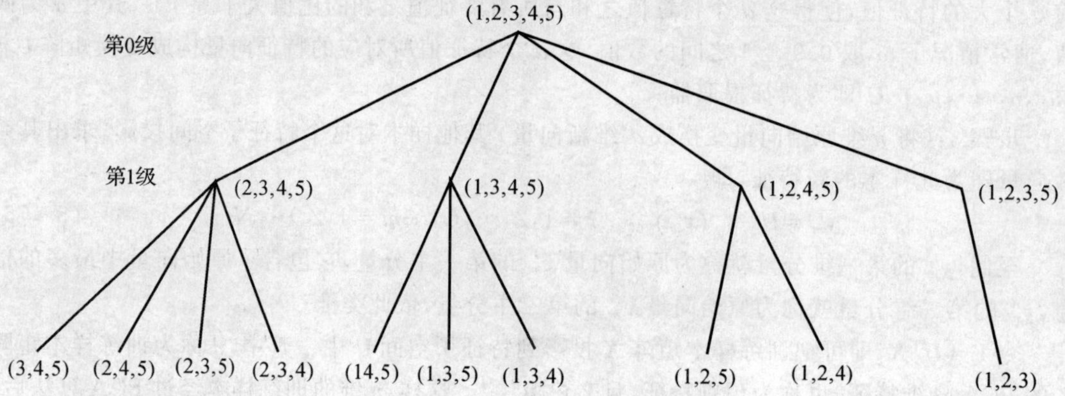

图 5-2 分支界定法树型图

将计算出的每个节点的可分性判据值标于相应节点(见图 5-3)。开始时置界值 $B=0$,首先从树的根节点沿最右边的一支自上而下搜索,直接到达叶节点,得到特征集 (1,2,3),可分性判据值为 $J=77.2$,此时更新界值 $B=77.2$,搜索回溯到最近的分支节点,并向下行进到该节点下一个最右的分支,计算 ({1,2,4,5}),然后计算 $J=$ ({1,2,4}),发现该值比当前界值小,因此抛弃该特征组合,并回溯到上一级节点,再向下搜索到节点 (1,2,5) 并计算 $J=$ ({1,2,5}),该值大于界值,则更新界值 $B=80.1$。类似地计算 $J=$ ({1,3,4,5}),由于其值小于界值,因此中止对该节点以下部分的树结构搜索,因为根据单调性,该特征集合的所有子集的可分性判据都低于其自身的可分性判据。这时该算法回溯到最近的分支节点并向下进行到下一个最右分支 (2,3,4,5)。计算 $J=$ ({2,3,4,5}),同样,由于其值低于界值,该节点以下的其余部分也无须计算。这样,尽管并没有计算所有三个变量的可能组合的可分性判据,但该算法仍然是最优的。

该算法高效的原因在于：① 利用了判据 J 值的单调性；② 树的右边比左边结构简单，而搜索过程正好是从右至左进行的。

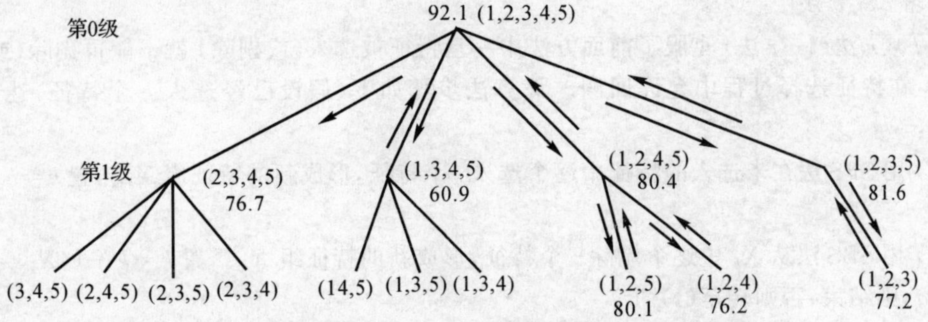

图 5-3　分支界定法搜索回溯示意图

5.5.2　次优搜索算法

1. 单独最优特征组合

从 n 个特征中直接选出 d 个特征，若需要直接计算，需要计算所有可能特征组合的可分性判据以寻找其中最优的一组特征，计算量相对较大，单独最优特征组合方法提出了一种较简单的方法。单独最优特征组合方法的基本思路是，计算每个特征单独使用时的有效性判据值，并根据该值对特征进行排序，使

$$J(x_1) \geqslant J(x_2) \geqslant \cdots \geqslant J(x_n) \tag{5-78}$$

选择前 d 个分类效果最好的特征作为特征集。

这种方法在特征之间不相关时，能够得到合理的特征集，然而，如果特征之间是相关的，则选择的特征集将是次优的，其原因是该方法忽略了各特征之间的相关性。

2. 顺序前进法

顺序前进法(Sequential Forward Selection，SFS)的基本思路是从空集开始，每次从未选入的特征中选择一个特征，使它与已选入的特征组合在一起的有效性判据最大，直到选入特征数目达到指定维数为止。该方法是一种自下而上的搜索方法。

SFS 法考虑了所选特征与已入选特征之间的相关性，因此其性能优于单独最优特征组合方法，但这种方法的主要缺点是一旦某个特征被选入特征组合，即使加入新的特征使它变得多余，也无法再将其剔除。

SFS 法每次增加一个特征，它没有考虑未入选特征之间的相关性，为了克服这一缺点，人们将 SFS 算法进行推广，在增加特征时每次增加 r 个特征，即每次从未入选的特征中选择 r 个特征，使 r 个特征加入后有效性判据最大，这种方法称为广义顺序前进法(Generalized Sequential Forward Selection，GSFS)。

3. 顺序后退法

顺序后退法(Sequential Backward Selection，SBS)的基本思路是从全部特征开始的，每次剔除一个特征，所剔除的特征应使保留下的特征组合的有效性判据最大。该方法是一种自上而下的搜索方法。

顺序后退法的计算是在高纬空间中进行的，因此计算量比顺序前进法要大。此方法也可

以推广到每次剔除 r 个特征的广义顺序后退法(Generalized Sequential Backward Selection，GSBS)。

4. 增 l 减 r 法

增 l 减 r 法($l-r$ 法)克服了前面方法中一旦特征被选入(或剔除)就不能再剔除(或选入)的缺点，在特征选择过程中允许回溯。该算法步骤如下(假设已经选入 k 个特征，达到特征组 X_k)：

(1) 用 SFS 法在未选入的特征中逐个选入 l 个特征，形成新的特征组 X_{k+l}，置 $k=k+l$，$X_k=X_{k+l}$。

(2) 用 SBS 法从 X_k 中逐个剔除 r 个特征，形成新的特征组 X_{k-r}，置 $k=k-r$，$X_k=X_{k-r}$。若 $k=d$，则结束；否则转至(1) 步。

需要指出的是，若 $l>r$，则 $l-r$ 法是自下而上的算法，先执行(1)，然后执行(2)，起始时置 $k=0$，$X_0=\Phi$；若 $l<r$，则 $l-r$ 法是自上而下的算法，先执行(2)，然后执行(1)，起始位置 $k=N$，$X_0=\{x_1,x_2,\cdots,x_N\}$。

5.5.3 遗传算法

特征的选择是一个组合优化问题，因此可以使用解决优化问题的方法解决特征选择问题。遗传算法作为一个通用的优化算法，由于其编码技术和遗传操作比较简单，优化不受限制性条件约束以及其并行性和全局解空间搜索，越来越受到人们的重视。

遗传算法主要从达尔文的生物进化论得到启迪。生物在自然界中的生存繁衍，显示出了其对自然环境优异的自适应能力。受其启发，人们致力于生物各种生存特性的机理研究和行为模拟，为人工自适应系统的设计和开发提供了广阔的前景。基于对生物遗传和进化过程的计算机模拟，产生了遗传算法，它使得各种人工系统有优良的自适应能力和优化能力。

我们习惯上把 Holland 在 1975 年提出的基本遗传算法称为经典遗传算法或者叫做传统遗传算法(Canonical Genetic Algorithm，CGA)。

运用基本遗传算法进行问题求解的过程：

(1)编码：GA 在进行搜索之前先将解空间的可行解数据表示成遗传空间的基因型结构数据，这些结构数据的不同组合就构成了不同的可行解。

(2)初始群体的生成：随机产生 N 个初始结构数据，每个结构数据称为一个个体，N 个个体构成了一个群体。GA 以这 N 个结构数据作为初始点开始迭代。

(3)适应度评估检测：适应度函数表明个体或者解的优劣性。不同的问题，适应度函数的定义方式不同。

(4)选择：是为了从当前群体中选出优良的个体，使它们有机会作为父代为下一代繁衍子孙。遗传算法通过选择过程体现这一思想，进行选择的原则是适应性强的个体为下一代贡献一个或者多个后代的概率大。选择实现了达尔文的适者生存原则。

(5)交叉：是遗传算法中最主要的遗传操作。通过交叉操作可以得到新一代个体，新个体继承了父代个体的特性。交叉体现了信息交换的思想。

(6)变异：首先在群体中随机选择一个个体，对于选中的个体以一定的概率随机地改变数据结构中某个串位的值，同生物界一样，GA 中变异发生的概率也很低，通常取值在 0.001～0.1 之间，变异为新个体的产生提供了机会。

遗传算法可定义为一个八元组：

$$SGA=(C,E,P_0,M,\phi,\Gamma,\psi,T)$$

式中，C 为个体的编码方法；E 为个体适应度评价函数；P_0 为初始群体；M 为群体大小；ϕ 为选择算子；Γ 为交叉算子；ψ 为变异算子；T 为遗传运算终止条件。

一般情况下，可以将遗传算法的执行分为两个阶段：它从当前群体开始，然后通过选择生成中间群体，之后在中间群体上进行重组与变异，从而形成下一代新的群体。

遗传算法的一般流程如图 5-4 所示。

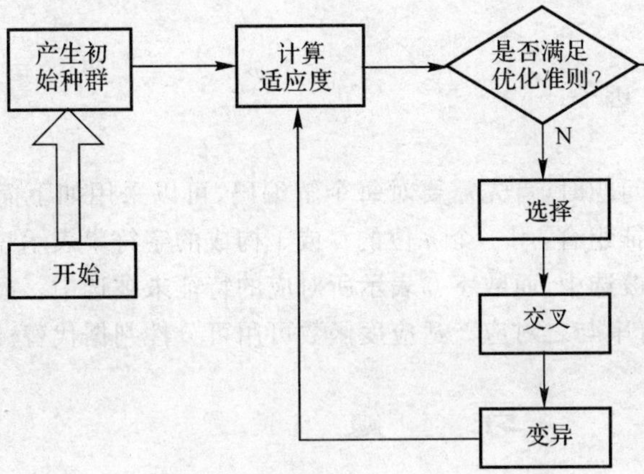

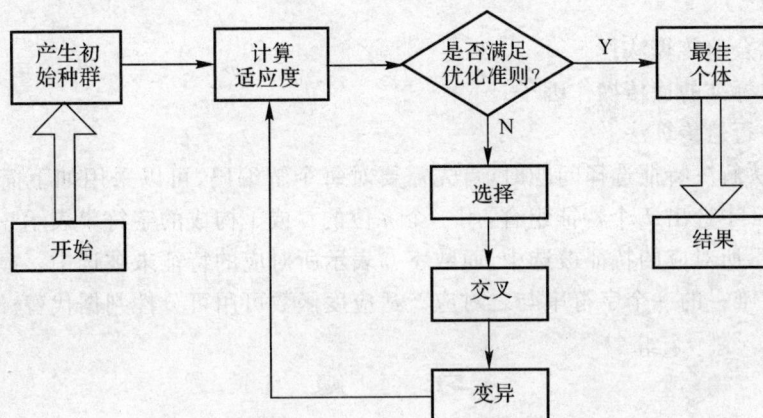

图 5-4　遗传算法流程图

步骤 1：随机产生初始种群，个体数目一定，每个个体表示染色体的基因编码；

步骤 2：计算个体的适应度，并判断是否符合优化准则，若符合，输出最佳个体及其代表的最优解，并结束计算；否则转到步骤 3；

步骤 3：依据适应度选择再生个体，适应度高的个体被选中的概率高，适应度低的个体可能被淘汰；

步骤 4：按照一定的交叉概率和交叉方法，生成新的个体；

步骤 5：按照一定的变异概率和变异方法，生成新的个体；

步骤 6：由交叉和变异产生新一代的种群，返回到步骤 2；

遗产算法中的优化准则，一般依据问题的不同有不同的确定方式。例如，可以采用以下的准则之一作为判断条件。

(1)种群中个体的最大适应度超过预先设定值；

(2)种群中个体的平均适应度超过预先设定值；

(3)世代数超过预先设定值。

遗传算法的基本操作有下述 4 个运行参数需要提前设定。

(1)N：群体大小，即群体中所含个体的数量，一般取 20 ～ 100；

(2)T：遗传算法的终止进化代数，一般取为 100 ～ 500；

(3)P_c：交叉概率，一般取 0.4 ～ 0.99；

(4)P_m：变异概率，一般取 0.000 1 ～ 0.1。

需要说明的是，这 4 个运行参数对遗传算法的求解结果和求解效率都有一定的影响，但是目前还没有合理设置它们的理论依据。在一次算法的实际应用中，往往需要经过多次运算后才能确定出这些参数合理的取值大小和取值范围。

自从 1975 年 Holland 系统地提出遗传算法的完整结构和理论以来，很多学者一直致力于推动遗传算法的发展，对编码方式、控制参数的确定、选择方式和交叉机理等进行了深入的探究，引入了动态策略和自适应策略以改善遗传算法的性能，提出了各种变形的遗传算法。其基本途径包括以下几方面。

(1)采用动态自适应技术，在进化过程中调整算法的控制参数和编码粒度；

(2)改变遗传算法的组成成分或使用技术，如选用优化控制参数、适合问题特性的编码技术等；

(3)采用混合遗传算法；

(4)采用非标准的遗传操作因子；

(5)采用并行遗传算法。

用遗传算法解决特征选择问题时，首先需要对每个解编码，可以采用如下简单编码方式：若要从 n 个特征中选出 d 个特征组合，用一个 n 位的 0 或 1 构成的字符串表示一组特征组合，其中数字 1 表示所对应的特征被选中，而数字 0 表示所对应的特征未被选中。显然，对于任何一种组合，存在唯一的一个字符串与之对应。适应度函数可用可分性判据代替。

习　题

5.1　有关于描述各模式之间特征的相似程度的要素有哪些？

5.2　证明 Bhatta Charyya 距离与最小错误概率判决准则的错误概率式 P_e 具有关系

$$P_e \leqslant - [p(\omega_1)\,p(\omega_2)]^{\frac{1}{2}} \exp(-J_B)$$

5.3　论述特征提取与特征选择的作用与联系。

5.4　已知 $\boldsymbol{x}=[5\quad 9\quad 6\quad 2\quad 4\quad 10]$；$\boldsymbol{y}=[2\quad 7\quad 3\quad 1\quad 8\quad 4]$；计算以下类型的两点间距离 $D(\boldsymbol{x},\boldsymbol{y})$：

(1) 计算两点间欧几里得距离 $D(\boldsymbol{x},\boldsymbol{y})$；

(2) 计算两点间加权欧几里得距离 $D(\boldsymbol{x},\boldsymbol{y})$，权系数 $\boldsymbol{W}=[6\quad 5\quad 4\quad 3\quad 2\quad 1]$；

(3) 计算两点间汉明距离 $D(\boldsymbol{x},\boldsymbol{y})$；

(4) 计算两点间切比雪夫距离 $D(\boldsymbol{x},\boldsymbol{y})$；

5.5　已知两个数据分别为 ω_1：(0,0,1)，(1,1,1)，(1,0,1)，(1,0,0) 和 ω_2：(0,0,0)，(1,1,0)，(0,1,0)，(0,1,1)。

(1) 将该 8 个数据作为一个数据集对其进行 PCA 变换；

(2) 求这两个数据集的类内离散度矩阵。

5.6　主成分分析的目的和实质是什么？

5.7　简述运用基本遗传算法进行问题求解的过程。

5.8　编写分支界定法程序并自行产生实验数据进行特征选择。

参考文献

[1]　西奥多里蒂斯. 模式识别[M]. 北京：电子工业出版社，2010.

[2]　李弼程,等. 模式识别原理与应用[M]. 西安:西安电子科技大学出版社,2008.
[3]　杨扬,吕静. 高维数据的特征选择研究[J]. 南京师范大学学报(工程技术版),2012,12(1):57 - 63.
[4]　孙即祥,等. 现代模式识别[M]. 长沙:国防科技大学出版社,2001.
[5]　姚旭,王晓丹,张玉玺,等. 特征选择方法综述[J]. 控制与决策,2012,27(2):161 - 192.
[6]　孙鑫. 机器学习中特征选择问题研究[D]. 长春:吉林大学,2013.
[7]　高绪伟. 核 PCA 特征提取方法及其应用研究[D]. 南京:南京航空航天大学,2009.
[8]　边肇祺,等. 模式识别[M]. 北京:清华大学出版社,2007.
[9]　刘依恋. 模式分类中特征选择算法研究[D]. 哈尔滨:哈尔滨理工大学,2014.
[10]　陈晓红. 数据降维的广义相关分析研究[D]. 南京:南京航空航天大学,2011.
[11]　姚莉丽. 基于主成分分析的去除乘性噪声算法研究[D]. 西安:西安电子科技大学,2011.
[12]　王小平,曹立明. 遗传算法:理论、应用与软件实现[M]. 西安:西安交通大学出版社,2002.

第6章　目标识别算法

在目标识别过程中，分类器的设计是一个重要问题，即要考虑选择哪一种分类界面和分类器构造方法，具体包括确定分类判决函数，及其与分类器有关的参数获取学习方法，尤其是分类器的相关参数，往往是在分类器构造中利用有监督学习的过程进一步调整，这一点对于大规模模式识别分类问题尤为重要。本章主要介绍聚类算法、最近邻方法和人工神经网络三类典型的目标识别算法。

6.1　聚类算法

聚类算法的基本思想非常朴素、直观和简单，它是根据各个待分类的模式特征相似程度进行分类的，相似的归为一类，不相似的作为另一类。简单地说，相似就是两个特征矢量之间各分量分别较接近。由于在分类中不需要用训练样本进行学习和训练，故此类方法称为无监督分类。

6.1.1　聚类的技术方案

聚类分析有许多具体的算法，有的比较简单，有的相对复杂和完善，从算法的基本策略上看，可以分为下述3种。

1.根据相似性阈值和最小距离原则的简单聚类方法

针对具体问题确定相似性阈值，将模式到各聚类中心间的距离与阈值比较，都大于阈值时该模式就作为另一类的类心，小于阈值时按最小距离原则将其分划到某一类中。这类算法运行中模式的类别及类的中心一旦确定将不会改变。

2.按最小距离原则不断进行两类合并的方法

首先视各模式自成一类，然后将距离最小的两类合并成一类，不断地重复这个过程，直到成为两类为止。这类算法运行中，类心不断地修正，但模式类别一旦指定后就不再改变。就是说模式一旦划为一类后就不再被分划开。这类方法称为谱系聚类法。

3.依据准则函数动态聚类法

设定一些分类的控制参数，定义一个能表征聚类过程或结果优劣的准则函数，聚类过程就是使准则函数取极值的优化过程。算法运行中，类心不断地修正，各模式类别的指定也不断更改。这类方法有C-均值法、ISODATA法。

6.1.2　根据相似性阈值和最小距离原则的简单聚类方法

6.1.2.1　根据相似性阈值和最小距离原则的简单聚类方法

1.条件及约定

设待分类的模式集为$\{\boldsymbol{x}_1,\boldsymbol{x}_1,\cdots,\boldsymbol{x}_N\}$，选定类内距离门限$T$。

2. 算法思想

计算模式特征矢量到聚类中心的距离并与门限 T 比较，决定归属哪类或作为新的一类中心(见图 6-1)。这种算法通常采用欧氏距离。

3. 算法原理步骤

步骤 1：取任意的一个模式特征矢量作为第一个聚类中心，例如，令 ω_1 类的中心 $\boldsymbol{z}_1=\boldsymbol{x}_1$。

步骤 2：计算下一个模式特征矢量 $\boldsymbol{x}_2$ 到 $\boldsymbol{z}_1$ 的距离 d_{21}，若 $d_{21}>T$，则建立新的一类 ω_2，其中心 $\boldsymbol{z}_2=\boldsymbol{x}_2$；若 $d_{21}\leqslant T$ 则 $\boldsymbol{x}_2\in\omega_1$。

步骤 3：假设已有聚类中心 $\boldsymbol{z}_1,\boldsymbol{z}_2,\cdots,\boldsymbol{z}_k$，计算尚未确定类别的模式特征矢量 $\boldsymbol{x}_i$ 到各聚类中心 $\boldsymbol{z}_i(j=1,2,\cdots,k)$ 的距离 d_{ij}。如果 $d_{ij}>T(j=1,2,\cdots,k)$，则 $\boldsymbol{x}_i$ 作为新的一类 ω_{k+1} 的中心 $\boldsymbol{z}_{k+1}=\boldsymbol{x}_i$；否则，如果

$$d_{il}=\min_j[d_{ij}] \tag{6-1}$$

则指判 $\boldsymbol{x}_i\in\omega_l$。检查是否所有的模式都分划完类别，如都分划完了则结束；否则返到步骤 3。

4. 性能

这种方法的突出特点是计算简单。容易看出，使用这种方法聚类过程中类的中心一经选定，在聚类过程中就不再改变；同样，在聚类过程中，模式一旦指判类别后也不再改变。因此，在待分类模式集给定的条件下，使用这种方法的聚类结果很大程度上依赖于距离门限 T 的选取、待分类特征矢量参与分类的次序即聚类中心的选取。当有特征矢量分布的先验知识来指导门限 T 及初始中心 $\boldsymbol{z}_1$ 的选取时，可以获得较合理结果。

5. 改进

通常采用试探法，选用不同的门限及模式输入次序来试分类，并对聚类结果进行检验。例如，计算每一聚类中心与该类中最远样本点的距离，或计算类内及类间方差，用这些结果指导 T 及 $\boldsymbol{z}$ 的重选。最后对各种方案的划分结果进行比较，选取最好的一种聚类结果。

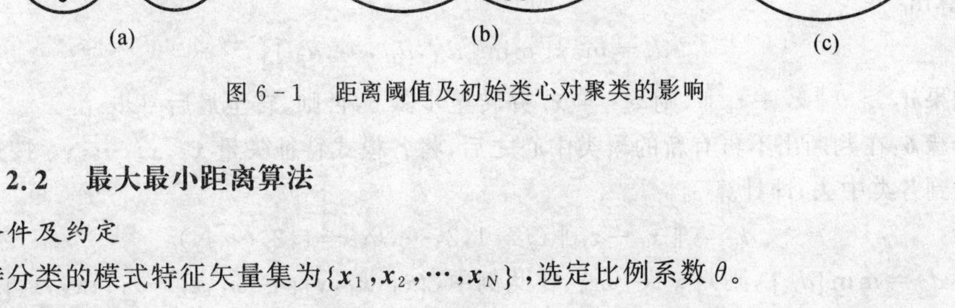

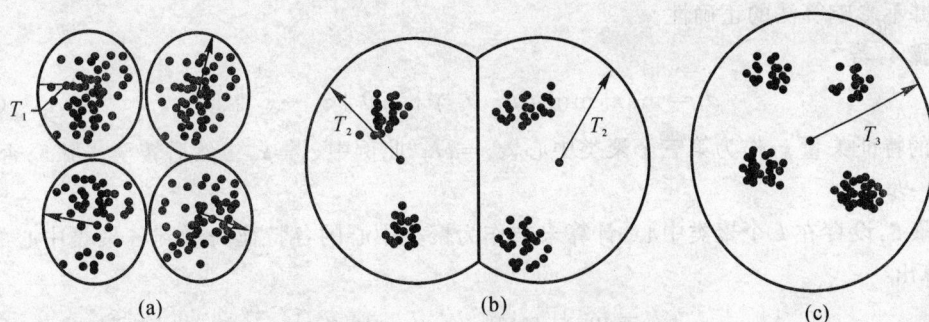

图 6-1　距离阈值及初始类心对聚类的影响

6.1.2.2　最大最小距离算法

1. 条件及约定

设待分类的模式特征矢量集为 $\{\boldsymbol{x}_1,\boldsymbol{x}_2,\cdots,\boldsymbol{x}_N\}$，选定比例系数 θ。

2. 基本思想

在模式特征矢量集中以最大距离原则选取新的聚类中心，以最小距离原则进行模式归类。这种方法通常也使用欧氏距离。最大最小距离算法举例，如图 6-2 所示。

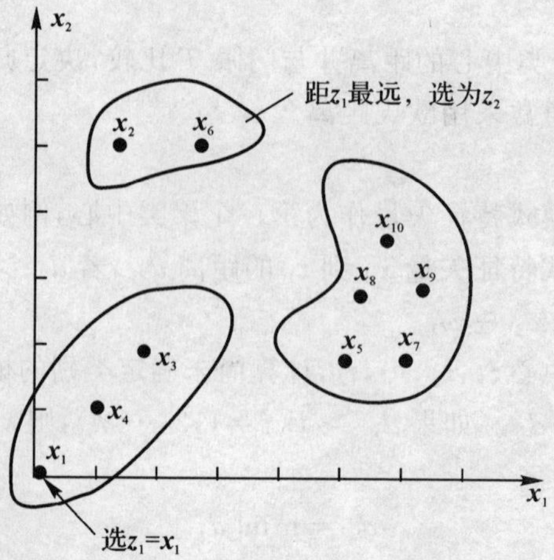

图 6-2　最大最小距离算法举例

3. 算法原理步骤

步骤 1:选任一模式特征矢量作为第一个聚类中心 z_1,例如 $z_1 = x_1$。

步骤 2:从待分类矢量集中选出距离 z_1 最远的特征矢量作为第二个聚类中心 z_2,例如图 6-2 中 $\| x_6 - x_1 \|$ 最大,取 $z_2 = x_6$。

步骤 3:计算未被作为聚类中心的各模式特征矢量$\{x_i\}$与 z_1,z_2 之间的距离,并求出它们之中的最小值,即

$$d_{ij} = \| x_i - z_j \|, \quad j = 1,2 \tag{6-2}$$

$$d_i = \min\,[d_{i1}, d_{i2}], \quad i = 1,2,\cdots,N \tag{6-3}$$

为表述简洁,虽然某些模式已选做聚类中心,但上面仍将所有模式下角标全部列写出来,因为这并不影响算法的正确性。

步骤 4:若

$$d_l = \max_i[\min\,(d_{i1}, d_{i2})] > \theta \| z_1 - z_2 \| \tag{6-4}$$

则相应的特征矢量 x_l 作为第三个聚类中心,$z_3 = x_l$。此例中 $z_3 = x_7$。然后转至步骤 5;否则,转至最后一步。

步骤 5:设存在 k 个聚类中心,计算未被作为聚类中心的各特征矢量到各聚类中心的距离 d_{ij},并算出

$$d_l = \max_i[\min\,[d_{i1}, d_{i2}, \cdots, d_{ik}]] \tag{6-5}$$

如果 $d_l > \theta \| z_1 - z_2 \|$,则 $z_{k+1} = x_l$ 并转至步骤 5,否则,转至最后一步。

步骤 6:在判断出不再有新的聚类中心之后,将各模式特征矢量 $x_1, x_2, \cdots, x_N$ 按最小距离原则分到各类中去,即计算

$$d_{ij} = \| x_i - z_j \| \,(j = 1,2,\cdots,k; i = 1,2,\cdots,N) \tag{6-6}$$

当 $d_{il} = \min_j [d_{ij}]$,则判 $x_i \in \omega_l$。在此例中,$\{x_1, x_4, x_3\} \in \omega_1, z_1 = x_1$;$\{x_2, x_6\} \in \omega_2, z_2 = x_6$;$\{x_5, x_7, x_8, x_9, x_{10}\} \in \omega_3, z_3 = x_7$。

这种算法的聚类结果与参数 θ 以及第一个聚类中心的选取有关。如果没有先验知识指导 θ 和 z_1 的选取,可试探 θ 和 z_1,比较多次试探分类结果,选取最合理的一种聚类。

以上两种方法独立使用的效果一般不好，但其主要意义在于：其处理思想可以应用到其他算法的某些环节中。

6.1.3　谱系聚类法

这种方法是效果较好、经常使用的方法之一，国内外研究得较为深入，有不少成果，具体的理论内容可参阅有关文献。

1. 条件及约定

设待分类的模式特征矢量集为$\{\boldsymbol{x}_1,\boldsymbol{x}_2,\cdots,\boldsymbol{x}_N\}$，$G_i^{(k)}$ 表示第 k 次合并时的第 i 类。

2. 基本思想

首先视 N 个模式各自成为一类，然后计算类与类之间的距离，选择距离最小的一对合并成一个新类，计算在新的类别分划下各类之间的距离，再将距离最近的两类合并，直至所有模式聚成两类为止。

3. 算法步骤

步骤 1：初始分类。令 $k=0$，每个模式自成一类，即 $G_i^{(0)}=\{\boldsymbol{x}_i\}$ $(i=1,2,\cdots,N)$。

步骤 2：计算各类间的距离 D_{ij}，由此生成一个对称的距离矩阵 $\boldsymbol{D}^{(k)}=(D_{ij})_{m\times m}$，$m$ 为类的个数（初始时 $m=N$）。

步骤 3：找出前一步求得的矩阵 $\boldsymbol{D}^{(k)}$ 中的最小元素，设它是 G_i^k 和 G_j^k 间的距离，将 $G_i^{(k)}$ 和 G_j^k 两类合并成一类，于是产生新的聚类 $G_1^{(k+1)}$，$G_2^{(k+1)}$，令 $k=k+1$，$m=m-1$。

步骤 4：检查类的个数。如果类数 m 大于 2，转至步骤 2；否则，停止。

如果某一循环中具有最小类间距离不止一个类对，则对应这些最小距离的类对可以同时合并。上述算法步骤给出了从 N 类至 2 类的聚类过程，在实际应用中该算法也可将类间距离门限 T 作为停止条件，当 $D^{(k)}$ 中最小阵元大于 T 时，聚类过程停止；该算法也可将预定的类别数目作为停止条件，在类别合并过程中，类数等于预定值时，聚类过程停止。

在该算法中可以采用上节已详细介绍过的某种类间距离定义方式，并使用类间距离递推公式。所采用的类间距离定义不同，聚类过程是不一样的。上述算法在归并的每次迭代过程中，距离矩阵的最小元素值不断地改变，如果有单调不减关系则称类间距离对并类具有单调性。最近距离法、最远距离法、平均法及离差平方和法等定义的类间距离都具有这个性质，而重心法没有这个性质。该算法的特点是在聚类过程中类心不断地调整，但一些模式一旦分划到某一聚类中就不再分划开。这类技术的另一个算法和上述算法过程相反，依据类的离差平方和递推公式按 1 类至 N 类进行谱系分解，这里不作介绍了。聚类过程可以表示成一个树图。

例 6.1　给出 6 个样本特征矢量如下，按最小距离原则进行聚类。

$$\boldsymbol{x}_1=(0,3,1,2,0)',\quad \boldsymbol{x}_2=(1,3,0,1,0)',\quad \boldsymbol{x}_3=(3,3,0,0,1)'$$
$$\boldsymbol{x}_4=(1,1,0,2,0)',\quad \boldsymbol{x}_5=(3,2,1,2,1)',\quad \boldsymbol{x}_6=(4,1,1,1,0)'$$

解　(1) 初始时，每一样本自成一类，即

$$G_1^{(0)}=\{\boldsymbol{x}_1\},\quad G_2^{(0)}=\{\boldsymbol{x}_2\},\quad G_3^{(0)}=\{\boldsymbol{x}_3\}$$
$$G_4^{(0)}=\{\boldsymbol{x}_4\},\quad G_5^{(0)}=\{\boldsymbol{x}_5\},\quad G_6^{(0)}=\{\boldsymbol{x}_6\}$$

按欧氏距离计算距离矩阵 $\boldsymbol{D}^{(0)}$（见表 6－1）。

表 6-1 $\boldsymbol{D}^{(0)}$

	$G_1^{(0)}$	$G_2^{(0)}$	$G_3^{(0)}$	$G_4^{(0)}$	$G_5^{(0)}$
$G_1^{(0)}$	0				
$G_2^{(0)}$	$\sqrt{3}^*$	0			
$G_3^{(0)}$	$\sqrt{15}$	$\sqrt{6}$	0		
$G_4^{(0)}$	$\sqrt{6}$	$\sqrt{5}$	$\sqrt{13}$	0	
$G_5^{(0)}$	$\sqrt{11}$	$\sqrt{8}$	$\sqrt{6}$	$\sqrt{7}$	0

表 6-2 $\boldsymbol{D}^{(1)}$

	$G_1^{(1)}$	$G_2^{(1)}$	$G_3^{(1)}$	$G_4^{(1)}$	$G_5^{(1)}$
$G_1^{(0)}$	0				
$G_2^{(0)}$	$\sqrt{6}$	0			
$G_3^{(0)}$	$\sqrt{5}$	$\sqrt{13}$	0		
$G_4^{(0)}$	$\sqrt{8}$	$\sqrt{6}$	$\sqrt{7}$	0	
$G_5^{(0)}$	$\sqrt{14}$	$\sqrt{8}$	$\sqrt{11}$	$\sqrt{4}$	0

(2)$\boldsymbol{D}^{(0)}$ 中最小阵元为$\sqrt{3}$，它是 $G_1^{(0)}$ 与 $G_2^{(0)}$ 之间的距离，将它们合并为一类，得一新的分类为

$$G_1^{(1)}=\{G_1^{(0)},G_2^{(0)}\}=\{\boldsymbol{x}_1,\boldsymbol{x}_2\},\quad G_2^{(1)}=G_3^{(0)}$$

$$G_3^{(1)}=G_4^{(0)},\quad G_4^{(1)}=G_5^{(0)},\quad G_5^{(1)}=G_6^{(0)}$$

计算合并后的距离矩阵 $\boldsymbol{D}^{(1)}$（见表 6-2）。在这里使用了距离递推公式，如

$$D_{12}^{(1)}=\min\{G_1^{(0)}\text{ 与 }G_2^{(1)}\text{ 的距离},G_2^{(0)}\text{ 与 }G_2^{(1)}\text{ 的距离}\}=\min(\sqrt{15},\sqrt{6})=\sqrt{6}$$

(3)$D^{(1)}$ 中距离最小者为$\sqrt{4}$，它是 $G_4^{(1)}$ 与 $G_5^{(1)}$ 间的距离，合并 $G_4^{(1)}$ 与 $G_5^{(1)}$ 得新的分类

$$G_1^{(2)}=G_1^{(1)},\quad G_2^{(2)}=G_2^{(1)}$$

$$G_3^{(2)}=G_3^{(1)},\quad G_4^{(2)}=\{G_4^{(1)},G_5^{(1)}\}$$

同样计算 $\boldsymbol{D}^{(2)}$（见表 6-3），进一步聚类得

$$G_1^{(3)}=\{G_1^{(2)},G_3^{(2)}\},\quad G_2^{(3)}=G_2^{(2)},\quad G_3^{(3)}=G_4^{(2)}$$

即

$$G_1^{(3)}=\{\boldsymbol{x}_1,\boldsymbol{x}_2,\boldsymbol{x}_4\},\quad G_2^{(3)}=\{\boldsymbol{x}_3\},\quad G_3^{(3)}=\{\boldsymbol{x}_5,\boldsymbol{x}_6\}$$

计算 $\boldsymbol{D}^{(3)}$（见表6-4）。由表6-4可知，$G_1^{(3)}$，$G_3^{(3)}$ 和 $G_2^{(3)}$ 距离相同，可以根据其他因素将其中两类合并成一类。

表 6-3 $\boldsymbol{D}^{(2)}$

	$G_1^{(2)}$	$G_2^{(2)}$	$G_3^{(2)}$	$G_4^{(2)}$
$G_1^{(2)}$	0			
$G_2^{(2)}$	$\sqrt{6}$	0		
$G_3^{(2)}$	$\sqrt{5}^*$	$\sqrt{13}$	0	
$G_4^{(2)}$	$\sqrt{8}$	$\sqrt{6}\ \sqrt{7}$	0	

表 6-4 $\boldsymbol{D}^{(3)}$

	$G_1^{(3)}$	$G_2^{(3)}$	$G_3^{(3)}$
$G_1^{(3)}$	0		
$G_2^{(3)}$	$\sqrt{6}$	0	
$G_3^{(3)}$	$\sqrt{7}$	$\sqrt{6}$	0

6.2 最近邻方法

我们知道，在聚类分析时，由于没有任何样本类别的先验知识，因而按最近距离原则的基本思想进行分类。在代数类域界面方程方法中，我们利用已知类别的训练样本进行学习产生各类决策域的判别界面，依据待识模式所处的子区域而确定其类别。本章所讨论的最近邻法

从技术特征上看介于聚类分析和统计决策法之间，它是在已知类别的样本条件下，并不训练产生分类界面，而是根据统计决策思想、按最近距离原则对待识模式进行分类。这种分类技术思想直观、方法简单、效果较好，其中的某些技术在理论上可以达到先验知识完备的贝叶斯决策的分类效果，能适应类域分布较复杂的情况。这类技术是最重要的模式识别技术之一。本章除较详细地介绍基本的最近邻法之外，还介绍一种改进的最近邻法。本节首先介绍分类方法，然后从理论上深入地分析其性能。

6.2.1　最近邻法

6.2.2.1　最近邻法决策规则

对于 c 类问题，设类 $\omega_i\ (i=1,2,\cdots,c)$ 有 N 个样本 $\boldsymbol{x}_j^{(i)}\ (j=1,2,\cdots,N_i)$。分类的思想是，对于一个待识模式 $\boldsymbol{x}$，分别计算它与 $N=\sum_{i=1}^{c}N_i$ 个已知类别的样本 $\boldsymbol{x}_j^{(i)}$ 的距离，将它判为距离最近的那个样本所属的类。在这样的分类思想下，ω_i 类的判决函数为

$$d_i(\boldsymbol{x})=\min_{j=1,2,\cdots,N_i}\|\boldsymbol{x}-\boldsymbol{x}_j^{(i)}\|,\quad i=1,2,\cdots,c \tag{6-7}$$

判决规则为

$$\text{如果 } d_m(\boldsymbol{x})=\min_{i=1,2,\cdots,c}d_i(\boldsymbol{x}),\quad \text{判 } \boldsymbol{x}\in\omega_m \tag{6-8}$$

由于上述方法只根据离待识模式最近的一个样本的类别而决定其类别，通常称为 1-NN 方法。为了克服单个样本类别的偶然性以增加分类的可靠性，我们可以考虑待识模式的 k 个最近邻样本，这 k 个最近邻元中哪一类的样本最多，就将 $\boldsymbol{x}$ 判属哪一类。设 $k_1,k_2,\cdots,k_c$ 分别为待识模式 $\boldsymbol{x}$ 的 k 个最近邻样本实属 $\omega_1,\omega_2,\cdots,\omega_c$ 类的样本数，定义 ω_i 类的判别函数为

$$d_i(\boldsymbol{x})=k_i,\quad i=1,2,\cdots,c \tag{6-9}$$

判决规则为

$$\text{如果 } d_m(\boldsymbol{x})=\max_{i=1,2,\cdots,c}d_i(\boldsymbol{x})\quad \text{判 } \boldsymbol{x}\in\omega_m \tag{6-10}$$

这种方法通常称为 k-NN 法。

6.2.2.2　最近邻法的误判概率及其上下界

现在给出最近邻法的误判概率及其上下界，首先给出 1-NN 法上下界，然后给出 k-NN 法的误判概率及上下界。

1. 1-NN 法误判概率及其上下界

在 1-NN 方法中，由于一个待识模式 $\boldsymbol{x}$ 的分类结果取决于它的最近邻元 $\boldsymbol{x}^\circ$ 的类别，因此判决结果有相当大的偶然性。例如，使用不同组的 N 个已知类别的样本，$\boldsymbol{x}$ 的最近邻元 $\boldsymbol{x}^\circ$ 通常是不同类的。因此一个给定待识模式 $\boldsymbol{x}$ 的误判概率不仅和其自身有关，还与它的最近邻元 $\boldsymbol{x}^\circ$ 处两类的分布有关。设 $P_{1/N}(e\mid\boldsymbol{x},\boldsymbol{x}^\circ)$ 为 $|\boldsymbol{x},\boldsymbol{x}^\circ$ 条件下对 $\boldsymbol{x}$ 的误判概率。由于 $\boldsymbol{x}^\circ$ 是随机矢量。故 $P_{1/N}(e\mid\boldsymbol{x},\boldsymbol{x}^\circ)$ 是随机变量。$\boldsymbol{x}$ 条件下的误判概率可以由

$$P_{1/N}(e\mid\boldsymbol{x},\boldsymbol{x}^\circ)=\int P_{1/N}(e\mid\boldsymbol{x},\boldsymbol{x}^\circ)\,P(\boldsymbol{x}^\circ\mid\boldsymbol{x})\,\mathrm{d}\boldsymbol{x}^\circ \tag{6-11}$$

算得。例如，$\boldsymbol{x}$ 的最近邻元是 $\boldsymbol{x}_0$，可以认为式中的条件概密 $P(\boldsymbol{x}^\circ|\boldsymbol{x})$ 在 $\boldsymbol{x}_0$ 处最大，由于 $\boldsymbol{x}_0$ 是 $\boldsymbol{x}$ 的最近邻元，可以说 $P(\boldsymbol{x}^\circ|\boldsymbol{x})$ 在 $\boldsymbol{x}$ 附近最大，而在其他地方较小。下面给出证明，当 $N\to\infty$ 时，$P(\boldsymbol{x}^\circ|\boldsymbol{x})$ 在 $\boldsymbol{x}$ 处突起尖峰，其他处趋于零，这意味着 $P(\boldsymbol{x}^\circ|\boldsymbol{x})$ 趋于一个中心在 $\boldsymbol{x}$ 处的 σ-函数。

设对于给定的 $\boldsymbol{x}$，$P(\boldsymbol{x})$ 是连续的且非零。一个样本落在以 $\boldsymbol{x}$ 为中心的一个超球 S 中的概率记为 P_S，显然，落在 S 外的概率为 $1-P_S$。N 个独立样本 $\boldsymbol{x}_1,\boldsymbol{x}_2,\cdots,\boldsymbol{x}_N$ 落在 S 以外的概率为

$$P(\boldsymbol{x}_1,\boldsymbol{x}_2,\cdots,\boldsymbol{x}_N)=(1-P_S)^N \tag{6-12}$$

当 $N\to\infty$ 时，可知 $P(\boldsymbol{x}_1,\boldsymbol{x}_2,\cdots,\boldsymbol{x}_N)\to 0$，这表明总有样本落入 S 中。因此当 $N\to\infty$ 时，至少有一个样本 $\boldsymbol{x}^\circ$ 落入以 $\boldsymbol{x}$ 为中心的无限小区域中的概率趋于 l，即 $\boldsymbol{x}^\circ$ 以概率 1 收敛于 $\boldsymbol{x}$（记为 $\boldsymbol{x}^\circ\xrightarrow{P=1}\boldsymbol{x}$），从而有

$$\lim_{N\to\infty}P(\boldsymbol{x}^\circ|\boldsymbol{x})=\delta(\boldsymbol{x}^\circ-\boldsymbol{x}) \tag{6-13}$$

令 $\boldsymbol{x}$ 和它的最近邻元 $\boldsymbol{x}^\circ$ 的类别分别为 ω_i 和 ω_j，可将样本和它的类别看作两个随机事件的联合，由于是独立抽取的，因而有

$$P(\omega_i,\omega_j|\boldsymbol{x}^\circ,\boldsymbol{x})=P(\omega_i\mid\boldsymbol{x})P(\omega_j|\boldsymbol{x}^\circ) \tag{6-14}$$

在运用 1 - NN 规则时，如果 $\omega_j\neq\omega_i$，便会产生错判，因此条件误判概率为

$$P_{1/N}(e|\boldsymbol{x},\boldsymbol{x}^\circ)=1-\sum_{i=1}^{c}P(\omega_i,\omega_i|\boldsymbol{x},\boldsymbol{x}^\circ)=1-\sum_{i=1}^{c}P(\omega_i\mid\boldsymbol{x})P(\omega_j|\boldsymbol{x}^\circ) \tag{6-15}$$

由前面的讨论可知，由于 $\boldsymbol{x}^\circ\xrightarrow{P=1}\boldsymbol{x}$，故有 $\boldsymbol{x}$ 条件下的渐近误判概率为

$$\lim_{N\to\infty}P_{1/N}(e|\boldsymbol{x},\boldsymbol{x}^\circ)=1-\sum_{i=1}^{c}P(\omega_i\mid\boldsymbol{x})^2 \tag{6-16}$$

由式(6-11)、式(6-13)、式(6-16)可得渐近条件误判概率为

$$P_{1/N}(e|\boldsymbol{x},\boldsymbol{x}^\circ)=\lim_{N\to\infty}P_{1/N}(e|\boldsymbol{x},\boldsymbol{x}^\circ)P(\boldsymbol{x}^\circ|\boldsymbol{x})\,\mathrm{d}x^\circ=\int\Big[1-\sum_{i=1}^{c}P(\omega_i\mid\boldsymbol{x})^2\Big]\delta(\boldsymbol{x}-\boldsymbol{x}^\circ)\,\mathrm{d}x^\circ=$$
$$1-\sum_{i=1}^{c}P(\omega_i\mid\boldsymbol{x})^2 \tag{6-17}$$

式(6-16)和式(6-17)相等是必然的。因为 $\lim\limits_{N\to\infty}P_{1/N}(e|\boldsymbol{x},\boldsymbol{x}^\circ)$ 和 $\lim\limits_{N\to\infty}P_{1/N}(e\mid\boldsymbol{x})$ 实际上是反映同一个过程。对式(6-17)取期望可得渐近误判概率为

$$P_{1\text{-}NN}(e)=\lim_{N\to\infty}P_{1/N}(e)=\lim_{N\to\infty}\int P_{1/N}(e\mid\boldsymbol{x})P(\boldsymbol{x})\,\mathrm{d}x=$$
$$\int\lim_{N\to\infty}P_{1/N}(e\mid\boldsymbol{x})P(\boldsymbol{x})\,\mathrm{d}\boldsymbol{x}=\int\Big[1-\sum_{i=1}^{c}P(\omega_i\mid\boldsymbol{x})^2\Big]P(\boldsymbol{x})\,\mathrm{d}\boldsymbol{x} \tag{6-18}$$

式(6-18)就是 1 - NN 最近邻方法的渐近误判概率的计算公式。下面确定它的界限。

设各类 $\omega_i\,(i=1,2,\cdots,c)$ 的后验概率为 $P(\omega_i\mid\boldsymbol{x})$，若 $P(\omega_m\mid\boldsymbol{x})=\max\limits_i[P(\omega_i\mid\boldsymbol{x})]$ 按最小误判概率准则，应判 $\boldsymbol{x}\in\omega_m$，这时的条件误判概率为

$$P_{\mathrm{B}}(e\mid\boldsymbol{x})=1-P(\omega_m\mid\boldsymbol{x}) \tag{6-19}$$

贝叶斯误判概率为条件误判概率的期望为

$$P_{\mathrm{B}}(e)=\int P_{\mathrm{B}}(e\mid\boldsymbol{x})P(\boldsymbol{x})\,\mathrm{d}\boldsymbol{x}=\int(1-P(\omega_m\mid\boldsymbol{x}))P(\boldsymbol{x})\,\mathrm{d}\boldsymbol{x} \tag{6-20}$$

首先给出两个特殊分布的误判概率，然后考虑一般的分布情况。

(1) 当各类的后验概率分布为一点分布时，有

$$P(\omega_i\mid\boldsymbol{x})=\begin{cases}1 & i=m\\ 0 & i=1,2,\cdots,c;\quad i\neq m\end{cases} \tag{6-21}$$

由式(6-18)、式(6-20)可得

$$P_{1\text{-}NN}(e)=0, P_{\mathrm{B}}(e)=0。$$

(2) 当各类的后验概率分布为均匀分布时，有

$$P(\omega_i \mid \boldsymbol{x})=\frac{1}{c} \quad (i=1,2,\cdots,c) \tag{6-22}$$

由式(6-18)、式(6-20)可得 $P_{1\text{-}NN}(e)=\dfrac{c-1}{c}, P_{\mathrm{B}}(e)=\dfrac{c-1}{c}$

在这两种完全确定和非常不确定的"极端"情况下，最近邻方法的渐近误判概率和最小误判概率准则判决的理论误判概率相等。这两种方法误判概率的最小值和最大值分别都是 0 和 $\dfrac{c-1}{c}$。

设一种概率分布中 $P(\omega_m \mid \boldsymbol{x}) \geqslant P(\omega_i \mid \boldsymbol{x})\ (i=1,2,\cdots,c; i\neq m)$。在满足概率基本约束 $P(\omega_i \mid \boldsymbol{x}) \geqslant 0 (i=1,2,\cdots,c)$ 和 $\sum_{i=1}^{c} P(\omega_i \mid \boldsymbol{x})=1$ 的条件下，定义另一种分布，除类 ω_m 的后验概率仍为 $P(\omega_m \mid \boldsymbol{x})$ 外，其余均相等，令这种分布为

$$P_a(\omega_i \mid \boldsymbol{x})=\begin{cases} P(\omega_m \mid \boldsymbol{x}), & i=m \\ a, & i\neq m \end{cases} \tag{6-23}$$

容易证明，在这种情况下，有

$$\sum_{i=1}^{c} P_a(\omega_i \mid \boldsymbol{x})^2=\min\left[\sum_{i=1}^{c} P(\omega_i \mid \boldsymbol{x})^2\right] \tag{6-24}$$

运用最小误判概率准则时，这两种概率分布具有相同的误判概率。按最小误判概率准则，判 $\boldsymbol{x} \in \omega_m$ 时的条件误判概率为

$$\sum_{i\neq m} P_a(\omega_i \mid \boldsymbol{x})=1-P(\omega_m \mid \boldsymbol{x})=(c-1)a=P_{\mathrm{B}}(e \mid \boldsymbol{x}) \tag{6-25}$$

式(6-25)代入式(6-23)可得

$$P_a(\omega_i \mid \boldsymbol{x})=\begin{cases} 1-P_{\mathrm{B}}(e \mid \boldsymbol{x}) & i=m \\ \dfrac{P_{\mathrm{B}}(e \mid \boldsymbol{x})}{c-1} & i\neq m \end{cases} \tag{6-26}$$

由式(6-24)及式(6-26)，有

$$\sum_{i=1}^{c} P(\omega_i \mid \boldsymbol{x})^2 \geqslant \sum_{i=1}^{c} P_a(\omega_i \mid \boldsymbol{x})^2=(c-1)\left(\frac{P_{\mathrm{B}}(e \mid \boldsymbol{x})}{c-1}\right)^2+(1-P_{\mathrm{B}}(e \mid \boldsymbol{x}))^2=$$

$$1-2P_{\mathrm{B}}(e \mid \boldsymbol{x})+\frac{c}{c-1}P_{\mathrm{B}}(e \mid \boldsymbol{x})^2 \tag{6-27}$$

由式(6-27)可得

$$2P_{\mathrm{B}}(e \mid \boldsymbol{x})-\frac{c}{c-1}P_{\mathrm{B}}(e \mid \boldsymbol{x})^2 \geqslant 1-\sum_{i=1}^{c} P(\omega_i \mid \boldsymbol{x})^2 \tag{6-28}$$

由式(6-28)可知

$$P_{1\text{-}NN}(e) \leqslant \int\left[2P_{\mathrm{B}}(e \mid \boldsymbol{x})-\frac{c}{c-1}P_{\mathrm{B}}(e \mid \boldsymbol{x})^2\right]p(\boldsymbol{x})\mathrm{d}x=$$

$$2P_{\mathrm{B}}(e \mid \boldsymbol{x})p(\boldsymbol{x})-\frac{c}{c-1}\int P_{\mathrm{B}}(e \mid \boldsymbol{x})^2 p(x)\mathrm{d}\boldsymbol{x} \tag{6-29}$$

而 $P_{\mathrm{B}}(e \mid \boldsymbol{x})$ 的方差为

$$\mathrm{Var}[P_{\mathrm{B}}(e \mid \boldsymbol{x})]=\int[P_{\mathrm{B}}(e \mid \boldsymbol{x})-E_x[P_{\mathrm{B}}(e \mid \boldsymbol{x})]]^2 p(\boldsymbol{x})\,\mathrm{d}\boldsymbol{x}=$$

$$\int P_{\mathrm{B}}(e \mid \boldsymbol{x})^2 p(\boldsymbol{x})\,\mathrm{d}\boldsymbol{x}-P_{\mathrm{B}}(e)^2 \geqslant 0 \tag{6-30}$$

于是有

$$\int P_{\mathrm{B}}(e \mid \boldsymbol{x})^2 p(\boldsymbol{x})\,\mathrm{d}\boldsymbol{x} \geqslant P_{\mathrm{B}}(e)^2 \tag{6-31}$$

由上述两个不等式，有

$$P_{1\text{-}NN}(e) \leqslant 2P_{\mathrm{B}}(e)-\frac{c}{c-1}P_{\mathrm{B}}(e)^2=P_{\mathrm{B}}(e)\left[2-\frac{c}{c-1}P_{\mathrm{B}}(e)\right] \tag{6-32}$$

由于 $P_{\mathrm{B}}(e)$ 是最小误判概率并结合式(6-32)，可以得出 $P_{1\text{-}NN}(e)$ 的上下界为

$$P_{\mathrm{B}}(e) \leqslant P_{1\text{-}NN}(e) \leqslant P_{\mathrm{B}}(e)\left[2-\frac{c}{c-1}P_{\mathrm{B}}(e)\right] \tag{6-33}$$

对于两类问题，有

$$P_{\mathrm{B}}(e) \leqslant P_{1\text{-}NN}(e) \leqslant 2P_{\mathrm{B}}(e)[1-P_{\mathrm{B}}(e)] \tag{6-34}$$

由于 $P_{\mathrm{B}}(e) \leqslant \frac{1}{2}$，可知 $P_{1\text{-}NN}(e) \leqslant \frac{1}{2}$。由式(6-32)可以看出，无论是两类问题还是多类问题，都有

$$P_{\mathrm{B}}(e) \leqslant P_{1\text{-}NN}(e) \leqslant 2P_{\mathrm{B}}(e) \tag{6-35}$$

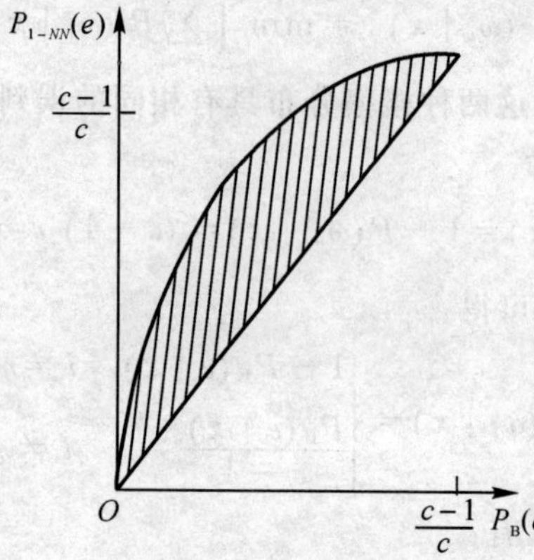

图 6-3　$P_{1\text{-}NN}(e)$ 的上下界与最佳判决误差概率关系

图 6-3 所示为 c 类问题中 $P_{1\text{-}NN}(e)$ 与 $P_{\mathrm{B}}(e)$ 的关系。图中两条曲线是 1-NN 法当 $N \to \infty$ 时渐近误判概率的上下界，其满足关系式(6-33)。由图 6-3 可清楚地看出，$P_{\mathrm{B}}(e)$ 和 $P_{1\text{-}NN}(e)$ 的最大值及最小值都是 $\frac{c-1}{c}$ 和 0。在 $\left[0,\frac{c-1}{c}\right]$ 中，$P_{1\text{-}NN}(e)$ 在 $P_{\mathrm{B}}(e)$ 的上方，具体的 $P_{1\text{-}NN}(e)$ 应落在图中阴影区内，实际的误判概率 $P_{1/N}(e)$ 应大于理论的 $P_{1\text{-}NN}(e)$。

2. k-NN 法的误判概率及其上下界

下面导出 k-NN 方法的渐近误判概率 $P_{k\text{-}NN}(e)$ 的表达式及其上下界。这里只讨论 ω_i 和 ω_j 两类问题，为避免出现 $k_i=k_j$ 而不能判决的情况，取 $k=k_i+k_j$ 为奇数。对待识模式按 k-NN 规则判错有两种情况：①$\boldsymbol{x}$ 实属 ω_i 但 $k_i<k_j$，即 $k_i \leqslant \frac{k-1}{2}$；②$\boldsymbol{x}$ 实属 ω_j 但 $k_j<k_i$，即

$k_j \leqslant \frac{k-1}{2}$。依照前述的理由。当 $N \to \infty$ 时，$\boldsymbol{x}$ 的 k 个已知类别的最近邻样本 $\boldsymbol{x}_1, \boldsymbol{x}_2, \cdots, \boldsymbol{x}_k$ 以概率 l 收敛于 x，所以这 k 个样本可以不标出下标，统记为 x。对于 $k_i \leqslant \frac{k-1}{2}$ 的情况，两类样本出现的各种可能方案的概率为 $\sum_{l=0}^{(k-1)/2} C_k^l P(\omega_i \mid \boldsymbol{x})^l P(\omega_j \mid \boldsymbol{x})^{k-l}$；对于 $k_j \leqslant \frac{k-1}{2}$ 的情况，两类样本出现的各种可能方案的概率为 $\sum_{l=0}^{(k-1)/2} C_k^l P(\omega_i \mid \boldsymbol{x})^{k-l} P(\omega_j \mid \boldsymbol{x})^l$；于是对于给定的 $\boldsymbol{x}$ 的渐近条件误判概率为

$$P_{k\text{-}NN}(e \mid \boldsymbol{x}) = \lim_{N\to\infty} P_{k/N}(e \mid \boldsymbol{x}) = P(\omega_i \mid \boldsymbol{x}) \sum_{l=0}^{(k-1)/2} C_k^l P(\omega_i \mid \boldsymbol{x})^l P(\omega_j \mid \boldsymbol{x})^{k-l} + P(\omega_j \mid \boldsymbol{x}) \sum_{l=0}^{(k-1)/2} C_k^l P(\omega_i \mid \boldsymbol{x})^{k-l} P(\omega_j \mid \boldsymbol{x})^l \tag{6-36}$$

对于两类问题：$P(\omega_j \mid \boldsymbol{x}) = 1 - P(\omega_i \mid \boldsymbol{x})$，得

$$\begin{aligned} P_{k\text{-}NN}(e \mid \boldsymbol{x}) &= P(\omega_i \mid \boldsymbol{x}) \sum_{l=0}^{(k-1)/2} C_k^l P(\omega_i \mid \boldsymbol{x})^l P(\omega_j \mid \boldsymbol{x})^{k-l} + \\ &\quad [1 - P(\omega_i \mid \boldsymbol{x})] \sum_{l=(k+1)/2}^{k} C_k^l P(\omega_i \mid \boldsymbol{x})^l P(\omega_j \mid \boldsymbol{x})^{k-l} = \\ &\quad P(\omega_i \mid \boldsymbol{x}) \sum_{l=0} C_k^l P(\omega_i \mid \boldsymbol{x})^l P(\omega_j \mid \boldsymbol{x})^{k-l} + \\ &\quad [1 - 2P(\omega_i \mid \boldsymbol{x})] \sum_{l=(k+1)/2}^{k} C_k^l P(\omega_i \mid \boldsymbol{x})^l P(\omega_j \mid \boldsymbol{x})^{k-l} = \\ &\quad P(\omega_i \mid \boldsymbol{x}) + [1 - 2P(\omega_i \mid \boldsymbol{x})] \sum_{l=(k+1)/2}^{k} C_k^l P(\omega_i \mid \boldsymbol{x})^l P(\omega_j \mid \boldsymbol{x})^{k-l} \end{aligned} \tag{6-37}$$

如果采用最小误判概率准则，在给定 $\boldsymbol{x}$ 的条件下，贝叶斯条件误判概率为

$$P_{\mathrm{B}}(e) = \min\ [P(\omega_i \mid \boldsymbol{x}), P(\omega_j \mid \boldsymbol{x})] \tag{6-38}$$

由式(6-36)可知，将式(6-37)右端中的下角标 i 改写成 j，j 改写成 i，式(6-37)仍然成立，因此利用式(6-38)，则式(6-37)可以表为

$$P_{k\text{-}NN}(e \mid \boldsymbol{x}) = P_{\mathrm{B}}(e \mid \boldsymbol{x}) + [1 - 2P_{\mathrm{B}}(e \mid \boldsymbol{x})] \times \sum_{l=(k+1)/2}^{k} C_k^l P_{\mathrm{B}}(e \mid \boldsymbol{x})^l\ [1 - 2P_{\mathrm{B}}(e \mid \boldsymbol{x})]^{k-l} \tag{6-39}$$

因为 $P_{\mathrm{B}}(e \mid \boldsymbol{x}) \leqslant \frac{1}{2}$，所以有

$$\sum_{l=(k+1)/2}^{k} C_k^l P_{\mathrm{B}}(e \mid \boldsymbol{x})^l\ [1 - 2P_{\mathrm{B}}(e \mid \boldsymbol{x})]^{k-l} \leqslant \frac{1}{2} \tag{6-40}$$

将式(6-40)代入式(6-39)，可得

$$P_{k\text{-}NN}(e \mid \boldsymbol{x}) \leqslant P_{\mathrm{B}}(e \mid \boldsymbol{x}) + [1 - 2P_{\mathrm{B}}(e \mid \boldsymbol{x})] \cdot \frac{1}{2} = \frac{1}{2} \tag{6-41}$$

从而得渐近误判概率的上界为

$$P_{k\text{-}NN}(e) \leqslant \frac{1}{2} \tag{6-42}$$

这表明 $P_{1\text{-}NN}(e)$ 及 $P_{k\text{-}NN}(e)$ 的最大值相同，具体的 $P_{k\text{-}NN}(e \mid \boldsymbol{x})$ 依赖于 $\min[P(\omega_i \mid \boldsymbol{x}), P(\omega_j \mid \boldsymbol{x})]$，下面给出的 $P_{k\text{-}NN}(e)$ 上界。

我们定义一个贝叶斯条件误判概率 $P_{\mathrm{B}}(e \mid \boldsymbol{x})$ 的函数 $C_k[P_{\mathrm{B}}(e \mid \boldsymbol{x})]$ 为大于 $P_{k\text{-}NN}(e \mid \boldsymbol{x})$ 的最小凹（上凸）函数，使对所有的 $\boldsymbol{x}$，有

$$P_{k\text{-}NN}(e \mid \boldsymbol{x}) \leqslant C_k[P_{\mathrm{B}}(e \mid \boldsymbol{x})] \tag{6-43}$$

这里用 $C_k[\cdot]$ 的下角标 k 反映函数 $C_k[\cdot]$ 的定义依赖于 k-近邻法中 k 的选取。根据 Jensen 不等式，有

$$P_{k\text{-}NN}(e) = E[P_{k\text{-}NN}(e \mid \boldsymbol{x})] \leqslant E[C_k[P_{\mathrm{B}}(e \mid \boldsymbol{x})]] \leqslant C_k[E[P_{\mathrm{B}}(e \mid \boldsymbol{x})]] = C_k[P_{\mathrm{B}}(e)] \tag{6-44}$$

由隶美弗-拉普拉斯定理可知，式（6-36）给出的 $\lim\limits_{N\to\infty} P_{k/N}(e \mid \boldsymbol{x})$ 随着 k 的增大而单调减少，故最小凹函数 $C_k[P_{\mathrm{B}}(e \mid \boldsymbol{x})]$ 也随着 k 单调减小，因此有不等式：

$$P_{k\text{-}NN}(e) \leqslant C_k[P_{\mathrm{B}}(e)] \leqslant C_{k-1}[P_{\mathrm{B}}(e)] \leqslant \cdots \leqslant C_1[P_{\mathrm{B}}(e)] \leqslant 2P_{\mathrm{B}}(e)(1 - P_{\mathrm{B}}(e)) \tag{6-45}$$

式中最右边一个不等式为 1-NN 法的误判概率上界。当 k 趋于无穷时，$P_{k\text{-}NN}(e) = P_{\mathrm{B}}(e)$，也是容易理解的，因为此时已趋于贝叶斯判决，图 6-4 给出了不同 k 值时 $P_{k\text{-}NN}(e)$ 的上下界，k 越大 $P_{k\text{-}NN}(e)$ 越接近 $P_{\mathrm{B}}(e)$，具体的 $P_{k\text{-}NN}(e)$ 应位于相应曲线 $C_k[P_{\mathrm{B}}(e)]$ 与 $P_{\mathrm{B}}(e)$ 直线之间。对于多类问题，无论是 1-NN 法，还是 k-NN 法。它们的误判概率 $P(e)$ 的上下界都是

$$P_{\mathrm{B}}(e) \leqslant P(e) \leqslant P_{\mathrm{B}}(e)\left(2 - \frac{c}{c-1}P_{\mathrm{B}}(e)\right) \tag{6-46}$$

当 $P_{\mathrm{B}}(e)$ 较小时，可知 $P(e) < 2P_{\mathrm{B}}(e)$。以上都是理论上的分析，在实际中，$N$ 和 k 总是有限的，为保证误判概率接近理论情况，N 应取得足够大，以保证 $\boldsymbol{x}^0 \to \boldsymbol{x}$，$P(\omega_i \mid \boldsymbol{x}^0) \to P(\omega_i \mid \boldsymbol{x})$，保证最近邻法的渐近性能成立；在 N 一定时，k 的增大有时会出现某个样本远离 $\boldsymbol{x}$，使 $P(\omega_i \mid \boldsymbol{x}^0) \to P(\omega_i \mid \boldsymbol{x})$ 不成立，反而增加了误判概率，k 增大只有在 $\{\boldsymbol{x}_j, j = 1, 2, \cdots, N\} \to \boldsymbol{x}$ 时才能保证减少误判概率。

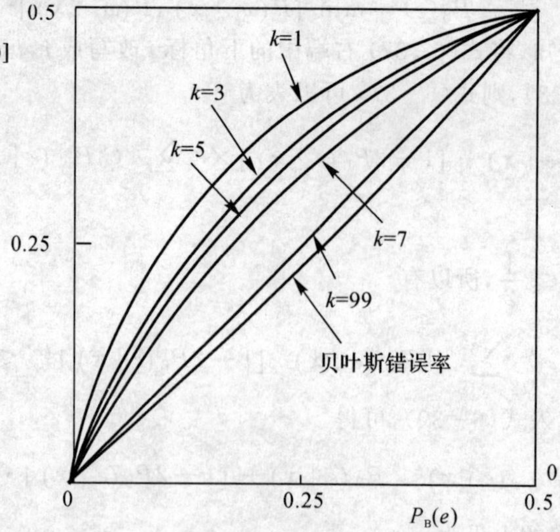

图 6-4　$P_{k\text{-}NN}(e)$ 上下界与最佳判决误判概率关系

6.2.2　剪辑最近邻法

这种方法的思想是，去除类别混杂的样本，使两类边界更清晰。这种方法的性能在理论上明显好于一般的最近邻法。

6.2.2.1　剪辑最近邻法

对于两类问题，设将已知类别的样本集 $X^{(N)}$ 分成参照集 $X^{(NR)}$ 和测试集 $X^{(NT)}$ 两部分，这两部分没有公共元素，它们的样本数各为 NR 和 NT，$NR+NT=N$。利用参照集 $X^{(NR)}$ 中的样本 $\boldsymbol{y}_1,\boldsymbol{y}_2,\cdots,\boldsymbol{y}_{NR}$ 采用最近邻规则对已知类别的测试集 $X^{(NT)}$ 中的每个样本 $\boldsymbol{x}_1,\boldsymbol{x}_2,\cdots,\boldsymbol{x}_{NT}$ 进行分类，剪辑掉 $X^{(NT)}$ 中被错误分类的样本，具体地讲，若记 $\boldsymbol{y}^0(\boldsymbol{x})\in X^{(NR)}$ 是 $\boldsymbol{x}\in X^{(NT)}$ 最近邻元，剪辑掉不与 $\boldsymbol{y}^0(\boldsymbol{x})$ 同类的 $\boldsymbol{x}$，余下的判决正确的样本组成剪辑样本集 $X^{(NTE)}$，这一操作过程称为剪辑。然后，利用剪辑样本集 $X^{(NTE)}$ 采用最近邻规则对待识模式 $\boldsymbol{x}$ 进行分类。

可以证明下面的定理：当样本数 $N\to\infty$，$\dfrac{NT}{NR}\to\dfrac{\alpha}{1-\alpha}$，$0<\alpha<1$，如果 $\boldsymbol{x}$ 是 $P(\boldsymbol{x}\mid\omega_1)$ 和 $P(\boldsymbol{x}\mid\omega_1)$ 的连续点，设 $\boldsymbol{x}$ 在 $X^{(NT)}$ 中的最近邻为 $\boldsymbol{x}^0$，则 $\boldsymbol{x}^0$ 在 $X^{(NR)}$ 中的最近邻 $\boldsymbol{y}^0(\boldsymbol{x}^0)$ 有

$$\lim_{N\to\infty}\boldsymbol{y}^0(\boldsymbol{x}^0)=\boldsymbol{x} \tag{6-47}$$

且

$$\lim_{N\to\infty}P(\omega_i\mid\boldsymbol{y}^0(\boldsymbol{x}^0)=\boldsymbol{x})=P(\omega_i\mid\boldsymbol{x})\quad(i=1,2) \tag{6-48}$$

以该定理为基础，可以证明 $\boldsymbol{x}$ 的最近邻 $\boldsymbol{x}^0$ 属于 ω_1 类的渐近概率为

$$\varphi(\omega_1\mid\boldsymbol{x}^0)\xlongequal{\text{def}}\lim_{N\to\infty}P(\omega_i\mid\boldsymbol{x}^0)=\frac{P(\omega_1\mid\boldsymbol{x})^2}{1-2P(\omega_1\mid\boldsymbol{x})P(\omega_2\mid\boldsymbol{x})} \tag{6-49}$$

在给定 $\boldsymbol{x}$ 条件下的渐近误判概率为

$$\begin{aligned}P_{1\text{-}NN}^{E}(e\mid\boldsymbol{x})=&P(\omega_1\mid\boldsymbol{x})\varphi(\omega_2\mid\boldsymbol{x}^0)+P(\omega_2\mid\boldsymbol{x})\varphi(\omega_1\mid\boldsymbol{x}^0)=\\&P(\omega_1\mid\boldsymbol{x})\varphi(\omega_2\mid\boldsymbol{x})+P(\omega_2\mid\boldsymbol{x})\varphi(\omega_1\mid\boldsymbol{x})=\\&P(\omega_1\mid\boldsymbol{x})+\varphi(\omega_1\mid\boldsymbol{x})-2\varphi(\omega_1\mid\boldsymbol{x})P(\omega_1\mid\boldsymbol{x})=\\&P(\omega_1\mid\boldsymbol{x})+\frac{P(\omega_1\mid\boldsymbol{x})^2}{1-2P(\omega_1\mid\boldsymbol{x})P(\omega_2\mid\boldsymbol{x})}-\frac{2P(\omega_1\mid\boldsymbol{x})^3}{1-2P(\omega_1\mid\boldsymbol{x})P(\omega_2\mid\boldsymbol{x})}=\\&\frac{P(\omega_1\mid\boldsymbol{x})P(\omega_2\mid\boldsymbol{x})}{1-2P(\omega_1\mid\boldsymbol{x})P(\omega_2\mid\boldsymbol{x})}\end{aligned} \tag{6-50}$$

误判的情况是，$\boldsymbol{x}$ 属于 ω_1 类而其近邻元属于 ω_2 类，或 $\boldsymbol{x}$ 属于 ω_2 类但其近邻元属于 ω_1 类，因此没有剪辑的最近邻法的渐近条件误判概率还可以表示成

$$P_{1\text{-}NN}(e\mid\boldsymbol{x})=2P(\omega_1\mid\boldsymbol{x})P(\omega_2\mid\boldsymbol{x}) \tag{6-51}$$

将式(6-51)代入式(6-50)，可得

$$P_{1\text{-}NN}^{E}(e\mid\boldsymbol{x})=\frac{P_{1\text{-}NN}(e\mid\boldsymbol{x})}{2[1-P_{1\text{-}NN}(e\mid\boldsymbol{x})]} \tag{6-52}$$

由于式(6-52)分母中的 $P_{1\text{-}NN}(e\mid\boldsymbol{x})\leqslant\dfrac{1}{2}$，从而分母不小于1，式(6-52)表明，剪辑最近邻法的渐近条件误判概率小于或等于没有剪辑的最近邻法，即

$$P_{1\text{-}NN}^{E}(e\mid\boldsymbol{x})\leqslant P_{1\text{-}NN}(e\mid\boldsymbol{x}) \tag{6-53}$$

从而有

$$P_{1\text{-}NN}^{E}(e) \leqslant P_{1\text{-}NN}(e) \tag{6-54}$$

当 $P_{1\text{-}NN}(e \mid \boldsymbol{x})$ 很小时，由式(6-53)可推知

$$P_{1\text{-}NN}^{E}(e) \approx P_{1\text{-}NN}(e)/2 \tag{6-55}$$

由于没有剪辑的最近邻法渐近误判概率 $P_{1\text{-}NN}(e)$ 的上界为 $2P_{\mathrm{B}}(e)$，因此经过剪辑的最近邻法的渐近误判概率 $P_{1\text{-}NN}^{E}(e)$ 接近贝叶斯误判概率 $P_{\mathrm{B}}(e)$，即

$$P_{1\text{-}NN}^{E}(e) \approx P_{\mathrm{B}}(e) \tag{6-56}$$

6.2.2.2 剪辑 *k*-*NN* 最近邻法

上述的剪辑最近邻法可以推广至 k-近邻法中，具体的做法是，第一步用 k-NN 进行剪辑，第二步用 1-NN 法进行分类。可以证明，此时的渐近条件误判概率为

$$P_{k\text{-}NN}^{E}(e \mid \boldsymbol{x}) = \frac{P_{1\text{-}NN}(e \mid \boldsymbol{x})}{2[1 - P_{k\text{-}NN}(e \mid \boldsymbol{x})]} \tag{6-57}$$

由于 $P_{k\text{-}NN}(e \mid \boldsymbol{x})$ 一般小于 $P_{1\text{-}NN}(e \mid \boldsymbol{x})$，可得

$$P_{k\text{-}NN}^{E}(e \mid \boldsymbol{x}) < P_{1\text{-}NN}^{E}(e \mid \boldsymbol{x}) \tag{6-58}$$

当 $N \to \infty, k \to \infty, k/N \to 0$ 时，有

$$P_{k\text{-}NN}(e \mid \boldsymbol{x}) = \lim_{N,k \to \infty} P_{k/NN}(e \mid \boldsymbol{x}) = P_{\mathrm{B}}(e \mid \boldsymbol{x}) \tag{6-59}$$

再利用

$$P_{1\text{-}NN}(e \mid \boldsymbol{x}) \leqslant 2P_{\mathrm{B}}(e \mid \boldsymbol{x})(1 - P_{\mathrm{B}}(e \mid \boldsymbol{x})) \tag{6-60}$$

代入式(6-57)，可得

$$P_{k\text{-}NN}^{E}(e \mid \boldsymbol{x}) = \lim_{N,k \to \infty} P_{k/N}^{E}(e \mid \boldsymbol{x}) = P_{\mathrm{B}}(e \mid \boldsymbol{x}) \tag{6-61}$$

上式两边取期望，得

$$P_{k\text{-}NN}^{E}(e) = P_{\mathrm{B}}(e) \tag{6-62}$$

式(6-62)表明，当 $k \to \infty$ 时，剪辑 k-NN 法的性能接近贝叶斯判决，即它的渐近误判概率收敛于贝叶斯误判概 N，k 是有限的，在大样本情况下，样本出现的情况并不像理想的那样，因此该方法的实际效果将变差。

前面讨论的是两类问题，这个方法也可以应用到多类问题。当类数增加时，该方法的效果将会变得更好。设 $\Phi_k(\omega_l \mid \boldsymbol{x})$ 表示用 k-NN 方法判决 $\boldsymbol{x}$ 到 ω_l 类的概率，可以证明，此时的渐近条件误判概率为

$$P_{k\text{-}NN-c}^{E}(e \mid \boldsymbol{x}) = P_{k\text{-}NN}^{E}(e \mid \boldsymbol{x}) - \frac{\sum_{i,j,l} P(\omega_i \mid \boldsymbol{x}) P(\omega_j \mid \boldsymbol{x}) \Phi_k(\omega_l \mid \boldsymbol{x})}{1 - P_{k\text{-}NN}(e \mid \boldsymbol{x})} \tag{6-63}$$

式中，$i=1,2,\cdots,c-1$；$j=i+1,\cdots,c$；$l=1,2,\cdots,c$，且 $l \neq i$。当 $c=2$ 时，$\Phi_k(\omega_l \mid \boldsymbol{x})=0$，此时 $P_{k\text{-}NN-c}^{E}(e \mid \boldsymbol{x}) = P_{k\text{-}NN}^{E}(e \mid \boldsymbol{x})$，式(6-63)变成式(6-57)；当 $c>2$ 时，由于式(6-63)的第二项大于零，所以多类剪辑 k-NN 法的误判概率 $P_{k\text{-}NN-c}^{E}(e \mid \boldsymbol{x})$ 小于两类的情况。

6.2.2.3 重复剪辑最近邻法

只要样本足够多，就可以重复地执行剪辑程序，以进一步提高分类性能。对于两类问题，设用 1-NN 规则进行样本剪辑，剪辑的效果可以看作是使 $\boldsymbol{x}$ 的最近邻样本属于 ω_i 的概率改变，令 $\Phi_1(\omega_i \mid \boldsymbol{x})$ 表示剪辑后 $\boldsymbol{x}$ 的最近邻样本属于 ω_i 的概率，可以求出剪辑后 $\boldsymbol{x}$ 的最近邻元属

于 ω_i 类的后验概率，则

$$P'(\omega_i \mid \boldsymbol{x}) = \Phi_1(\omega_i \mid \boldsymbol{x}) = \frac{P(\omega_i \mid \boldsymbol{x})^2}{P(\omega_1 \mid \boldsymbol{x})^2 + P(\omega_2 \mid \boldsymbol{x})^2} \quad (i=1,2) \tag{6-64}$$

渐近条件误判概率为

$$P_{1\text{-}NN}^{E}(e \mid \boldsymbol{x}) = \frac{P_{1\text{-}NN}(e \mid \boldsymbol{x})}{2[1 - P_{1\text{-}NN}(e \mid \boldsymbol{x})]} \tag{6-65}$$

如果再进行一次剪辑，那么 $\boldsymbol{x}$ 的最近邻是 ω_i 类的概率是为

$$\Phi_{2\times1}(\omega_i \mid \boldsymbol{x}) = \frac{P'(\omega_i \mid \boldsymbol{x})^2}{P'(\omega_1 \mid \boldsymbol{x})^2 + P'(\omega_2 \mid \boldsymbol{x})^2} = \frac{P(\omega_i \mid \boldsymbol{x})^{2^2}}{P(\omega_1 \mid \boldsymbol{x})^2 + P(\omega_2 \mid \boldsymbol{x})^2} \quad (i=1,2) \tag{6-66}$$

若重复剪辑 M 次，可得

$$\Phi_{M\times1}(\omega_i \mid \boldsymbol{x}) = \frac{P(\omega_i \mid \boldsymbol{x})^{2^M}}{P(\omega_1 \mid \boldsymbol{x})^{2^M} + P(\omega_2 \mid \boldsymbol{x})^{2^M}} \quad (i=1,2) \tag{6-67}$$

用经过 M 次剪辑的样本集对待识别模式 $\boldsymbol{x}$ 运用 $1-NN$ 规则进行分类的渐近条件误判概率为

$$\begin{aligned} P_{1\text{-}NN}^{M\times E}(e \mid \boldsymbol{x}) &= P(\omega_1 \mid \boldsymbol{x})\Phi_{M\times1}(\omega_2 \mid \boldsymbol{x}) + P(\omega_2 \mid \boldsymbol{x})\Phi_{M\times1}(\omega_1 \mid \boldsymbol{x}) = \\ &1 - \frac{P(\omega_1 \mid \boldsymbol{x})^{2^M} + P(\omega_2 \mid \boldsymbol{x})^{2^{M+1}}}{P(\omega_1 \mid \boldsymbol{x})^{2^M} + P(\omega_2 \mid \boldsymbol{x})^{2^M}} \end{aligned} \tag{6-68}$$

容易证明：

$$\lim_{M\to\infty} P_{1\text{-}NN}^{M\times E}(e \mid \boldsymbol{x}) = \min\ [P(\omega_1 \mid \boldsymbol{x}), P(\omega_2 \mid x)] = P_{\mathrm{B}}(e \mid \boldsymbol{x}) \tag{6-69}$$

式(6-69)表明，这个方法的渐近性质同于贝叶斯决策的性能。

下文给出一种称之为 MULTIEDIT 的实用算法。

步骤 1：将样本集 $X^{(N)}$ 随机地划分为 s 个子集，有

$$X^{(N)} = \{X_1, X_2, \cdots, X_s\} \quad (s \geqslant 3) \tag{6-70}$$

步骤 2：用最近邻法。以 $X_{(i+1)\bmod s}$ 为参照集，对 X_i 中的样本进行分类，其中 $i=1,2,\cdots,s$；

步骤 3：去掉在步骤 2 中被错分类的样本；

步骤 4：用所留下的样本构成新的样本集 $X^{(NE)}$；

步骤 5：如果经过 k 次迭代再没有样本被剪辑掉则停止；否则转至步骤 1。

图 6-5 给出了具有不同均矢和协方差阵的两类正态分布的随机样本集；如图 6-6 所示是用上述算法第一次剪辑后留下的样本；图 6-7 所示为第三次剪辑后留下的样本；图 6-8 是算法终止时留下的样本。可以看出，剪辑掉的只是两类边界上的一些样本，剩下的样本形成两个好的聚类，而且每一聚类中的样本都属于同一类，经最后剪辑之后两类的分界面已十分接近贝叶斯决策面。如图 6-9 至图 6-11 所示，是利用该算法的另一个例子，图 6-9 所示为非正态分布的两类样本集；如图 6-10 所示，是用上述算法对其第一次剪辑后的样本集；如图 6-11 所示是最后分类的结果，图中虚线表示贝叶斯决策面，实线为运用最近邻法得出的边界，可以看出两者是十分接近的。

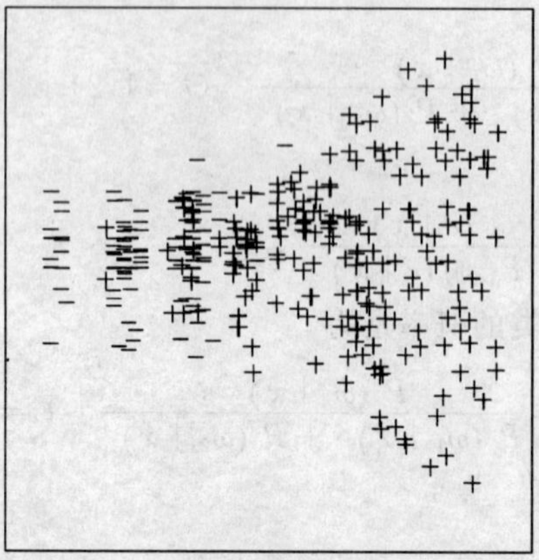

图 6-5　不同均矢和协方差阵的两类正态分布的随机样本

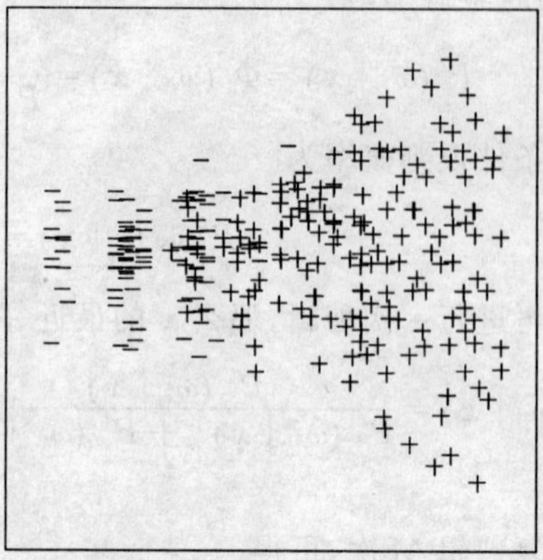

图 6-6　第一次剪辑后留下的样本

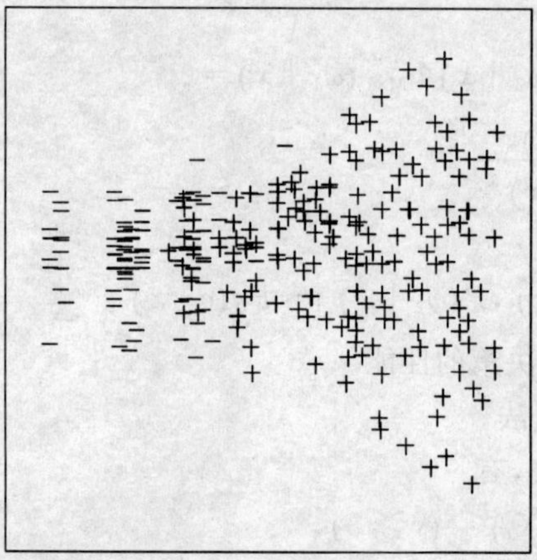

图 6-7　第三次剪辑后留下的样本

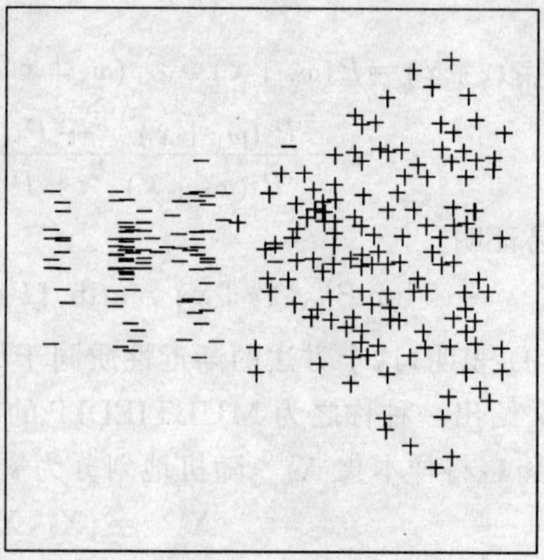

图 6-8　算法终止时留下的样本

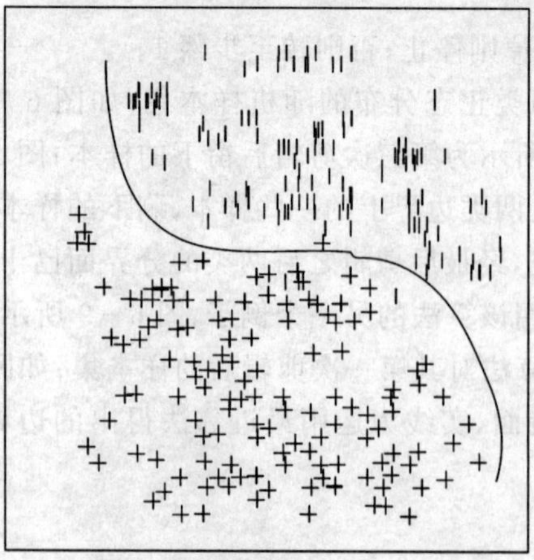

图 6-9　非正态分布的两类样本

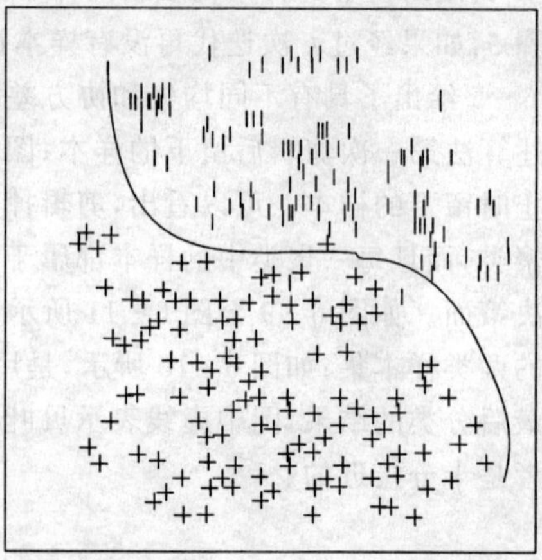

图 6-10　第一次剪辑后留下的样本

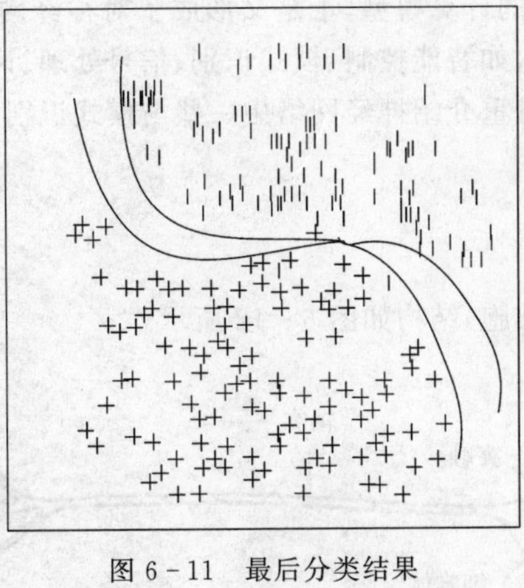

图 6-11　最后分类结果

6.3　人工神经网络

从深层意义上看，模式识别与人工智能所研究的是如何用计算机实现人脑的一些功能。一方面，从要实现的功能出发，我们可以将功能分解成子功能，直至设计出算法来实现这些子功能。另一方面，人脑无论多么复杂，都可以看作是由大量神经元组成的巨大的神经网络。从神经元的基本功能出发，逐步从简单到复杂组成各种神经网络，研究它所能实现的功能，是自底向上的综合方法。两种方法各有优、缺点，适用于不同的问题。

人工神经网络的研究与计算机的研究几乎是同步发展的。1943 年，心理学家 McCulloch 和数学家 Pitts 合作提出了形式神经元的数学模型，成为人工神经网络研究的开端。1949 年，心理学家 D. O. Hebb 提出神经元之间突触联系强度可变的假设，并据此提出神经元的学习准则，为神经网络的学习算法奠定了基础。现代串行计算机的奠基人 Von Neumann 在 20 世纪 50 年代就已注意到计算机与人脑结构的差异，对类似于神经网络的分布系统做了许多研究。50 年代末，Rosenblatt 提出了感知器模型，首次把神经网络的研究付诸工程实践，引起了许多科学家的兴趣。1969 年，人工智能创始人之一的 Minsky 和 Papert 以《感知器》为名出版了一本书，从数学上深入分析了感知器的原理，指出其局限性。加之当时串行计算机正处于全盛发展时期，早期的人工智能研究也取得了很大成就，从而掩盖了发展新的计算模型的迫切性，使有关神经网络的研究热潮低落下来。在此期间仍有不少科学家坚持这一领域的研究，对此后的神经网络研究提供了很好的理论基础。

1982 年，Hopfield 提出了神经网络的一种数学模型，引入了能量函数的概念，研究了网络的动力学性质；紧接着又设计出用电子线路实现这一网络的方案，同时开拓了神经网络用于联想记忆和优化计算的新途径，大大促进了神经网络的研究。1986 年，Rumelhart 及 LeCun 等学者提出了多层感知器的反向传播算法，克服了当初阻碍感知器模型继续发展的重要障碍。另一方面，20 世纪 80 年代以来，传统的基于符号处理的人工智能在解决工程问题时遇到了许多困难。现代的串行机尽管有很好的性能，但在解决像模式识别、学习等对人来说是轻而易举的问题上显得非常困难。这就促使人们怀疑当前的 Von Neumann 机是否能解决智能问题，也促使人们探索更接近人脑的计算模型,于是又形成了对神经网络研究的热潮。现在神经网络的应用已渗透到多个领域,如智能控制、模式识别、信号处理、计算机视觉、优化计算、知识处理、生物医学工程等。本节着重介绍神经网络中一些与模式识别关系密切的基本内容。

6.3.1 人工神经元

1. 生物神经元

典型的神经元(即神经细胞)结构如图 6-12 所示。

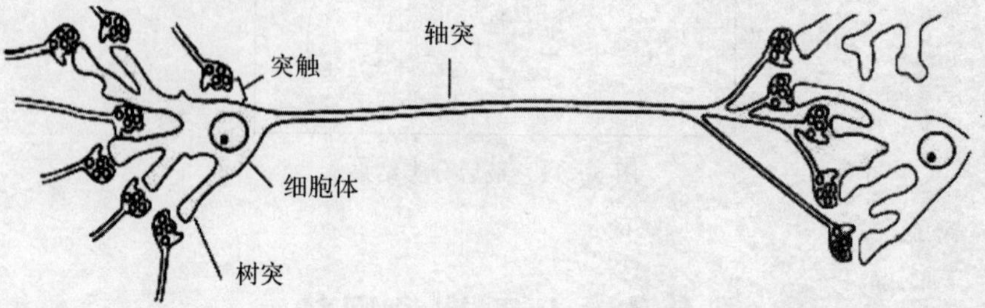

图 6-12 典型的神经元构成示意图

它分为以下 4 部分:①胞体。它是神经细胞的本体,内有细胞核和细胞质,完成普通细胞的生存功能。②树突。它有大量的分枝,多达 10^3 数量级,长度较短,通常不超过 1 mm,用以接收来自其他神经元的信号。③轴突。它用以输出信号,有些较长,可达 1 m 以上;较长的轴突被髓鞘包裹,以提高传导速度并减少相互干扰,相当于导线的绝缘层;神经信号传导机制不是靠电信号,而是一个电化学过程,因此传导速度比电信号慢得多,可以形象地比喻成导火索被点着的情况,传导速度为每秒数十米;轴突远端也有分枝,可与多个神经元连接。④突触。它是一个神经元与另一个神经元相联系的特殊部位,通常是一个神经元轴突的端部靠化学接触或电接触将信号(兴奋)传递给下一个神经元的树突或胞体;对树突的突触多为兴奋性的,使下一个神经元兴奋,而对胞体的突触多为抑制性的,其作用是阻止下一个神经元兴奋。

神经元的基本工作机制是这样的:一个神经元有两种状态——兴奋和抑制。平时处于抑制状态的神经元,其树突和胞体接收其他神经元经由突触传来的兴奋电位,多个输入在神经元中以代数和的方式叠加;如果输入兴奋总量超过某个阈值,神经元就会被激发进入兴奋状态,发出输出脉冲,并由轴突的突触传递给其他神经元。神经元被触发之后有一个不应期,在此期间内不能被触发,然后阈值逐渐下降,恢复兴奋性。神经元是按照“全或无”的原则工作的,只有兴奋和抑制两种状态,但也不能认为神经元只能表达或传递二值逻辑信号。因为神经元兴奋时往往不是只发出一个脉冲,而是发出一串脉冲,如果把这一串脉冲看成是一个调频信号,脉冲的密度是可以表达连续量的。

以上关于神经元工作机制的描述是极度简化的。对于神经元已经有了很多更深入细致的研究,提出了一些更为精确而复杂的模型,有人甚至认为一个神经元的复杂程度就相当于一台微型计算机。但是从人工神经元网络研究的目的出发,如果这种复杂和精确不能带来相应的性能改善,则追求真实性是无意义的。这里需要留意的是,神经元的简化模型并不是唯一的,这也为发挥创造性留有了充分的余地。

2.人工神经元

人工神经元模型的种类繁多，限于本章内容的需要，只介绍常用的最简单的模型，如图 6-13(a) 所示。

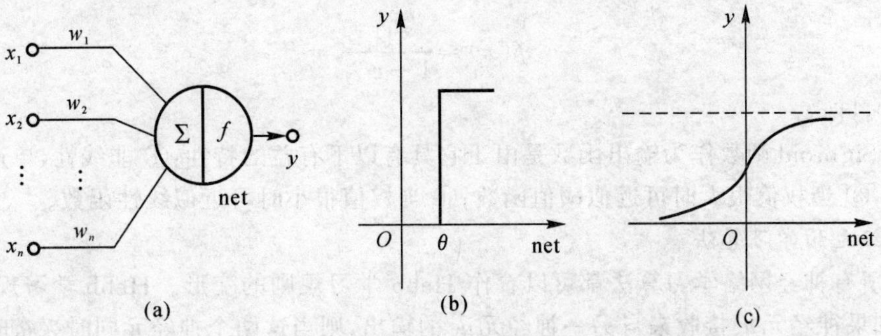

图 6-13　人工神经元模型与两种常见的输出函数

(a)人工神经元模型；(b)阈值函数；(c)Sigmoid 函数

图中的 n 个输入 $x_i \in \mathbf{R}$，相当于其他神经元的输出值，n 个权值 $w_i \in \mathbf{R}$，相当于突触的连接强度，f 是一个非线性函数，例如阈值函数或 Sigmoid 函数，θ 是阈值。神经元的动作如下：

$$\text{net} = \sum_{i=1}^{n} w_i x_i \tag{6-71}$$

$$y = f(\text{net}) \tag{6-72}$$

当 f 为阈值函数时，其输出为

$$y = \text{sgn} \sum_{i=1}^{n} w_i x_i - \theta \tag{6-73}$$

为使式子更为简约，设阈值

$$\theta = -w_0 \tag{6-74}$$

$$\boldsymbol{W} = [w_0 \quad w_1 \quad w_2 \quad \cdots \quad w_n]^{\text{T}} \tag{6-75}$$

$$\boldsymbol{X} = [x_0 \quad x_1 \quad x_2 \quad \cdots \quad x_n]^{\text{T}} \tag{6-76}$$

则

$$y = \text{sgn}\ (\boldsymbol{W}^{\text{T}} \quad \boldsymbol{X}) \tag{6-77}$$

或

$$y = f(\boldsymbol{W}^{\text{T}} \quad \boldsymbol{X}) \tag{6-78}$$

这样的表达式可以将阈值合并到权向量中处理。

选取不同的输出函数 f，y 的取值范围也不同，若

$$f(x) = \text{sgn}\ (x) \begin{cases} 1, & x \geqslant 0 \\ -1, & x < 0 \end{cases} \tag{6-79}$$

则 $y \in \{-1,1\}$，y 取 1 和 −1 两个值。如果

$$f(x) = \begin{cases} 1, & x > 0 \\ 0, & x \leqslant 0 \end{cases} \tag{6-80}$$

则 $y \in \{0,1\}$ 如图 6-13(b) 所示。

某些重要的学习算法要求输出函数 f 可微，此时通常选用 Sigmoid 数：

$$f(x)=\tanh(x)=\frac{2}{1+e^{-2x}}-1 \tag{6-81}$$

则 $y \in \{-1,1\}$，可取 −1 至 1 的开区间内的连续值。

也可以选

$$f(x)=\frac{1}{1+e^{-x}} \tag{6-82}$$

则 $y \in \{0,1\}$。

选择 Sigmoid 函数作为输出函数是由于它具有以下有益的特性：① 非线性，单调性；② 无限次可微；③ 当权值很大时可近似阈值函数；④ 当权值很小时可近似线性函数。

3. 神经元的学习算法

几乎所有神经网络学习算法都可以看作 Hebb 学习规则的变形。Hebb 学习规则的基本思想是，如果神经元 u_i 接收来自另一神经元 u_j 的输出，则当这两个神经元同时兴奋时，从 u_j 到 u_i 的权值 w_{ij} 就得到加强。

具体到前述的神经元模型，可以将 Hebb 规则表现为以下算法：

$$\Delta w_i=\eta y x_i \tag{6-83}$$

式中，Δw_i 是对第 i 个权值的修正量；η 是控制学习速度的系数。

6.3.2 前馈神经网络及其主要算法

1. 前馈神经网络

构成前馈网络的各神经元接受前一级输入，并输出到下一级，无反馈，可用一有向无环图表示。图中节点分为两类，即输入节点与计算单元。每个计算单元可有任意一个输入，但只有一个输出，而输出可耦合到任意多个其他节点的输入。前馈网络通常分为不同的层，第 i 层的输入只与第 $i-1$ 层的输出相连，这里认为输入节点为第一层，因此所谓具有单层计算单元的网络实际上是一个两层网络。输入和输出节点由于可与外界相连，直接受环境影响，称为可见层，而其他的中间层则称为隐层，如图 6-14 所示。

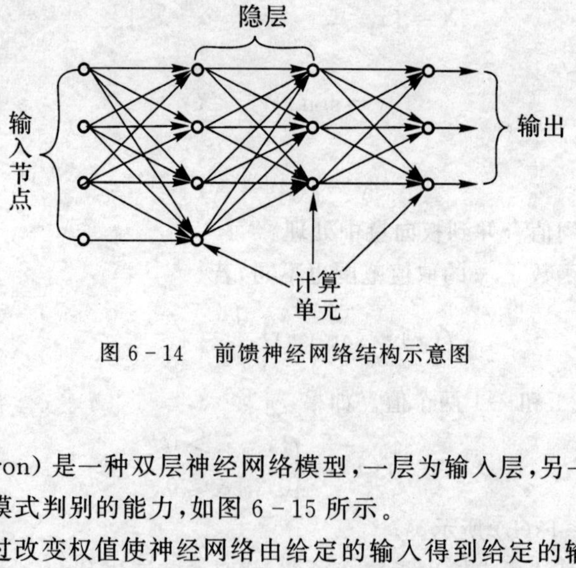

图 6-14　前馈神经网络结构示意图

2. 感知器

感知器(Pereceptron) 是一种双层神经网络模型，一层为输入层，另一层具有计算单元，可以通过监督学习建立模式判别的能力，如图 6-15 所示。

学习的目标是通过改变权值使神经网络由给定的输入得到给定的输出。作为分类器，可以用已知类别的模式向量或特征向量作为训练集，当输入为属于第 j 类的特征向量 $\boldsymbol{X}$ 时，应使对应于该类的输出 $y_j=1$，而其他神经元的输出则为 0（或 -1）。设理想的输出为

$$\boldsymbol{Y}=[y_1 \quad y_2 \quad \cdots \quad y_m]^{\mathrm{T}}$$

实际的输出为

$$\hat{\boldsymbol{Y}}=[\hat{y}_1 \quad \hat{y}_2 \quad \cdots \quad \hat{y}_m)^{\mathrm{T}}$$

为了使实际的输出逼近理想输出，可以反复依次输入训练集中的向量 $\boldsymbol{X}$，并计算出实际的输出 $\hat{\boldsymbol{Y}}$，对权值 w 作以下的修改：

$$w_{ij}(t+1)=w_{ij}(t)+\Delta w_{ij}(t) \qquad (6-84)$$

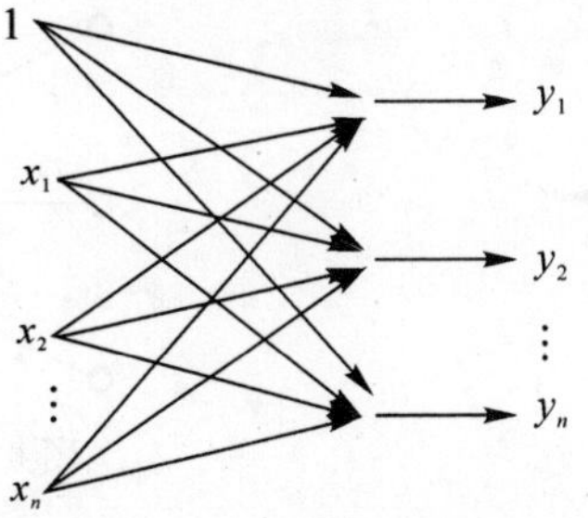

图 6-15　感知器模型示意图

式中

$$\Delta w_{ij}=\eta(y_j-\hat{y}_j)x_i$$

3. 三层前馈网络

利用人工神经元的非线性特性，可以实现各种逻辑门。例如，NAND（与非门）可用图 6-16 所示的阈值神经元实现。

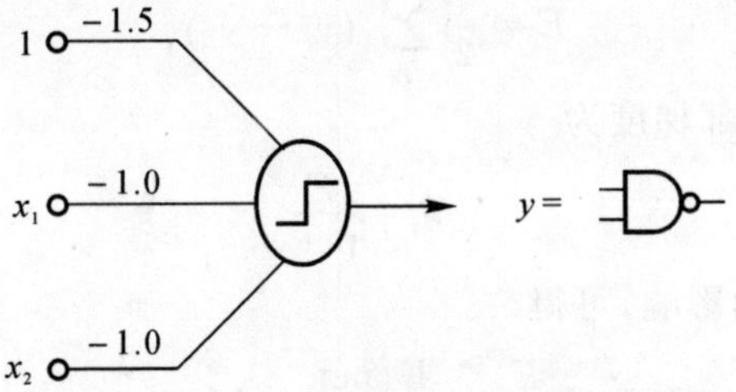

图 6-16　用感知器模型实现“与非”逻辑

由于任何逻辑函数都可以由与非门组成，所以可以得出以下结论：①任何逻辑函数都可以用前馈网络实现；②单个阈值神经元可以实现任意多输入的与、或及与非、或非门；由于任何逻辑函数都可以化为析取（或合取）形式，所以任何逻辑函数都可用一个 3 层（只有两层计算单元）的前馈网络实现。

当神经元的输出函数为 Sigmoid 函数时，上述结论可以推广到连续的非线性函数，在很宽松的条件下，3 层前馈网络可以逼近任意的多元非线性函数，突破了 2 层前馈网络线性可分的限制。这种 3 层或 3 层以上的前馈网络通常又被叫作多层感知器（Multi-Layer Perception，MLP）。

4. 反向传播算法（BP 法）

3 层前馈网络的适用范围大大超过 2 层前馈网络，但学习算法较为复杂，主要困难是中间的隐层不直接与外界连接，无法直接计算其误差。为解决这一问题，提出了反向传播（Back-Propagation，BP）算法。其主要思想是从后向前（反向）逐层传播输出层的误差，以间接算出隐层误差。算法分为两个阶段：第一阶段（正向过程）输入信息从输入层经隐层逐层计算各单元的输出值；第二阶段（反向传播过程）内输出误差逐层向前算出隐层各单元的误差，并用此误差修正前层权值。

在反向传播算法中通常采用梯度法修正权值，为此要求输出函数可微，通常采用 Sigmoid 函数作为输出函数。不失其普遍性，我们研究处于某一层的第 j 个计算单元，脚标 i 代表其前

层第 i 个单元，脚标 k 代表后层第 k 个单元，O_j 代表本层输出，w_{ij} 是前层到本层的权值，如图 6-17 所示。

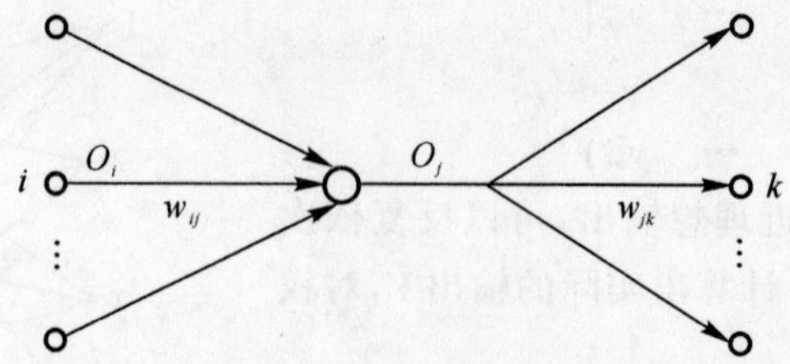

图 6-17　反向传播算法中的音量约定

当输入某个样本时，从前到后对每层各单元作如下计算（正向算法）：

$$\mathrm{net}_j = \sum_i w_{ij} O_i$$

$$O_j = f(\mathrm{net}_j)$$

对于输出层而言，$y_j = O_j$ 是实际输出值，$\hat{y}_j$ 是理想输出值，此样本的误差为

$$E = \frac{1}{2}\sum_j (y_j - \hat{y}_j)^2 \tag{6-85}$$

为使式子简化，定义局部梯度为

$$\delta_j = \frac{E}{\mathrm{net}_j} \tag{6-86}$$

考虑权值 w_{ij} 对误差的影响，可得

$$\frac{E}{w_j} = \frac{E}{\mathrm{net}_j}\frac{\mathrm{net}_j}{w_{ij}} = \delta_j O_i \tag{6-87}$$

权值修正应使误差最快地减小，修正量为

$$\Delta w_{ij} = -\eta \delta_j O_i$$

$$w_{ij}(t+1) = w_{ij}(t) + \Delta w_{ij}(t) \tag{6-88}$$

如果节点 j 是输出单元，则

$$O_j = \hat{y}_j$$

$$\delta_j = \frac{E}{\hat{y}_j}\frac{\hat{y}_j}{\mathrm{net}_j} = -(y_j - \hat{y}_j) f'(\mathrm{net}_j) \tag{6-89}$$

如果节点 j 不是输出单元，由图 6-22 可知，O_j 对后层的全部节点都有影响。则有

$$\delta_j = \frac{\partial E}{\partial \mathrm{net_j}} = \sum_k \frac{\partial E}{\partial \mathrm{net}_k} \cdot \frac{\partial \mathrm{net}_k}{\partial O_j} \cdot \frac{\partial O_j}{\partial \mathrm{net}_j} = \sum {}_k \delta_k w_{jk} f'(\mathrm{net}_j) \tag{6-90}$$

对于 Sigmoid 函数：

$$y = f(x) = \frac{1}{1+\mathrm{e}^{-x}}$$

有

$$f'(x) = \frac{\mathrm{e}^{-x}}{(1+\mathrm{e}^{-x})^2} = y(1-y) \tag{6-91a}$$

或者当 $y = f(x) = \tanh x$ 时，有

$$f'(x) = 1 - \mathrm{th}^2 x = 1 - y^2 \tag{6-91b}$$

在实际计算时，为了加快收敛速度，往往在权值修正量中加上前一次的权值修正量，一般

称之为惯性项,即

$$\Delta w_{ij} = -\eta \delta_j O_i + \alpha \Delta w_{ij}(t-1) \tag{6-92}$$

综上所述,反向传播算法步骤如下：

步骤 1:选定权系数初始值;

步骤 2:重复下述过程直至收敛(对各样本依次计算);

(1) 从前向后各层计算各单元 O_j,有

$$\text{net}_j = \sum_i w_{ij} O_i$$

$$O_j = 1/(1 - \mathrm{e}^{-\text{net}_j})$$

(2) 对输出层计算 δ_j,有

$$\delta_j = (y - O_j) O_j (1 - O_j)$$

(3) 从后向前计算各隐层 δ_j,有

$$\delta_j = O_j (1 - O_j) \sum_k w_{jk} \delta$$

(4) 计算并保存各权值修正量,则

$$\Delta w_{ij} = \alpha \Delta w_{ij}(t-1) + \eta \delta_j O_i$$

(5) 修正权值有

$$w_{ij}(t+1) = w_{ij}(t) + \Delta w_{ij}(t)$$

以上算法是对每个样本作权值修正,也可以对各样本计算 δ_j 后求和,按总误差修正权值。

反向传播算法解决了隐层权值修正问题,但它是用梯度法求非线性函数极值的,因而有可能陷入局部极小点,不能保证收敛到全局极小点。

2 层前馈网络的收敛性不受初始值影响,各权值的初始值可以全设定为零;但 3 层以上的前馈网络(含有一个以上隐层) 使用反向传播算法时,如果权值初始值都为零或都相同,隐层各单元不能出现差异,运算不能正常进行。因此,通常用较小的随机数(例如 ± 0.3 区间) 作为权值初始值。初始值对收敛有影响,当计算不收敛时,可以改变初始值试算。

反向传播算法中有两个参数 η 和 α。步长 η 对收敛性影响很大,而且对于不同的问题其最佳值相差也很大,通常可在 $0.1 \sim 3$ 之间试探,对于较复杂的问题应用较大的值。惯性项系数 α 影响收敛速度,在很多应用中其值可在 $0.9 \sim 1$ 之间选择(比如 0.95),$\alpha \geqslant 1$ 时不收敛;有些情况下也可不用惯性项(即 $\alpha = 0$)。

3 层前馈网络的输出层与输入层单元数是由问题本身决定的。例如,作为模式判别时输入单元数是特征维数,输出单元数是类数。但中间隐层的单元数如何确定则缺乏有效的方法。一般来说,问题越复杂,需要的隐层单元越多;或者说同样的问题,隐层单元越多越容易收敛。但是隐层单元数过多会增加使用时的计算量,而且会产生“过学习”效果,使对未出现过的样本的推广能力变差。

对于多类的模式识别问题来说,要求网络输出把特征空间划分成一些不同的类区(对应不同的类别),每一隐单元可形成一个超平面。我们知道,N 个超平面可将 D 维空间划分成的区域数为

$$M(N, D) = \sum_{i=0}^{D} N_j \tag{6-93}$$

当 $N < D$ 时，$M = 2^N$。设有 P 个样本，我们不知道它们实际上应分成多少类，为保险起见，可假设 $M = P$，这样，当 $N < D$ 时，可选隐单元数 $N = \log_2 P$，当然这只能是一个参考数字。因为所需隐层单元数，主要取决于问题复杂程度而非样本数，只是复杂的问题确实需要大量样本。

当隐层数难以确定时，可以先选较多的隐层单元数，待学习完成后，再逐步删除一些隐层单元，使网络更为精简。删除的原则可以考虑某一隐层单元的贡献。例如，其输出端各权值绝对值大小，或输入端权向量是否与其他单元相近。更直接的方法是，删除某个隐层单元，继续一段学习算法；如果网络性能明显变坏，则恢复原状，逐个测试各隐层单元的贡献，把不必要的删去。

从原理上讲，反向传播算法完全可以用于四层或更多层的前馈网络。三层网络可以应付任何问题，但对于较复杂的问题，更多层的网络有可能获得更精简的结果。遗憾的是，反向传播算法直接用于多于三层的前馈网络时，陷入局部极小点而不收敛的可能性很大。此时需要运用更多的先验知识减小搜索范围，或者找出一些原则来逐层构筑隐层。

5. 径向基函数网络

除了上面讲的采用 Sigmoid 型神经元输出函数的前馈网络外，还有一种较常用的前馈型神经网络，叫作径向基函数网络（简称 RBF 网络），其基本结构如图 6－18 所示。这种网络的特点是，只有一个隐层，隐层单元采用径向基函数作为其输出特性，输入层到隐层之间的权值均固定为 1；输出节点为线性求和单元，隐层到输出节点之间的权值可调，因此输出为隐层的加权求和。

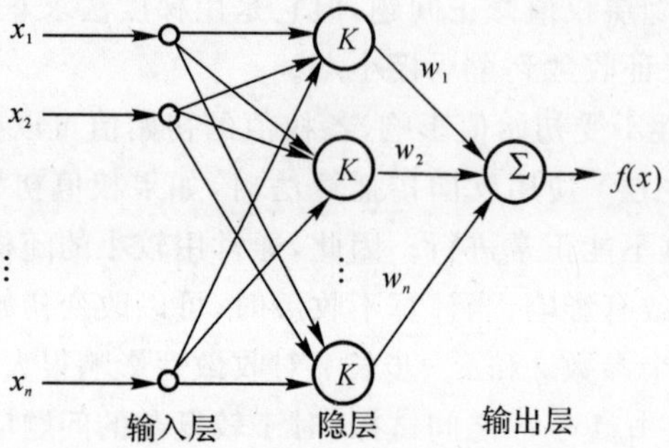

图 6－18　径向基函数网络示意图

所谓径向基函数（Radial Basis Function，RBF），就是某种沿径向对称的标量函数。通常定义为空间中任一点 x 到某一中心 x_c 之间欧氏距离的单调函数，可记作 $k(\|x - x_c\|)$，其作用往往是局部的，即点 x 远离 x_c 时函数取值很小。最常用的径向基函数是高斯核函数，形式为

$$k(\|x - x_c\|) = \exp - \frac{\|x - x_c\|^2}{2\delta^2} \tag{6-94}$$

式中，x_c 为核函数中心；δ 为函数的宽度参数，控制了函数的径向作用范围。在 RBF 网络中，这两个参数往往是可调的。

可以从以下两方面理解 RBF 网络的作用。

(1) 把网络看成对未知函数 $f(x)$ 的逼近器。一般任何函数都可表示成一组基函数的加

权和，这相当于用隐层单元的输出函数构成一组基函数来逼近 $f(x)$。

(2) 在 RBF 网络中，从输入层到隐层的基函数输出是一种非线性映射，而输出则是线性的。这样，RBF 网络可以看成是首先将原始的非线性可分的特征空间变换到另一空间(通常是高维空间)，通过合理选择这一变换使在新空间中原问题线性可分，然后用一个线性单元来解决问题。

在典型的 RBF 网络中有 3 组可调参数：隐层基函数中心、方差以及输出单元的权值。这些参数的选择有下述 3 种常见方法。

(1) 根据经验选择函数中心。比如只要训练样本的分布能代表所给问题，可根据经验选定均匀分布的 M 个中心，其间距为 d，可选高斯核函数的方差为 $\delta = d/\sqrt{2M}$。

(2) 用聚类方法选择基函数。可以各聚类中心作为核函数中心，而以各类样本的方差的某一函数作为各个基函数的宽度参数。

用(1) 或(2) 的方法选定了隐层基函数的参数后，因输出单元是线性单元，它的权值可以简单地用最小二乘法直接计算出来。

(3) 将 3 组可调参数都通过训练样本用误差纠正算法求得。做法与 BP 方法类似，分别计算误差 $\delta(k)$ 对各组参数的偏导数(梯度)，然后用 $\theta(k+1) = \theta(k) - \eta \dfrac{\delta(k)}{\theta}$ 迭代求取参数 θ。

研究表明，用于模式识别问题的 RBF 网络在一定意义上等价于首先用非参数方法估计出概率密度，然后用它进行分类。

6.3.3　竞争学习和侧抑制

上述前馈网络属于监督学习，需要同时提供输入样本和相应的理想输出。引进竞争机制的前馈网络可以实现无监督学习，完成聚类的任务。竞争学习网络的结构与 2 层前馈网络类似，只是在输出层加上了侧抑制，如图 6-19 所示。

侧抑制是在输出层各单元之间相互用较大的负权值输入对方的输出，这种互连构成正反馈，类似于双稳态或多稳态触发器。竞争的结果是，具有较大输入的单元输出为 1，而其他单元的输出都为 0。网络动作机制为

$$\text{net}_j = \sum_i w_{ij} x_i = \boldsymbol{W}_j^{\mathrm{T}} \boldsymbol{X} \qquad (6-95)$$

$$y_j = \begin{cases} 1, & \text{net}_j > \text{net}_k \ (j \neq k) \\ 0, & \text{其他} \end{cases}$$

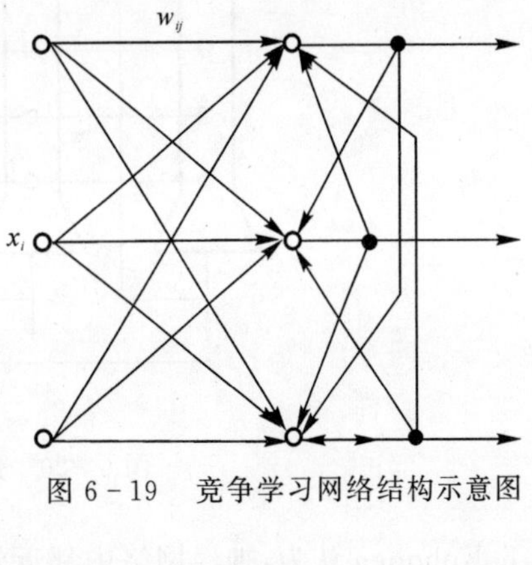

图 6-19　竞争学习网络结构示意图

学习时先用随机数作为权值初始值，为了防止某个输出单元的权值过大造成不应有的侧重，在初始值和整个学习过程中随时将权向量进行归一化处理，即

$$w'_{ij} = \frac{w_{ij}}{\sum_i w^2}$$

使各权向量总能满足

$$\| w_j \| = 1$$

当样本为归一化样本(即 $\|\boldsymbol{x}\|=1$)时,学习可按以下算法进行:

$$\Delta w_{ij}=\eta(y_j-\mathrm{net}_j)x_i \tag{6-96}$$

竞争网络可用于无监督学习的聚类,但应用此网络时需要注意一些问题:首先是网络不可能收敛到修正量趋向于零的状态,因此可以采取强制收敛的方法,在学习过程中将步长参数 η 缓慢减少至零。其次是学习结果受初始值和学习样本顺序影响很大,聚类的结果未必是我们想要的结果,因此在实际应用时需要加入适当的人工干预。例如,先选择少量典型性好的样本作为权向量初始值。

6.3.4 自组织特征映射

人脑是由大量的神经元组成的,它们并非都起着同样的作用,处于空间不同部位的区域分工不同,各自对输入模式的不同特征敏感。

大脑中分布着大量的协同作用的神经元群体,同时大脑网络又是一个复杂的反馈系统,既包括局部反馈,也包括整体反馈及化学交互作用,聚类现象对于大脑的信息处理起着重要作用。在大脑皮层中,神经元呈二维空间排列,其输入信号主要有两部分:一是来自感觉组织或其他区域的外部输入信号;二是同一区域的反馈信号(见图 6-20),形成信息交互。神经元之间的信息交互方式有很多种,然而邻近神经元之间的局部交互有一个共同的方式,就是侧向交互:最相近的"邻元"(约小于 0.5 mm)互相兴奋,较远的邻元(1~2 mm)互相抑制,更远的又是弱兴奋,这种局部交互形式可以形象地比喻为"墨西哥草帽"(见图 6-21)。

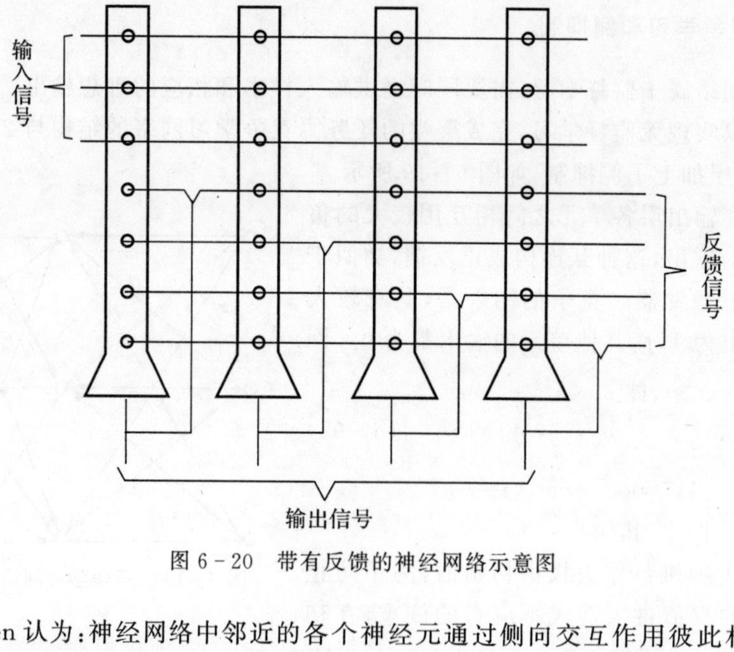

图 6-20　带有反馈的神经网络示意图

T. Kohonen 认为:神经网络中邻近的各个神经元通过侧向交互作用彼此相互竞争,自适应地发展成检测不同信号的特殊检测器,这就是自组织特征映射的含义。人工自组织映射与大脑映射有许多共同特性,通常又称作自组织映射神经网络或简称作 SOM 网络。

人工二维自组织映射网络结构如图 6-22 所示。总体连接与 2 层前馈网络相似,输入层的每一个单元 x_i 与输出层的每个 y_i 相连。输出单元呈二维平面分布,单元之间的典型交互作用函数为简化"巴拿马草帽"(见图 6-23(a)),则有

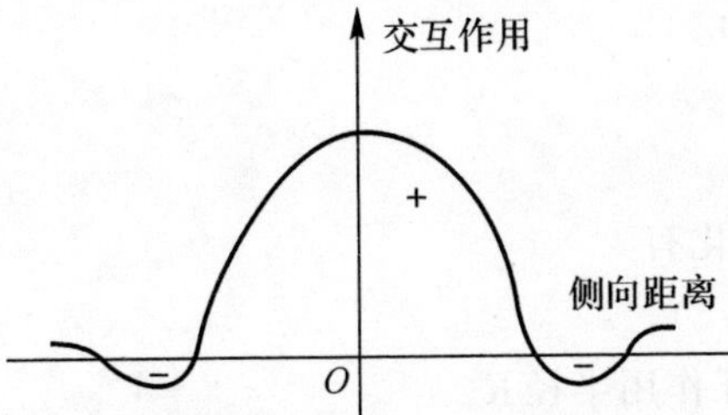

图 6-21　临近神经元之间的局部交互作用示意

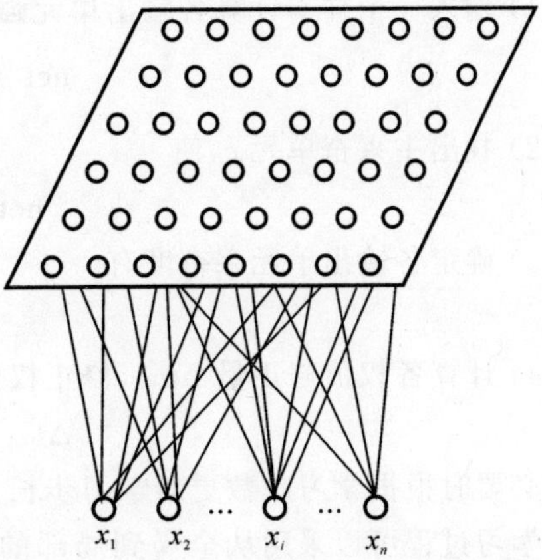

图 6-22　自组织映射神经网络结构示意图

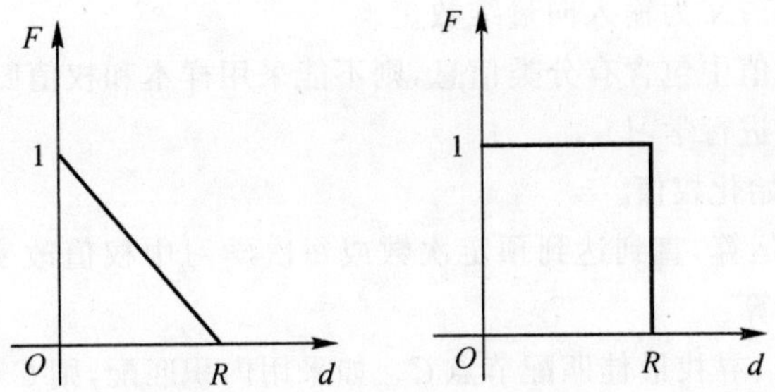

(a)　(b)

图 6-23　两种近邻函数形式

(a)"巴拿马草帽"型；(b) 矩形窗口

$$F_c(j)=\begin{cases}1-\dfrac{d_{cj}}{R} & d\leqslant R\\ 0 & d>R\end{cases} \tag{6-97}$$

式中，d_{cj} 是输出单元 c 与 j 之间在神经元平面上的距离；R 是交互作用半径；或者为更简单的矩形窗(见图 6-23(b))，即

$$F_c(j)=\begin{cases}1 & d\leqslant R\\ 0 & d>R\end{cases} \tag{6-98}$$

自组织映射网络的学习算法也是一种竞争学习算法，区别只是输出层具有几何分布，由交互作用函数取代了简单的侧抑制，因此其学习算法也是类似的。当输入样本均为归一化样本时，具体学习过程可以是：

(1) 用随机数设定权值初始值，并进行权向量归一化计算，在以后每次修正权向量之后也要进行归一化，使其满足：

$$\|\boldsymbol{W}_j\|^2=\sum_{1}W_{ij}^2=1$$

(2) 反复进行以下运算，直到达到预定学习次数或每次学习中权值改变量小于某一阈值。

1）输入一个样本计算各输出单元强度

$$\mathrm{net}_j = \boldsymbol{W}_j^{\mathrm{T}} \boldsymbol{X} = \sum_i w_{ij} x_i$$

2）找出主兴奋单元 c，使

$$\mathrm{net}_c = \max\ (\mathrm{net}_j)$$

3）确定各输出单元兴奋度有

$$y_j = F_c(j)$$

4）计算各权值修正量 Δw_{ij}，修正权值，进行归一化有

$$\Delta w_{ij} = \eta(y_j - \mathrm{net}_j) x_i$$

必要时根据学习次数更新学习步长 η 和邻域交互作用半径 R。

学习过程可以采用从全局到局部的策略，此时在学习初期可设定较大的交互作用半径 R。例如，输出平面边长的一半，然后逐步缩小到适当的值，如

$$R \approx L/\overline{N}$$

式中，L 为输出平面边长；N 为输入向量维数。

如果样本向量的幅值中包含有分类信息，则不能采用样本和权值归一化，此时自组织映射网络可以用下面的算法进行学习。

(1) 用小随机数初始化权值。

(2) 反复进行以下运算，直到达到预定次数或每次学习中权值改变量小于某一阈值。依次对各样本进行以下运算：

1）输入一个样本 X，寻找最佳匹配节点 C。如采用内积匹配，则 C 就是上面算法中的主兴奋单元；如果采用距离匹配，则 C 为权值向量与输入样本向量距离最近的节点，即

$$C:\Delta(X, W_c) = \min_j \{\Delta(X, W_j)\}$$

式中，Δ 为某种距离度量。

2）确定邻域交互作用函数 $F_c(j)$。

3）计算各权值修正量，有

$$\Delta W_j = \eta F_c(j) \delta(X, W_j)$$

式中，$\delta(X, W_j)$ 为 X 与 W_j 的误差。修正各节点权值。必要时根据学习次数更新学习步长 η 和邻域交互作用半径 R。

由于输出单元之间存在与几何位置有关的交互作用，学习完成之后，各输入向量在输出平面上存在对应的兴奋点，而且兴奋点之间部分地满足一种关系，即相似的输入向量（在输入向量空间中夹角较小的）在输出平面上离得较近。此时的输出平面可以划分为若干个不同的区域，每个区域对应于一个类别，形同地图，故也称之为认知地图。这种聚类的方法比简单的竞争网络更为细致，可以适应多种用途。

自适应特征映射是输入高维向量空间向二维平面的映射，因此映射不是唯一的，学习结果与权值初始值和样本顺序有关。

6.3.5 Hopfield 网络

与前述的前馈网络不同，Hopfield 网络是一种反馈网络。反馈网络的基本单元是与前馈网络类似的神经元，其特性可以是阈值函数或 sigmoid 函数。反馈网络的结构是单层的，各单

元地位平等，每个神经元都可以与所有其他神经元连接。如果考虑一个二层前馈网络，其输出层与输入层的神经元数相同，每一个输出都直接连接(反馈)到相对应的一个输入上，该网络就等价于一个反馈网络。人们通常把反馈网络看成动态系统，主要关心其随时间变化的动态过程。反馈网络具有一般非线性系统的许多性质，如稳定性问题、各种类型的吸引子以及混沌现象等，在某些情况下还有随机性、不可预测性。因此比前馈网络的内容丰富得多，我们可以从不同方面利用这些复杂的性质以完成各种计算功能。

Hopfield 网络除了具有上述反馈网络的结构和性质之外，还满足以下条件：

(1) 权值对称，即 $w_{ij}=w_{ji}$ 权矩阵 $\boldsymbol{W}=\boldsymbol{W}^{\mathrm{T}}$ 为对称阵。

(2) 无自反馈，即 $w_{ij}=0$ 权矩阵 $\boldsymbol{W}$ 的对角线元素为 0。

由于满足对称条件，Hopfield 网络是稳定的，只有孤立吸引子。

1. 离散 Hopfield 网络

该网络各单元都互相连接，单元特性都是线性阈值函数，它是一个离散时间系统，用 $N(\boldsymbol{W},\boldsymbol{T})$ 表示一个 n 阶网络，其中：$\boldsymbol{W}$ 为 $n\times n$ 阶对称阵，$w_{ij}=w_{ji}$ 是单元 i 与 j 之间连接的权值；$\boldsymbol{T}$ 为 n 维向量，T_i 是单元 i 的阈值。

各单元只能取 $+1$ 或 -1 的值，描述状态变化的方程式可写为

$$x_i(t+1)=\operatorname{sgn}\sum_{j=1}^{n}w_i x_j(t)-T_i \tag{6-99}$$

式中，$x_i(t)$ 为任一时刻 t(t 为正整数) 单元 i 的状态，整个网络的状态是向量 $\boldsymbol{X}(t)\in\{-1,+1\}$。若 $w_{ii}(i=1,2,\cdots,n)$ 则称为无自反馈的网络。

网络式(6-99) 有两种工作方式：

1) 串行(异步) 方式。在任一时刻，只有某一神经元 i(按固定顺序或随机地选择) 按照式(6-99) 改变状态，而其他单元状态不变。

2) 并行(同步) 方式。在任一时刻部分神经元按式(6-99) 改变状态，其中最重要的一种特殊情况为：在某时刻 t，所有神经元同时按式(6-99) 改变状态，可写成向量形式为

$$\boldsymbol{X}(t+1)=\operatorname{sgn}\ [\boldsymbol{W}\boldsymbol{X}(t)-\boldsymbol{T}] \tag{6-100}$$

称为全并行方式。

如果网络从 $t=0$ 的任一初始状态 $\boldsymbol{X}(0)$ 开始变化时，存在某一有限时刻 t，此后网络状态不再变化，即

$$\boldsymbol{X}(t+\Delta t)=\boldsymbol{X}(t)\quad \Delta t>0 \tag{6-101}$$

则称网络式(6-99) 是稳定的。显然式(6-99) 代表的系统的稳定状态应满足

$$x_i=\operatorname{sgn}\sum_{j=1}^{n}w_{ij}x_j-T_i \tag{6-102}$$

为了研究网络的稳定性，定义系统的势函数(又称能量函数，是一种 Lyapunov 函数) 如下为

$$E(t)=\frac{1}{2}\boldsymbol{X}^{\mathrm{T}}\boldsymbol{W}\boldsymbol{X}+\boldsymbol{T}^{\mathrm{T}}\boldsymbol{X}=-\frac{1}{2}\sum_{i=1}^{n}\sum_{j=1}^{n}w_{ij}X_iX_j+\sum_{i=1}^{n}T_iX_i \tag{6-103}$$

考虑在串行方式下，$w_{ii}=0$ 时，一次运算只有 x_i 发生变化时势函数的变化，则

$$\Delta E_i=E(t+1)-E(t)=-\ [x_i(t+1)-x_i(t)]\sum_{\substack{i=1\\ j\neq i}}^{n}w_{ij}x_j-T_i \tag{6-104}$$

结合式(6-99)和式(6-104)，由于 x 只能取 ±1 的值，故只需考虑以下3种情况：

1) $x_i(t+1)=x_i(t)$，此时 $\Delta E_i=0$；

2) $x_i(t+1)-x_i(t)=2$，此时最右方括号的符号为正，故 $\Delta E_i<0$；

3) $x_i(t+1)-x_i(t)=-2$，此时最右方括号的符号为负，故 $\Delta E_i<0$。

由此可见，系统如果发生变化，其势函数只可能减小。注意到系统只有有限(2^n)个状态，最终一定会到达势函数的某一个极小点(平衡态)，与该点相邻(某一个 x_i 不同)的点的势函数值一定大于该点，该平衡态是孤立的。由于系统是非线性的，可以有多个孤立平衡态。如果系统是确定性的，从系统的状态空间的任何一点出发，都会到达某个极小点，好像被平衡态所吸引，因此孤立平衡态又称为孤立吸引子。到达某个吸引子的所有出发点的集合称为该吸引子的吸引域。

对于并行方式的系统，也有类似的结论，此时的吸引子或者是孤立吸引子，或者是长度为2的振荡环。

以上讨论的是单元取值为$\{+1,-1\}$的情况，有时也采用取值为$\{0,1\}$的单元，上述结论仍然成立。

2. 联想存储器

通常计算机中的存储器都是用地址进行访问的，而在人脑中则是由内容联想起其他内容，此种方式的存储器称为联想存储器(AM)，又称作内容寻址存储器(CAM)。

Hopfield网络的孤立吸引子可以用作联想存储器。吸引域的存在，意味着可以输入有噪声干扰的、残缺的或是部分的信息而联想出完整的信息。为此需要正确设定权值矩阵，使得吸引子恰好对应于要存储的信息。

设定权矩阵的简单方法是"外积规则"，使用要存储的向量的外积组成权矩阵。设要存储的一组向量为 $\boldsymbol{U}_1,\boldsymbol{U}_2,\cdots,\boldsymbol{U}_m$，$m<n$，$n$ 是向量维数，则

$$\boldsymbol{W}=\sum_{i=1}^{m}\boldsymbol{U}_i\boldsymbol{U}_i^{\mathrm{T}}-\boldsymbol{I} \tag{6-105}$$

假定组中各向量两两正交，即 $\boldsymbol{U}_i\boldsymbol{U}_i^{\mathrm{T}}=n$，$\boldsymbol{U}_i^{\mathrm{T}}\boldsymbol{U}_i=0(i\neq j)$，则

$$\boldsymbol{W}\boldsymbol{U}_i=(\boldsymbol{U}_i\boldsymbol{U}_i^{\mathrm{T}}-\boldsymbol{I})\boldsymbol{U}_i+\sum_{j\neq i}(\boldsymbol{U}_j\boldsymbol{U}_j^{\mathrm{T}}-\boldsymbol{I})\boldsymbol{U}_i=(n-1)\boldsymbol{U}_i-(m-1)\boldsymbol{U}_i=(n-m)\boldsymbol{U}_i \tag{6-106}$$

可得，$\mathrm{sgn}\ (\boldsymbol{W}\boldsymbol{U}_i)=\boldsymbol{U}_i$，可见 $\boldsymbol{U}_i$ 确定是网络的一个吸引子。

外积规则要求存储向量正交，条件比较苛刻；伪逆规则只要求存储向量线性独立，条件较为宽松。设 $\boldsymbol{U}=(\boldsymbol{U}_1,\boldsymbol{U}_2,\cdots,\boldsymbol{U}_m)$ 是 m 行 n 列的矩阵，其伪逆 $\boldsymbol{U}^+=(\boldsymbol{U}^{\mathrm{T}}\boldsymbol{U})^{-1}\boldsymbol{U}^{\mathrm{T}}$，权矩阵

$$\boldsymbol{W}=\boldsymbol{U}\ (\boldsymbol{U}^{\mathrm{T}}\boldsymbol{U})^{-1}\boldsymbol{U}^{\mathrm{T}}=\boldsymbol{U}\boldsymbol{U}^+ \tag{6-107}$$

当 $\boldsymbol{U}$ 中的各列向量线性独立时，$\boldsymbol{U}^{\mathrm{T}}\boldsymbol{U}$ 是满秩矩阵，存在逆矩阵。可以简单地验证

$$\boldsymbol{W}\boldsymbol{U}=\boldsymbol{U}\ (\boldsymbol{U}^{\mathrm{T}}\boldsymbol{U})^{-1}\ (\boldsymbol{U}^{\mathrm{T}}\boldsymbol{U})=U \tag{6-108}$$

所以 $\boldsymbol{U}$ 中的 m 个列向量都是吸引子。

使用Hopfield网络作为联想存储器，要注意以下一些问题。首先是网络容量。n 阶的外积网络能存储的向量大约为 $n/4\ln n$ 个；其次是多余的吸引子。如果 $\boldsymbol{U}_i$ 是吸引子，$-\boldsymbol{U}_i$ 也是吸引子，此外还会有一些难以预料的吸引子；吸引域的范围也难以控制；消耗存储量多，收敛计算费时也是明显的缺点。从实际应用的角度看，只存储矩阵 $\boldsymbol{U}$，用通常的模式判别方法判断输入

向量与 $\boldsymbol{U}$ 中的哪一个 $\boldsymbol{U}_i$ 相近，将其作为输出，可以达到相同目的，而且比网络简便可靠，计算量也小。

3. 优化计算

反馈网络用于优化计算和作为联想存储器是对偶的，用于优化计算时 $\boldsymbol{W}$ 是已知的，目的是找出具有最大 $\boldsymbol{E}$ 的稳定状态；作为联想存储器时稳定状态是给定的，要通过学习求出合适的 $\boldsymbol{W}$。

用反馈网络做优化计算的基本原理是，串行工作方式的网络把一组 2^n 个状态映射到一组稳定状态集合上去。此时能量函数达到极大值，因此它可用于使下述二次函数达到极大：

$$\frac{1}{2}\boldsymbol{X}^{\mathrm{T}}\boldsymbol{W}\boldsymbol{X}-\boldsymbol{X}^{\mathrm{T}}\boldsymbol{T} \tag{6-109}$$

凡是可以把目标函数写成以上形式的优化问题都可以用反馈网络求解。当然这样找出的极大点是一个局部极大点。

例 6.2　求无向图的最小切割。

设一带权无向图 (N,A)，N 是节点集合，A 是连接弧集合，全部弧上的权由对角线为零的对称矩阵 $\boldsymbol{W}$ 表示。图的一个切割是指一个划分 $N\rightarrow n_1\cup n_2$，一个割集是一组弧 (i,j)，其中 $i\in n_1, j\in n_2$ 割集的容量是它的弧上权值的总和。最小切割问题是寻找一种切割集容量最小。这是一个 NP 完全问题，它相当于求解：

$$\max\left(\sum_{i=1}^{|N|}\sum_{j=1}^{|N|}w_{ij}x_ix_j-\sum_{i=1}^{|N|}x_iT_i\right)\quad x_i\in\{1,-1\} \tag{6-110}$$

显然这相当于有 $|N|$ 个节点的反馈网络的能量函数。具体做法是建立一个单元数与要计算的图节点数相同的网络，权值按照弧的权值设定，阈值可设定为 $T_i=0$，随机设定各单元的状态，然后按照式(6-99)计算到状态不再变化，此时状态为 1 的节点和状态为 -1 的节点分别代表被划分开的两组，观察式(6-110)可知，跨越两组之间的弧在式中是负值，因此式(6-110)极大意味着割集容量极小。显然，某一组的节点为空集是一个最大值，不切割当然是最小切割。为了阻止这种无意义解的出现，可以增加一些约束。例如，设定 T_i 为某个正值，这样阈值项在所有节点符号相同时取最小值，两组节点数相近时变大。如果希望某两个或一些节点分到不同的组，可以将其阈值分别设定为正值和负值。

由于此算法只能收敛到局部极小点，所得到的结果未必是全局最佳的，可以随机或正交地选择不同的初始值计算多次，从中选择比较满意的结果。

例 6.3　聚类问题。

最小切割问题也可以看成是一种聚类，但只能聚成两类，如果需要聚成多类，要用更复杂的网络计算。设有 n 个样本向量，想要聚成 m 类$(m<n)$，可采用 $m\times n$ 个单元构成反馈网络，排成 m 行 n 列的阵列；每一行代表一类，每一列代表一个样本，计算结果中第 k 行第 i 列的单元状态为 1，则表示第 i 个样本属于第 k 类。由于一个样本只能属于一类，所以每一列中只能有一个单元的状态为 1，其余应为 -1。参考式(6-110)可写出能量函数为

$$E=\frac{1}{2}\sum_{k=1}^{m}\left(\sum_{i=1}^{n}\sum_{\substack{j=1\\ j\neq i}}^{n}w_{ki,kj}x_{ki}x_{kj}-\sum_{\substack{l=1\\ l\neq k}}^{n}\sum_{i=1}^{n}\sum_{j=1}^{n}w_{ki,lj}x_{ki}x_{kj}\right) \tag{6-111}$$

式(6-111)所表现的是，较为接近的样本应归为同一类，而较远的样本则归到别的类中。具体权值设定可让同一行中的各单元之间权值为相应样本接近的程度（例如欧氏距离的倒

数)，不同行则乘一负系数，$w_{ki,ki}=0$，$w_{ki,li}=0$ 为适当的负值。

4. 连续时间 Hopfield 网络

Hopfield 网络的连续模型的网络结构与离散模型相同，单元特性相当于有时间常数的电路，其时间特性可用如下的方程描述：

$$C_i\frac{\mathrm{d}u_i}{\mathrm{d}t}=\sum_{j=1}^{n}w_{ij}v_j-\frac{u_i}{R_i}+I_i \tag{6-112}$$

$$v_i=g(u_i)$$

系统的能量函数定义为

$$E=-\frac{1}{2}\sum_{i=1}^{n}\sum_{j=1}^{n}w_{ij}v_iv_j-\sum_{i=1}^{n}I_iv_i+\sum_{i=1}^{n}\frac{1}{R}\int_0^{v_i}g^{-1}(v)\mathrm{d}v_i \tag{6-113}$$

此系统如果 g^{-1} 为单调增且连续，$C_i>0$，$w_{ij}=w_{ji}$，则有 $\mathrm{d}E/\mathrm{d}t\leqslant 0$，当且仅当 $\mathrm{d}v_i/\mathrm{d}t=0$ 时，$\mathrm{d}E/\mathrm{d}t=0$。

6.3.6 神经网络模式识别的典型做法

1. 多层前馈网络用于模式识别

在各种人工神经网络模型中，在模式识别中应用最多的也是最成功的当数多层前馈网络，其中又以采用 BP 学习算法的多层感知器(习惯上也简称为 BP 网络)为代表。由于网络采用的是监督学习方式进行训练的，因此只能用于监督模式识别问题。一般有以下两种应用方式。

(1)多输出型。网络的每一个输入节点对应样本一个特征，而输出层节点数等于类别数，一个输出节点对应一个类。在训练阶段，如果输入训练样本的类别标号是 i，则训练时的期望输出设为第 i 个节点为 1，而其余输出节点均为 0。在识别阶段，当一个未知类别的样本作用到输入端时，考查各输出节点的输出，并将这个样本的类别判定为与输出值最大的那个节点对应的类别。

在某些情况下，如果输出最大的节点与其他节点输出的差距较小(小于某个阈值)，则可以做出拒绝决策。这是用多层感知器进行模式识别的最基本方式。

实际上，多输出型神经网络还可以有很多其他的形式。更一般地，网络可以有 m 个输出节点，用它们的某种编码来代表 c 个类别。上面这种方式只是其中的一个特例，有人把它称为“1-0”编码模式或者“c 中取 1”模式。

(2)单输出型。很多实验表明，在多输出方式中，由于网络要同时适应所有类别，势必需要更多的隐层节点；而且学习过程往往收敛较慢，此时可以采用多个多输入单输出形式的网络，让每个网络只完成识别两类分类，即判断样本是否属于某个类别。这样可以克服类别之间的耦合，经常可以得到更好的结果。

具体做法是，网络的每一个输入节点对应样本一个特征，而输出层节点只有一个。为每个类建立一个这样的网络(网络的隐层节点数可以不同)。对每一类进行分别训练，将属于这一类的样本的期望输出设为 1，而把属于其他类的样本的期望输出设为 0。在识别阶段，将未知类别的样本输入到每一个网络，如果某个网络的输出接近 1(或大于某个阈值，比如 0.5)，则判断该样本属于这一类；而如果有多个网络的输出均大于阈值，则或者将类别判断为具有最大输出的那一类，或者做出拒绝；当所有网络的输出均小于阈值时也可采取类似的决策方法。

显然，在两类情况下，只需要一个单输出网络即可。将一类对应于输出 1，另一类对应于输出 0，识别时只要输出大于 0.5 则决策为第一类，否则决策为第二类；或者也可以在两类之间设定一个阈值，当输出在这个阈值之间时作拒绝决策。

2. 自组织网络用于模式识别

自组织神经网络可以较好地完成聚类的任务，其中每一个神经元节点对应一个聚类中心。与普通聚类算法不同的是，所得的聚类之间仍保持一定的关系，就是在自组织网络节点平面上相邻或相隔较近的节点对应的类别，它们之间的相似性要比相隔较远的类别之间大。因此可以根据各个类别在节点平面上的相对位置进行类别的合并和类别之间关系的分析。

自组织特征映射最早的提出者 Kohonen 的科研组就成功地利用这一原理进行了芬兰语语音识别。他们的做法是，将取自芬兰语各种基本语音的各个样本按一定顺序轮流输入到一个自组织网络中进行学习，经过足够次数的学习后这些样本逐渐在网络节点中形成确定的映射关系，即每个样本都映射到各自固定的一个节点（在这个样本作输入时，该节点为最佳匹配节点或具有最大输出），而映射到同一节点的样本就可以看作是一个聚类。学习完成后，发现不但同一聚类中的样本来自同一音素，而且相邻节点对应的聚类中的样本往往来自相同或相近发音的音素。这样，把各个聚类对应的发音标到相应的节点上，就得到了如图 6-24 所示的结果。在识别时，对于新的输入样本，将其识别为它映射到的节点所标的发音即可。这种做法实际上是在非监督学习的基础上进行监督模式识别。其最大的优点就是，最终的各个相邻聚类之间是有相似关系的，即使识别时把样本映射到了一个错误的节点，它也倾向于被识别成同一个音素或者一个发音相近的音素，这就十分接近人的识别特性。

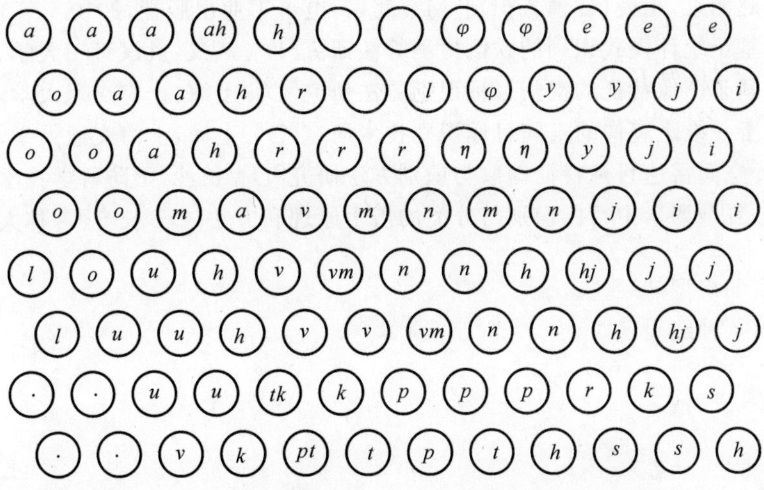

图 6-24　芬兰语音素在自组织映射网络上形成的映射

习　题

6.1　简要论述谱系聚类法的基本思想和算法步骤。

6.2　现有 6 维样本：$\boldsymbol{x}_1=[0,1,3,1,3,4]'$，$\boldsymbol{x}_2=[3,3,3,1,2,1]'$，$\boldsymbol{x}_3=[1,0,0,0,1,1]'$，$\boldsymbol{x}_4=[2,1,0,2,2,1]'$ 和 $\boldsymbol{x}_5=[0,0,1,0,1,0]'$，试按最小距离法进行分级聚类分析。

6.3　现有样本集 $X=\{[0,0]',[0,1]',[4,4]',[4,5]',[5,4]',[5,5]',[1,0]'\}$，试用

最大最小距离聚类算法进行聚类分析。

6.4　说明在什么情况下，最近邻法的平均错误率 P 达到其上界。

6.5　对于有限的样本，重复剪辑是否比两分剪辑的特性要好？为什么？

6.6　有 7 个向量：$\boldsymbol{x}_1^{\mathrm{T}}=[1,0]$，$\boldsymbol{x}_2^{\mathrm{T}}=[0,1]$，$\boldsymbol{x}_3^{\mathrm{T}}=[0,-1]$，$\boldsymbol{x}_4^{\mathrm{T}}=[0,0]$，$\boldsymbol{x}_5^{\mathrm{T}}=[0,2)$，$\boldsymbol{x}_6^{\mathrm{T}}=[0,-2]$，$\boldsymbol{x}_7^{\mathrm{T}}=(-2,0)$，假定前 3 个为 ω_1 类，后 4 个为 ω_2 类。

(1) 画出最近邻法决策面；

(2) 求样本均值 m_1，m_2。若按离样本均值距离的大小进行分类，试画出决策面。

6.7　试运用 Hopfield 网络解决一个最优化问题，并编程实现。

6.8　试构造用于分类识别、函数逼近、数据压缩等应用目的的 BP 网。

参考文献

[1]　王彦. 基于图像的空间目标识别关键技术研究[D]. 西安：西安电子科技大学，2010.

[2]　杨垒. 基于 FPGA 的特征子空间目标识别法的关键技术研究[D]. 成都：电子科技大学，2009.

[3]　孙即祥，等. 现代模式识别[M]. 长沙：国防科技大学出版社，2001.

[4]　边肇祺，等. 模式识别[M]. 北京：清华大学出版社，2007.

[5]　史忠植. 神经网络[M]. 北京：高等教育出版社，2009.

[6]　李晶皎，赵丽红，王爱侠. 模式识别[M]. 北京：电子工业出版社，2010.

[7]　陈艳玲. 基于统计模式识别的跌倒检测算法研究[D]. 武汉：武汉理工大学，2012.

[8]　王晓雪. 基于图像特征的空间目标识别方法研究[D]. 上海：上海交通大学，2012.

[9]　李阳. 基于一维距离像的空间目标识别技术研究[D]. 上海：上海交通大学，2011.

[10]　马君国. 空间雷达目标特征提取与识别方法研究[D]. 长沙：国防科学技术大学，2006.

[11]　张祥合. 复杂场景中目标识别与分类的仿生原理和方法[D]. 长春：吉林大学，2012.